"小木耳，大产业"

——2020 年 4 月 20 日，习近平总书记在陕西省商洛市考察脱贫攻坚工作时点赞柞水木耳。

商洛食用菌

◎ 瞿晓苍　主编

中国农业科学技术出版社

图书在版编目（CIP）数据

商洛食用菌／瞿晓苍主编. --北京：中国农业科学技术出版社，2021. 10

ISBN 978-7-5116-5531-8

Ⅰ.①商…　Ⅱ.①瞿…　Ⅲ.①食用菌-介绍-商洛　Ⅳ.①S646

中国版本图书馆 CIP 数据核字（2021）第 205538 号

责任编辑	于建慧
责任校对	贾海霞
责任印制	姜义伟　王思文

出 版 者	中国农业科学技术出版社
	北京市中关村南大街 12 号　邮编：100081
电　　话	(010)82109708(编辑室)　　(010)82109702(发行部)
	(010)82109709(读者服务部)
传　　真	(010)82106629
网　　址	http://www.castp.cn
经 销 者	各地新华书店
印 刷 者	北京捷迅佳彩印刷有限公司
开　　本	170 mm×240 mm　1/16
印　　张	21.5　彩插　1 面
字　　数	340 千字
版　　次	2021 年 10 月第 1 版　2021 年 10 月第 1 次印刷
定　　价	68.00 元

《商洛食用菌》
编委会

作者分工

前　言

　　商洛市地处陕西省东南部，秦岭南麓，丹江之源，是国家南水北调中线工程水源保护区，是秦岭最美的地方之一，全国首个"气候康养之都"，全国首批农产品质量安全示范市，全市辖 6 县 1 区，常住人口 204.12 万。商洛生态环境良好，气候条件天成，林木资源和野生食用菌种质资源丰富，森林覆盖率高达 67%，素有"南北植物荟萃、南北生物物种库"之美誉，良好的生态条件适宜生产高质量的食用菌产品，使其成为陕西省乃至国内食用菌生产的最佳适宜区，是国内七大香菇最佳宜生区之一。商洛食用菌种植历史悠久，《神农本草经》曾记载过商洛香菇，商洛处于中国香菇种植的"黄金线"地带，群众种植基础深厚，技术掌握熟练，人工栽培始于 20 世纪 70 年代，是陕南地区"南菇北移"的重要承接地，商洛区位优势明显，沪陕、福银、西康高速横穿全境，西十、西康高铁即将动工，交通便利，商洛已融入西安一小时经济圈、武汉一天经济圈，为食用菌产品流通、保障西安及周边市场供给，提供了便利条件。

　　近年来，商洛市市委、市政府高度重视食用菌产业发展，强化组织领导，制定产业规划，设立专项资金，出台扶持政策，食用菌产业发展势头强劲，产业规模迅速扩张，科技水平大幅提升，产业链条不断延伸，品牌开发成效显著，三产融合稳步推进，食用菌已成为全市的特色主导产业，香菇生产规模、产量稳居全省首位，成为陕西香菇第一大市，为全市农民增收和产业脱贫作出了重要贡献。2020 年，全市食用菌生产规模 3.48 亿袋（瓶），鲜菇产量 37.42 万 t，产值 36.3 亿元，食用菌从业人员 10.15 万人，主产区菇农户均收入 25 000 多元，人均收入达到 6 000 多元，增收效果非常显著。特别是 2020 年 4 月 20 日，习近平总书记到陕西考察点赞柞水木耳

"小木耳，大产业"以来，以柞水木耳为代表的商洛食用菌产品名扬全国，备受消费者喜爱。

今后，商洛将以实施乡村振兴战略为统揽，以推进食用菌产业化为主线，以转变生产方式为核心，以推广先进生产模式为重点，以生态高效、循环发展为根本要求，坚持科技带动，健全服务体系，优化品种结构，规模质量并重，延伸产业链条，全面提升食用菌产业发展水平，力争到 2025 年，全市食用菌规模达到 5 亿袋（瓶），食用菌总产量（鲜品）达到 50 万 t，主攻加工和出口，产业综合收入 200 亿元以上，建成全国重要的特色农产品优势区、"一带一路"重要的出口和加工基地、西北食用菌产业强市，"商洛香菇""柞水木耳"品牌在全国具有较大影响力，使食用菌成为商洛生态高效农业典范和循环经济新亮点，全市经济新的增长点。

为进一步推进商洛食用菌产业快速高质量健康发展，我们组织相关专家编写了这本《商洛食用菌》，该书对商洛市近年来食用菌产业发展现状、经验做法、典型模式、主栽技术、发展规划、支持政策进行重点介绍，力求内容翔实准确，文字通俗易懂，可操作性强，对陕西乃至全国食用菌产业发展具有一定的借鉴作用。

由于本书编写时间仓促，编者水平有限，书中错误和不足之处在所难免，敬请各位读者批评指正。

瞿晓苍

2021 年 7 月

目 录

第一篇 产业发展

第二篇 栽培技术

第三篇　技术标准与规范

第四篇　政策支持

第一篇
产业发展

第一章　商洛食用菌发展历史

商洛食用菌种植历史悠久，早在明清时期就有记载，人工栽培始于20世纪70年代，是陕南地区"南菇北移"的重要承接地。经过近50年的发展，商洛食用菌种植规模逐步扩大、技术水平快速提升、种植品种日益丰富、产业链条不断延伸、经济效益稳步提高，食用菌已成为商洛市农业农村经济发展的主导产业，在陕西省乃至全国具有较大影响力。商洛食用菌发展大致可分为以下5个阶段。

一、段木栽培阶段

20世纪90年代初以前，也称原始发展阶段。以群众自发栽培为主，产地主要集中在山区，群众就近砍伐山上栎树作为段木，栽培种类主要以木耳和香菇为主，栽培方式多为房前屋后分散零星栽培，年栽培规模约130万架，年产量1 000多吨（干品）（图1.1，图1.2）。

图1.1　段木木耳　　　　　　　　　　　图1.2　段木香菇

二、代料栽培初期发展阶段

20世纪90年代末至2001年，也称政府扶持阶段。1998年，食用菌被陕西省政府列为优势产业开发项目，市县两级政府初步出台了一些食用菌产业发展扶持政策，全市食用菌年发展规模稳定在3 000万~4 000万袋，年鲜菇产量约 4.5 万 t，实现产值约 2 亿元，纯收入 1.4 亿元以上，每年增加财政收入 200 万元以上。栽培种类主要以香菇、平菇为主，占比 95% 以上，少量栽培木耳、双孢菇、灰树花、金针菇等，占比约 5%（图 1.3，图 1.4）。

图 1.3　简易层架栽培　　　　　　　图 1.4　人工拌料

三、代料栽培稳步发展阶段

2002 年至"十一五"末，也称群众自发阶段。这一时期受林业政策限制，各级政府对发展食用菌产业非常谨慎，少数乡镇甚至出台了限制产业发展的有关处罚措施，但群众投身食用菌产业的热情极高，食用菌产业实际规模稳步增加，商洛市年栽培规模均保持在 7 000 万袋以上，年产鲜菇约 12 万 t，产值 5 亿元以上，纯收入 3 亿元左右。栽培种类中香菇占比 85% 以上，平菇、木耳占比 10%，杏鲍菇、双孢菇、茶树菇等约占比 5%。生产方式主要以一家一户"小而全"的传统方式为主，木屑自己粉碎，制袋、接种人工完成，每户栽培 3 万~5 万袋（图 1.5，图 1.6）。

图 1.5　小型粉碎机制料　　　　　　图 1.6　简易设施栽培

四、规模化发展阶段

主要为"十二五"期间，也称半集约化阶段。通过政府扶持引进菌包生产线，推广"百万袋"生产模式，食用菌生产由传统生产方式快速向规模化、集约化、半自动化方向转变，栽培规模大幅度增加。2015 年年末，全市栽培食用菌 1.51 亿袋，鲜菇产量 15.9 万 t，产值 15.4 亿元，纯收入 8 亿元，分别较"十一五"末增长 105%、44.5%、75% 和 30.1%。食用菌从业农户达到 5 万多户、人员 10 万余人，占比分别达 11.6% 和 6.8%，食用菌专业村 383 个，主产区菇农户均收入 2 万多元，人均食用菌单项纯收入达 5 000 多元，商洛市食用菌总产量、总产值稳居全省第二，仅次于汉中市，香菇年产 14.3 万 t，居全省乃至西北第一，优势显著。栽培种类上香菇仍占比 80% 以上，"一菇独大"现象突出，平菇、木耳占比 10% 左右，杏鲍菇、双孢菇、茶树菇等珍稀菌约占 10%（图 1.7，图 1.8）。

图 1.7　机械化菌包生产线　　　　图 1.8　标准化大棚种植

五、高质量发展阶段

主要为"十三五"以来，也称"蝶变"阶段。随着脱贫攻坚工作的深入开展，市（县）相继出台了一系列促进食用菌产业发展的优惠政策，通过培育本地龙头企业与引进外地龙头企业相结合的方式，商洛食用菌产业由传统的一味规模扩张快速向规模扩张与质量提升并重发展阶段转变，食用菌生产的集约化、自动化、工厂化水平进一步提高，产品加工、品牌打造、销售方式全面推进，食用菌产业实现了全产业链开发、全产业链增值。2020

年，全市食用菌生产规模 3.48 亿袋（瓶），鲜菇总产 37.42 万 t，实现产值 36.3 亿元，食用菌从业人员 10.15 万人，主产区菇农户年均收入 25 000 多元，年人均纯收入达 6 000 元，商洛食用菌在全省乃至全国具有了很大的影响力。品种结构上，香菇占比 60.9%，木耳占比 30.1%，平菇占比 1.7%，其他珍稀菌类占比 7.3% 左右，食用菌品种和结构进一步优化（图 1.9，图 1.10）。

图 1.9 全自动菌包生产线

图 1.10 白灵菇工厂化生产

第二章 产业发展现状

一、产业发展优势

1. 生态环境良好

商洛生态环境良好，气候条件天成，林木资源和野生食用菌种质资源丰富，素有"南北植物荟萃、南北生物物种库"之美誉。全市森林覆盖率 67%，良好的生态条件适宜生产高质量的食用菌产品，是陕西省乃至国内食用菌生产的最佳适宜区之一。

2. 基础条件优越

商洛食用菌种植历史悠久，早在明清时期就有记载，人工栽培始于 20 世纪 70 年代，是陕南地区"南菇北移"的重要承接地。群众种植基础深厚，技术掌握熟练，效益显著，前景可观，从业农户户均年收入 2 万余元，农业人口年人均超过 500 元。专业村镇人均纯收入中食用菌占比高达 80% 以上，食用菌已成为商洛市农村继劳务输出之后经济收入主要来源。

3. 区位优势明显

沪陕、福银、西康高速横穿全境，西十、西康高铁即将动工，交通便利，商洛市已融入"西安一小时经济圈""武汉一天经济圈"，为食用菌产品流通、保障西安及周边市场供给，提供了便利条件。

4. 发展前景广阔

当前，随着人们生活和消费理念的改变，由吃得饱到吃得好到吃得健康，进入到"大健康，大消费"时代，食用菌巨大的潜在保健价值逐渐受到重视，被誉为健康食品和功能食品。据统计，我国食用菌年消费量以 7% 的速度持续增长，市场需求不断增加，食用菌产业发展潜力巨大，前景广阔。

二、产业发展成就

近年来，商洛市依托良好的自然生态环境和优越的基础条件，以实施乡村振兴战略为统揽，以市场为导向，以食用菌特色小镇、产业园区建设为载体，强化科技支撑，坚持绿色高质量发展，食用菌产业得到快速发展，已成为商洛市促进农村经济发展、农民脱贫致富的特色产业。商洛食用菌已成为商洛市现代农业和全省区域农业发展的一张靓丽名片。

1. 产业规模快速扩张

2018 年，全市栽培食用菌 1.86 亿袋，鲜菇产量 18.3 万 t，产值 18 亿元；2019 年，全市栽培食用菌 3.19 亿袋，鲜菇产量 38.5 万 t，产值 34.26 亿元；2020 年，全市食用菌生产规模 3.48 亿袋，鲜菇总产 37.42 万 t，实现产值 36.3 亿元，发展食用菌专业村 383 个，占比 21.3%，香菇规模居陕西省第一，商洛食用菌在全省乃至全国具有了很大的影响力。全市建成专业化菌包生产线 71 条，建设"百万袋"循环生产模式示范基地 30 个，认定食用菌标准园 24 个，加速了优势产区由传统的家庭分户生产向专业化、规模化、工厂化发展转变。目前，全市规模化经营主体 240 个，食用菌生产加工企业 64 个，建成菌种生产场 111 个，发展食用菌物资、机械专卖店 55 个，从事食用菌购销人员达到 3 000 多人。香菇、木耳已普遍实现企业化规模生产，白灵菇、绣球菌、白玉菇、蟹味菇、杏鲍菇已工厂化生产，双孢菇、羊肚菌、茶树菇、灵芝等珍稀菌类已规模化生产，以山阳、镇安、柞水为主的商洛木耳国家级现代农业产业园正在规划建设之中。商洛食用菌总产量、总产值稳居全省第二，香菇居全省第一，食用菌产业位居商洛市五大特色产业之首。

2. 科技水平大幅提升

柞水县建立了木耳院士专家工作站，9 名专家学者从事木耳原种培育、菌种研发和全产业链开发等工作，依托李玉院士团队技术力量，对在柞水采集的27 种木耳原种进行比对试验，培育适宜柞水生长、市场前景好的黑木耳菌种 5个。山阳县聘请中国科学院赵其国院士、国际硒研究学会尹雪斌秘书长为首席专家，从省内外聘请了 16 名专业技术人才，与中国科学技术大学、西北农林科技大学等院校开展校地合作，与苏州硒谷公司签订战略合作协议，组建了山阳富硒黑木耳研发团队。陕西盛泽农林科技有限责任公司依托北京中陌农业科学研究院和商洛学院成立商洛市食用菌工程技术研究中心，建立了博士工作站。全市香菇、平菇、木耳等主栽品种良种推广普及率达到 90%，专用菇料、微量元素、免割袋栽培、生物制剂拌料等先进技术得到应用。陕西省科学院食用菌技术研究示范基地和柞水木耳菌种繁育及产品研发基地落户柞水县西川村，液体菌种快速扩繁技术全面应用，香菇、木耳菌种研发取得突破，柞水木耳生产标准正在制订，木耳大数据中心已建成使用，羊肚菌原种分离技术取得成功，黑皮鸡枞、羊肚耳、大球盖菇、灰树花、竹荪等珍稀菌类引进示范初步成功，香菇多糖、木耳益生菌提取加工成为全省首家。《地理标志产品　柞水木耳》（DB 61/T 1343—2020）、《香菇》（DB 61/T 1195—2018）两个陕西省地方标准已由陕西省市场监管局颁布实施，《柞水木耳袋料栽培技术规程》《羊肚菌设施栽培技术规程》两个商洛市地方标准也已发布实施，"塔式木耳种植架"荣获国家发明专利和商洛市科学技术奖二等奖，"菌菜"轮作模式示范成功，陕闽设施食用菌论坛成功举办。

3. 加工出口取得突破

通过不断加大招商引资力度，改善投资环境，广泛吸引各类资本投入开发生产香菇酱、即食食品等，积极研究开发以食用菌为原料的保健品、化妆品、辅助医疗品、药品等，延长产业链，提升附加值。截至 2020 年年底，全市共有食用菌相关加工企业21家，年加工食用菌干品2 453 t，食用菌出口企业2家，创汇近1 000万美元。全市已有8家企业取得产品出口资质，备案具备自有出口权的企业2个，丹凤夏雨生态农业科技有限公司生产的双孢菇罐头等产品出口韩国、日本，2019年，出口双孢菇、香菇鲜品4 000 t，出口创汇350万美元。镇安县陕西永田农业发展有限公司生产的"随园君味"香菇豆豉等产品在质量、营销上对标"老干妈"辣椒酱，出口越南、马来西亚等东南亚市场，2019年，共加工干香菇600 t，出口创汇620万美元；正在建设的陕西高科农业食品产业园建成后，重点加工香菇酱、香菇脆、香菇罐头等产品，同时，在陕西首家提取香菇多糖高端产品，加工的产品50%将专做出口，中端产品主要出口东南亚、韩国，高端产品主要出口欧美国家。柞水县依托相关科研力量，已开发出木耳超微粉、木耳菌草茶、木耳益生菌等多种高端产品，全面提升柞水木耳产品附加值和市场核心竞争力。商南秦林公司香菇脆系列产品营销额600多万元，柞水木耳全自动分拣包装生产线已建成投产。商南龙山食用菌交易市场和商州绿农食用菌交易市场运行良好。

4. 品牌开发成效显著

全市7县（区）全部通过无公害食用菌产品整县环境评价，累计认定无公害食用菌生产基地36个，全市认证食用菌"两品"产品37个，其中，绿色食品32个，有机产品3个，地标产品2个，认证良好农业规范（GAP）1个，食用菌产品质量安全合格率达到100%。认证食用菌"三品"产品42个、绿色食品1个，食用菌产品质量安全合格率达到100%，产品在省内外形成一定知名度。"商洛香菇"获评国家农产品地理标志产品，"商洛香菇"入选中国特色农产品优势区和全国农产品区域公用品牌，被确定为中国餐饮产业联盟餐饮消费扶贫产品之一；"柞水黑木耳"已获得国家农产品地理标志保护登记产品和国家无公害产地认定和产品认证，正式注册为地理标志证明商标并入选"国家品牌计划"，柞水木耳系列产品获得2019全国绿色农业十佳蔬菜品牌、全国名特优新农产品等荣誉，山阳县全力打造的富硒木耳品牌目前在省内外已有一定的知名度。柞水"小木耳、大产业"叫响全国。

5. 绿色融合发展稳步推进

扎实实践"两山"理论，坚持把农业做成生态，把生态做成产业，以生态化思维抓食用菌生产，积极推广"果菌循环模式"，从关中等地外购果树木屑作为食用菌生产菌材。食用菌生产已形成了"外购菌材—木耳菌包废料—五种回收利用（其他食用菌种植掺料、堆肥、养殖饲料、生物质燃料颗粒、再生塑料颗粒）"的闭合式循环经济链，2019 年，引进陕西野森林公司在柞水县小岭镇常湾村启动建设食用菌综合开发利用项目，一期建设生物质颗粒燃料项目，全面建成达产达效后可年产 7.8 万 t 生物质颗粒燃料。柞水县依托木耳产业建成全省首个以农产品为主题的特色小镇和全市首个国家AAA 级农业休闲旅游景区，西川村被农业农村部认定为全国"一村一品"示范村。柞水西川木耳特色小镇建成以来，累计接受省（市）各级领导调研指导 65 场（次），各类企事业单位考察学习 290 场（次），周末日均吸引游客观光 500 余人（次），全面拓展了农业生产功能。金米村成功入选中国美丽休闲乡村，实现了农业产业化、产业规模化、田园景观化、农村现代化，目前，正在按照 AAA 级标准打造农旅融合景区。全市木耳产业一二三产融合发展正在稳步推进。

6. 政策扶持不断加大

市级成立了由市委书记任第一组长，市长任组长的商洛市木耳产业高质量发展工作领导小组，组建木耳工作专班，统筹推进全市木耳产业发展。在深入调研的基础上，出台了商洛市食用菌产业发展规划（2020—2025年）和《关于加快商洛木耳产业高质量发展指导意见》，市、县两级财政设立了食用菌产业发展专项资金，并结合各自实际制订出台了一系列支持产业发展政策。市银（保）监局积极协调商业银行和保险机构创新开发"木耳贷"金融产品和木耳生产保险。柞水木耳国家级现代农业产业园获农业农村部审批，扶持资金 1 亿元。

三、产业发展存在问题

1. 品种结构不合理

商洛市食用菌以香菇、木耳为主，占全市食用菌总规模的 85% 左右，木腐菌类占比过高，草腐菌和珍稀菌类规模小，食用菌产业品种相对单一，市场风险增大，对林木资源消耗较大，可持续发展受到一定限制。

2. 产业链条较短

商洛市食用菌产业表现为重生产，轻产前服务和加工营销，产加销一体化发展的格局尚未形成。菌种、菌袋等辅料全靠外调,技术人员多数外聘,食用菌加工龙头企业少,缺乏精深加工能力,农旅结合还不充分,香菇小镇、天麻小镇等建设缓慢,致使产业发展后劲不足。产业链向前向后延伸不够,食用菌90%以上以原产品直接销售,产业链条较短,产业整体效益不能充分体现。

3. 加工出口不畅

由于食用菌产业特别是木耳、灵芝、天麻和其他珍稀菌类在商洛市规模化发展时间较短,专业化加工龙头企业缺乏,加之食用菌产品加工技术含量高、难度大,尽管已研发出香菇酱、香菇脆、木耳代餐粉、木耳挂面、木耳面膜、灵芝粉等产品,但多数销售不畅,特别受今年国内国际疫情影响,许多产品销量大减。商洛市多数食用菌加工企业都没有建立自己的外贸出口通道,大多通过省内外其他企业出口,导致效益低,没有出口退税,目前全市具有外贸出口通道仅有两家企业,均以香菇初加工产品出口为主,出口量占比小,效益不高,木耳、天麻等出口至今仍然难以突破。

4. 发展资金不足

虽然商洛市各县(区)近年来在食用菌产业发展方面都出台了一系列扶持优惠政策,财政支持力度明显加大,特别是多数苏陕协作扶贫资金用于食用菌产业,促进了产业的快速发展。但由于市县本级财政困难,一些优惠扶持政策难以最终落地,生产加工企业贷款难度大,加之食用菌产业投入大、风险高,许多企业不愿意将有限资金投入到产业发展上来,因此食用菌种植大户和一些企业发展资金严重不足,制约了商洛市食用菌产业进一步壮大。

第三章 产业发展思路

一、指导思想

以实施乡村振兴战略为统揽,以推进食用菌产业化为主线,以转变生产方式为核心,以推广先进生产模式为重点,以生态高效、循环发展为根本要求,坚持科技带动,建立健全产业服务体系,突出代料生产,提高农业废弃物利用水平，优化品种结构，规模质量并重，加快加工能力和市场建设，延伸产业链条，全面提升食用菌产业发展水平，使其成为商洛农业高质量发展新增长点、生态高效农业典范和循环经济新亮点。

二、基本原则

1. 坚持绿色发展原则

坚持绿色、生态、循环发展理念，依法处理好产业发展与森林资源保护的关系，大力推广农林废弃物代料栽培技术，示范推广果菌循环发展模式，加快食用菌生产由资源消耗型向农林废弃物再利用型转变，实现食用菌产业可持续发展。

2. 坚持科技创新原则

以科研攻关、技术集成与推广、科技机制创新为支撑，强化技术培训与指导，创新生产经营模式，推行规模化、科技化、标准化发展，不断提高生产水平和产业发展后劲。

3. 坚持市场导向原则

以市场为导向，加快绿色、有机产品认证。培育龙头企业，加大品牌建设，开拓市场，提高效益，提高农民组织化程度，推动食用菌产业化进程。

4. 坚持质量优先原则

以高质量发展为导向，大力推广绿色生产技术，强化质量管控，提高食用菌产品质量，实现产品由数量型向质量型转变。

三、发展目标

到 2025 年，全市食用菌达到 5 亿袋（瓶），食用菌总产量（鲜品）达到 50 万 t，主攻加工和出口，产业综合收入 100 亿元以上，建成全国重要的特色农产品优势区、"一带一路"重要的出口和加工基地、西北食用菌产业强市，"商洛香菇"品牌在全国具有较大影响力，使食用菌成为商洛市经济新的增长点。

四、重点工作

1. 优化结构布局，持续提高规模化水平

一要调整品种结构。按照市场导向、突出特色、多菌类发展的原则，全

市应稳定发展香菇，加快发展木耳、双孢菇、白灵菇、杏鲍菇等品种，积极发展羊肚菌、大球盖菇等珍稀菌类；稳定发展木腐菌类，加快发展草腐菌类；稳定发展干菇，加快发展鲜食菇；稳定发展顺季生产，加快发展反季和周年生产；加快发展食用菌，兼顾发展药用菌。力争到2025年，使香菇占比由现在的89.5%调整到50%，平菇和木耳占比30%，珍稀菌类和药用菌占比20%，品种结构更趋合理，产业链条持续延伸。二要优化区域布局。针对区域类型气候特点，加快建立食用菌优势区域板块。一是以商南、商州、洛南、山阳、镇安为主，重点发展代料香菇生产基地；二是以柞水、山阳为主，重点发展代料木耳生产基地；三是以丹凤、商州为主，重点发展双孢菇、白灵菇、杏鲍菇等珍稀菌类；四是以洛南、山阳为主发展灵芝、天麻等药用菌；五是以海拔1 000 m以上的冷凉山区为主，重点发展反季节生产，促进食用菌优势产区、产业板块、示范园区加快形成。

2. 转变生产方式，提高集约化水平

狠抓标准化基地建设，持续扩大产业规模，坚持绿色发展，坚持转变方式。一是加快"百万袋"生产模式复制推广，在合理利用当地资源的基础上，充分利用陕西1 000万亩苹果修剪枝条作为商洛市食用菌产业原料，完全能够承载全市食用菌发展原料需求；大力推行企业（合作社）承载带动、农户分散经营的生产模式，实现企业与农户的优势互补，达到农企共赢，实现可持续发展。二是利用农作物秸秆等为原料发展草腐菌，进一步优化品种结构，减少林木资源消耗。三是加快食用菌废弃物循环利用，积极推广商南海鑫果菌循环模式，即以商洛市食用菌菌糠生产的有机肥物物交换关中苹果枝条作为食用菌生产原料，达到废弃物闭合循环高效利用。鼓励企业回收加工废弃食用菌包装袋，进行综合利用，减少污染，保护环境。

3. 加快市场体系建设，搭建营销平台

统筹相关部门力量，加强食用菌出口政策、财税支持政策研究，引导、鼓励龙头企业积极申请外贸出口权，加盟阿里巴巴、京东等大数据平台，畅通食用菌出口通道，促进全市发展创汇菌业。同时，学习借鉴随州、西峡经验，采取高水平规划、分期建设方式，率先建成食用菌生产资料、设备、产品交易专业市场，尽快投入运营，逐步实现市域内食用菌就地加工、出口，转化增值。确定建设主体，启动商南县食用菌专业交易中心和西安专营门店

的规划建设。在县（区）、主产镇村建设配套的产地市场和物资服务中心，加强质量安全监管，更好围绕中心市场服务，努力打造"商洛香菇"品牌，提升在区域乃至全国的影响力，最终实现"买区域，卖世界"。加快发展电子商务，充分利用电商服务平台，开展食用菌产品的推介与销售。

4. 突出加工出口，提升产业化水平

不断加大招商引资力度，改善投资环境，广泛吸引各类资本投入开发生产香菇酱、香菇脆、香菇罐头、菇粉、木耳粉、木耳露、木耳挂面等各类食品及保健品、化妆品、辅助医疗品、药品等，延长产业链，提升附加值。建立食用菌产业园区，聚集生产要素，有效提高产业集中度。

5. 充分发挥优势，助推乡村振兴

以产业兴旺为重点，推进脱贫攻坚与乡村振兴战略目标有效衔接，依托食用菌产业优势，促进产业兴旺。一是引导有生产能力的脱贫户，自主发展食用菌产业，强化金融扶持、政策支持和技术帮扶，确保实现稳定发展、稳定增收目标。二是不断巩固产业脱贫成果，鼓励各类新型经营主体积极发展食用菌产业，提高农户参与度和收益水平。三是持续推进农村集体产权制度改革，鼓励农民以土地、资金、劳动力入股经营，有效融入市场主体、村集体经济，"镶进"食用菌制种、生产、加工、经营全产业链条，激发产业发展"内生动力"。

6. 强化创新驱动，提高科技支撑水平

一是在商洛市农业科学研究所加挂陕西食用菌研究所牌子，依托陕西省微生物研究所建立食用菌菌种研发中心，积极引进高端人才，坚持内外并重，与柞水李玉院士工作站联合攻关，加大商洛食用菌优良菌种选育与生产，增强发展后劲。二是加强农技人员培训，提高其专业水平和服务能力。重视引导食用菌行业协会和专业合作社的发展，发挥民间团体在产业发展中的人才培养和技术研发推广作用。三是探索尝试在商洛学院、商洛职业技术学院开设食用菌课程，争取设立专业学科，为全市培养高素质食用菌专业人才。在县（区）职中举办学制灵活的各类食用菌培训班，重点培养职业菇农和有志于食用菌发展的农村青年。四是加快制定食用菌地方标准，实施标准化生产，推进高质量发展。五是建立信息服务平台，充分利用新媒体，向食用菌从业人员发布食用菌生产技术、市场行情、行业动态等有效信息，确

保食用菌信息畅通。

7. 着力打造品牌，促进融合发展

一是政府主导，以"商洛香菇"成功入选全国农产品区域公用品牌、中国特色农产品优势区为契机，加大商洛食用菌宣传力度，提升商洛食用菌知名度和影响力。二是加快研究制订以商洛香菇、柞水木耳为重点的食用菌技术综合指标体系，制订商洛香菇地方标准，用标准支撑品牌。三是鼓励龙头企业等市场主体注册商标，开展绿色食品、有机食品认证，大打秦岭生态牌，提高市场竞争力和美誉度。四是依托优势人文资源和生态资源，着力打造食用菌特色小镇，促进食用菌与休闲农业、乡村旅游融合。发掘香菇文化，开发系列菜品，建设食用菌博物馆；结合"秦岭生态文化旅游节"，策划举办富有商洛特色的"秦岭香菇节"，举办食用菌产业发展高端论坛，推动一二三产深度融合，提升商洛香菇影响力。

第四章　品种规模及分布区域

一、木耳

商洛市 2020 年栽培木耳 1.38 亿袋，主要分布在柞水县营盘镇秦丰村、龙潭村、丰河村、北河村、朱家湾村、营镇社区、药王堂村，乾佑街道办车家河村、什家湾村、马房子村、梨园村，下梁镇西川村、金盆村、新合村、胜利村、四新村，小岭镇金米村、常湾村、岭丰村、李砭村、罗庄村，凤凰镇凤凰街社区、皂河村、双河村、清水村、金凤村、宽坪村、桃园村、龙潭村，杏坪镇柴庄社区、杏坪社区、肖台村、党台村，红岩寺镇跃进村、大沙河村，瓦房口镇金台村、街垣社区、老庄村、磨沟村、颜家庄村、金星村，曹坪镇东沟村、中坪社区、窑镇社区、马房湾村等共计 44 个木耳生产基地；山阳县高坝镇街道社区、凉水井村，十里街道办王庄村，户垣镇牛耳川社区，小河口镇街道社区，板岩镇安门口村等共计 6 个镇 13 个基地；镇安县云盖寺镇西华村、金钟村、黑窑沟村、东洞村、西洞村，米粮镇水峡村、清泥村、红卫村，西口回族镇农丰村，茅坪回族镇茅坪村、五福村、元坪村共计 4 个镇 12 个基地；商州区夜村镇杨塬村、何家塬村，麻街镇五星村、齐塬村、雷凤村，牧护关镇黑龙口村，杨斜镇月亮湾村、林华村，沙河子镇舒杨村，北宽坪镇于家山村、韩子坪村、全脉村，三岔河镇闫坪村等共计 7 个镇 13 个基地；洛南县景村镇灵官庙村，柏峪寺镇柏峪寺街社区，四皓街道办党沟村，麻坪镇云蒙山村，城关街道办尖角村、野里社区共计 5 个镇办 6 个基地；商南县青山镇草荐村、青山社区，过风楼镇白玉沟村等共计 3 个镇 3 个基地；丹凤县峦庄镇河口村、商镇王塬村共计 2 个镇 3 个基地。

二、香菇

商洛市 2020 年栽培 2.2 亿袋，主要分布在商州区牧护关镇秦关村、西沟村、黑龙口村，麻街镇肖塬村、王河村，杨斜镇黄柏岔村、月亮湾村、林华村、西秦村、砚池河村、东联村、松云村，杨峪河镇吴庄村、民主村、建华村、北城子村，板桥镇李岭村，大荆镇普陀村，腰市镇黄川村，北宽坪镇农兴村、张河村、韩子坪村，夜村镇何家塬村、张刘村、青棉沟村、口前村，三岔河镇七星村、闫坪村、灯塔村，沙河子镇舒杨村，陈塬街道邵涧村，刘湾街道红旗村，大赵峪街道桃园村等共计 14 个镇（街道）36 个基地；柞水县营盘镇秦丰村、龙潭村、营镇社区、曹店村，乾佑街道办马房子村，下梁镇金盆村、老庵寺村、明星村，小岭镇金米村，凤凰镇宽坪村、皂河村，曹坪镇东沟村、马房湾村、窑镇社区，瓦房口镇金台村等共计 8 个镇（办）的 15 个基地；镇安县永乐街道办中合村，云盖寺镇岩湾村，回龙镇宏丰村，木王镇坪胜村、平安村、米粮寺村，青铜关镇青梅村、兴隆村、冷水河村，高峰镇正河村，铁厂镇新声村、新民村、新联村、西沟口村、姬家河村，大坪镇庙沟村、龙湾村，米粮镇东铺村、界河村、丰河村，庙沟镇东沟村，月河镇西川村共计 11 个镇 22 个基地；洛南县四皓街道办药王村，古城镇草店村，石门镇刘家村，城关街道办野里社区，灵口镇焦村，四皓街道办连河村，保安镇眉底村，高耀镇夹滩村，灵口镇下河村，永丰镇张坡村等共计 12 个镇办 23 个基地；商南县青山镇马蹄店村、花园村、草荐村、青山社区，富水镇黑漆河村、桑树村、黄土凸村、赤地村，过风楼镇耀岭河村、八里坡村、水沟村、千家坪村、太平庄村，金丝峡镇二郎庙村、白玉河口村、太吉河村、冀家湾村，清油河镇涧场村、后湾村、碾子沟村，湘河镇白浪社区、地坪村、双庙岭村，赵川镇店坊河村、淤泥湾村、老府湾村、石堰河村、前川社区，十里坪镇中棚村、黑沟村、梁家坟村、十里坪社区等共计10个镇（办）83个村（社区）；丹凤县庚岭镇太白村，峦庄镇街坊村，武关镇梅庄村、阳阴村、楼纸村，花瓶子镇花中村、油房坪村，竹林关镇雷家洞村、王塬村，土门镇七星沟村等共计8个镇办14个基地；山阳县高坝镇街道社区、凉水井村，十里街道办王庄村，户垣镇牛耳川社区，小河口镇街道社区，板岩镇安门口村，延坪镇马家店村等共计6个镇办15个基地。

三、平菇

商洛市2020年栽培5 000万袋，主要分布在商州区牧护关镇秦岭村、秦政村、秦关村、秦茂村、西沟村、香铺村、黑龙口村，大荆镇西村，板桥镇李岭村，杨斜镇黄柏岔村、水平村、郭湾村，杨峪河镇北城子村，夜村镇甘河村、何家塬村、将军腿村、夜村村，北宽坪镇农兴村，三岔河镇灯塔村，腰市镇黄川村、庙湾村等共计9个镇36个基地；柞水县营盘镇秦丰村、营镇社区，下梁镇西川村，小岭镇金米村，曹坪镇马房湾村等共计4个镇（办）5个基地；洛南县洛源镇涧坪村，城关镇尖角村，四皓镇桃关坪村等共计3个镇4个基地；丹凤县庚岭镇太白村，商镇商山村、王塬村，竹林关镇张塬村，花瓶子镇苏河村，土门镇七星沟村等5镇8个基地；商南县海鑫现代农业科技有限公司年产660万袋；山阳县中村镇沟口社区1个镇2个基地。

四、羊肚菌

商洛市2020年栽培813.5亩[①]，主要分布在柞水县凤凰镇金凤村，下梁镇金盆村、西川村等共计2个镇（办）3个基地；镇安县大坪镇全胜村，庙沟镇蒿坪村等共计2个镇2个基地；洛南县石门镇刘家村，寺耳镇寺耳街社区，柏峪寺镇联合村，保安镇北斗村等共计4镇4个基地；商南县富水镇油坊岭村、黄土凸村，城关街道办事处十里铺村、皂角铺村、捉马沟村，赵川镇店坊河村等共计3个镇办5个基地；商州区金陵寺镇房店村，麻街镇齐塬村，杨斜镇林华村，牧护关镇闵家河村，大荆镇砚川村，夜村镇将军腿村等

① 注：1亩≈667m²，15亩=1hm²，全书同

共计6个镇6个基地；山阳县中村镇沟口社区共计1个镇2个基地；丹凤县商镇北坪村1个基地。

五、珍稀菌类

1. 双孢菇

商洛市双孢菇共计20个基地492棚、8个工厂化车间，年产量可达3 030 t，产值4 600万元。主要分布在丹凤县棣花镇许家塬村、茶房社区、两岭社区，商镇北坪村、东峰村，龙驹、铁峪铺镇花庙村、花魁村、寺底铺村，武关镇段湾村、栗子坪村、毛坪村。

2. 草菇

商洛市年种植20棚，合计15.2亩，年产4 500 t，集中在丹凤县棣花镇茶房社区。

3. 杏鲍菇

商洛市年产900万袋，其中商洛市田野新型农业开发有限公司400万袋，商南县海鑫现代农业科技有限公司500万袋。

4. 白灵菇

商洛市年产500万瓶，全部由陕西天吉龙生物科技有限公司工厂化生产。

5. 海鲜菇

商洛市年产500万袋，全部由山阳和丰阳光生物科技有限公司工厂化生产。

6. 真姬菇（白玉菇、蟹味菇）

商洛市年产2 400万瓶，全部由商州区润科农业投资开发有限公司工厂化生产。

7. 绣球菌

商洛市年产1 800万袋，全部由商州区润科农业投资开发有限公司工厂化生产。

8. 玉木耳

商洛市种植7万袋，主要分布在柞水县下梁镇西川村、山阳县户家塬镇关上村。

9. 茶树菇

商洛市年种植 50 万袋，主要分布在镇安县云盖寺镇西华村。

六、天麻

商洛市 2020 年种植面积 25 000 亩，主要分布在丹凤县峦庄镇、庾岭镇、蔡川镇、武关镇，山阳县两岭镇、延坪镇、高坝店镇、王闫镇、中村镇、杨地镇，商南县清油河镇、青山镇、十里坪镇、富水镇。

七、灵芝

商洛市 2020 年种植 15.8 万袋，主要分布在洛南县寺耳镇寺耳街社区，镇安县云盖寺镇西华村，山阳县户家塬镇牛耳川社区，商州区杨斜镇林华村。

第五章　规模化生产基地

一、商州区牧护关食用菌（平菇）基地

基地位于商州城西 50km 处，312 国道沿线，该地海拔高度 1 380m，冬季严寒，夏季气候凉爽，适宜食用菌生产，是商州区平菇和夏季香菇主要生产基地。该基地现有食用菌种植户 70 多家，食用菌基地年种植食用菌 1 200 万袋（其中平菇 800 万袋，香菇 400 万袋）。主要分布在秦岭、秦政、秦关、秦茂、西沟、香铺、黑龙口等 7 个行政村。全镇现有恒兴圆、定勤、兴照、浩锋、隆兴、红丰、竹琴、新意、牧香园等食用菌经营主体 15 个，建成规模化食用菌基地 25 个，其中，配套专业化菌包生产线食用菌基地 1 个。牧护关食用菌基地年产平菇 15 000t、香菇 3 500t，产品主要销往西安、上海、义乌、武汉等地，年均销售收入 5 000 万元以上，纯收入 2 000 万元左右。

二、陕西千牛土地开发有限公司商州区杨斜镇（月亮湾）食用菌种植基地

2018 年 4 月，陕西千牛土地开发有限公司在商州区杨斜镇月亮村四组

流转土地83亩，计划总投资6 000万元，分三期建设食用菌基地，目前，已完成了一期40个标准化大棚和二期生产车间、冷库、宿舍、办公用房等设施建设，三期是食用菌深加工项目，计划2021年6月底建成，这些配套项目全部建成后，年产值可达4 000万元，安置80名劳动力进厂务工，将成为集生产、加工、销售于一体的食用菌完整产业链项目，为当地巩固脱贫效果和实施乡村振兴提供有效保障。现已投资3 000万元，初步建成了年产90万袋生产规模的袋料香菇种植基地，公司采取"基地+合作社+贫困户"的生产带动模式，有效地促进了该村脱贫攻坚工作。

三、商州区恒兴圆农业能源科技有限责任公司反季节食用菌基地

基地位于商州区牧护关镇秦关村一组、312国道沿线，距商州城区35km，距西安70km，累计投资1 500万元，流转土地200亩，建设食用菌钢架大棚460个，引进专业化菌包生产线2条，打机井6眼，建成生产、办公用房32间、6 400 m²，冷藏库2个400 m³，修建基地生产路10条1 500 m，排水渠1 700 m。基地主要利用牧护关海拔高，夏季气候凉爽的优势种植反季节香菇和平菇。2020年，生产食用菌220万袋，其中，平菇120万袋，香菇100万袋，并为周边农户代加工食用菌菌袋150万袋，同时吸纳当地劳动力150多人常年在基地务工。在做好基地生产管理的同时，不断拓宽销路，已经和江苏、浙江、青岛等大城市电商客户签订平菇销售合同，逐步建立了稳定的销售渠道，实现优质优价，并将辐射带动周边6个村的食用菌产业提质增效，为打造秦岭香菇小镇奠定坚实基础。

四、牧护关镇精旭腾科技发展有限公司食用菌种植基地

基地位于商州区牧护关镇黑龙口村312国道沿线，交通便利，气候适宜，资源丰富，是发展反季节代料食用菌的最佳之地。基地由商洛市精旭腾科技发展有限公司投资2 000余万元建设，共流转土地160余亩，新修生产路3条900余米，建成35亩高标准养菌大棚和420个日光种植大棚，新建配套水井三口，配套微喷喷淋系统180套，新修排水渠1 250余米，硬化生产场地2 300 m²，新建210 m³保鲜冷库3座，香菇烘干设备5套，并引进自动化生产线1条，年生

产规模可达 300 万袋，2020 年生产平菇和反季节香菇 100 余万袋。

五、商洛市丰鑫生态农业有限公司商州区麻街镇食用菌种植基地

基地位于商州区麻街镇齐塬村，该基地由商洛市丰鑫生态农业有限公司承建，流转土地 220 亩，计划投资 2 800 万元，是集食用菌及菌种技术研发、生产、加工、销售为一体的现代科技型种植基地。目前已投资 1 200 万元，建设高标准种植大棚 300 个，养菌接种净化车间 2 300 m²，研发中心 800 m²，主要以黑木耳种植和菌种研发销售为主，年生产食用菌 500 万袋，通过"企业+基地+合作社+贫困户"以"认贷认领""劳务认领"的模式带动 2 个镇 12 个村贫困户 900 户，户均收入 4 年总共不低于 13 000 元。

六、商州区麻街镇木耳种植示范园

园区位于商州区麻街镇五星村，由商洛润海农业有限公司承建，共流转土地 76 亩，计划投资 1 200 万元，采取"公司+基地+农户"模式，建设吊袋木耳钢架大棚 85 个，年种植木耳 300 万袋，年产值达到 210 万元（图 1.11）。

图 1.11　麻街镇木耳种植示范园

七、商洛市盛世华生态农林科技有限公司木耳基地

基地位于商州区夜村镇杨塬村，共流转土地 83 亩，计划投资 1 300 万元，建设高标准"吊袋+地栽"木耳种植基地，现已建成木耳钢架大棚 71 个，占地 45 000 m²，其中圆管大棚 34 000 m²，椭圆管大棚 11 000 m²，整修砖铺生产路 7 320 m²，排水沟 4 000 m，新建晾晒场 3 300 m²，全年种植木耳规模 280 万袋，预计年收入将达到 672 万元（图 1.12）。

图 1.12　盛世华生态农林科技有限公司木耳基地

八、商州区北宽坪镇食用菌农民专业合作社食用菌基地

合作社位于商洛市商州区北宽坪镇农兴村，成立于 2014 年 7 月，注册资金 500 万元，流转土地 237.9 亩。修建食用菌菌袋全自动化生产线一条，生产厂房 400m²、冷库 200m³。合作社主要从事食用菌生产及制种、采购、生产资料供应、购销、运输、贮藏、加工、包装、新品种引进、新技术推广等。年种植香菇、木耳、平菇共 200 万袋，合作社获得"古蟒岭"商标授权 29 号、31 号、35 号，合作社与西安欣桥食用菌市场、河南西峡县食用菌市场签有常年代销合同，与南京日报报享购、苏陕供应链公司达成初步合作销售意向，确保了产品销售畅通。

九、洛南县七彩田园绿色蔬菜种植专业合作社香菇基地

合作社位于洛南县石门镇刘家村，以发展食用菌袋料香菇为主导产业，主要经营范围是组织采购、供应成员所需的生产资料；组织收购、销售成员生产的产品；开展成员所需的贮藏、包装服务；引进新技术、新品种，提供信息、咨询服务。合作社现有社员 121 人，拥有资产 1 000 余万元，其中，固定资产 600 万元。2013 年 12 月，合作社香菇基地被陕西省农业厅认定为无公害农产品产地；香菇产品 2014 年 3 月被农业部农产品质量安全中心认定为无公害农产品。合作社于 2015 年注册成立了洛南县永文生态农业有限公司，注册了"永文"食用菌商标，2017 年，被评为省级合作社。目前，合作社建有食用菌生产基地 408 亩，建成食用菌标准化钢架大棚 956 座，建有年产 300 万袋菌袋生产厂 1 个，拥有食用菌专业化菌包生产线 1 套，建有标准化钢架棚 60 座 2 380m²，水泥梳架棚 70 座 2 800m²；钢柱、彩钢瓦生产厂房 500m²，硬化场地 689m²；生产生活用房 500m²，办公用房 220m²，食用菌保鲜冷库 4 个，储藏量可达 375t。

十、洛南县阳光生态农业科技有限公司食药用菌基地

位于洛南县寺耳镇寺耳街社区，由优秀大学生村官罗婵创办，公司现有 2 个种植基地和 1 个菌种厂，现有员工 45 人，公司主要从事羊肚菌、灵芝、猪苓、茯苓、香菇、天麻、黑木耳种植和菌种生产与销售，基地占地 120 余

亩，建成标准化无公害食药用菌农业产业园，组建了阳光美农食药用菌专业合作社，联接农户 500 余户。2019 年经济效益：蜜环菌 90t、32.4 万元，香菇菌种 5 万 kg、13 万元，茯苓菌种 5 万 kg、20 万元，木耳菌种 5 万 kg、20 万元；代料香菇 5 万袋 25 万元，鲜香菇 11 万 kg、121 万元，干香菇 5 000 kg、28 万元，木耳 1.5 万 kg、15 万元，羊肚菌 250kg、50 万元，银耳、猴头菇 1 500kg、12 万元，灵芝茶 10 000 瓶 50 万元，灵芝盆景 500 盆、40 万元，所有产品营业总收入 423.4 万元（图 1.13，图 1.14）。

图 1.13　标准化灵芝基地　　　　　　图 1.14　灵芝工艺品

十一、丹凤县棣花镇巩家湾双孢菇基地

基地位于丹凤县棣花镇两岭社区巩家湾，由商洛鑫垚农业科技发展有限公司投资 500 万元建设，占地 37.5 亩，建设双孢菇标准化棚 50 个，是丹凤县规模最大的双孢菇种植基地。该基地采取"政府+公司+基地+农户"模式，自 2018 年 8 月起建设，实现了当年立项、当年开工、当年建设、当年投产、当年见效。基地建起后，使双孢菇生产从堆肥、发酵、养菌、覆土、催菇、出菇等各个环节实现规模化、集约化、标准化生产。2019 年、2020 年"一棚两菇"技术试种试验取得成功。2019—2020 年生产季双孢菇投产 48 棚，产量 300t，产值 200 万元（图 1.15，图 1.16）。

| 图 1. 15　基地外观 | 图 1. 16　双孢菇产品 |

十二、丹凤县棣花镇茶房草菇基地

位于丹凤县棣花镇茶房社区，占地 160 亩，总投资 1.2 亿元，建成高标准爱尔兰智能化大棚 60 个，总建筑面积 20 520 m²，年产草菇 3 000 t；建成草菇加工车间 3 000 m²、储藏冷库 3 000 m³，配套建设研发、观光体验、旅游等基础设施，形成集食用菌研发、制种、栽培、加工、肥料综合利用、农业观光旅游和饮食体验的三产融合产业园。基地完全建成后预计草菇种植年实现总收入 4 600 万元，工业加工总产值 2.8 亿元，带动农民就业 400 余人。

十三、丹凤县晟康利食用菌种植基地

位于丹凤县商镇商山村、王塬村和竹林关镇张塬村、花瓶子镇苏河村等 4 个村，总投资 1 500 万元，由丹凤县晟康利食用菌有限公司建设，计划新建标准化平菇、木耳种植大棚 180 个，标准化气调库 2 个，配套菇棚增温设施设备 64 套。项目完全建成后，年种植平菇 180 万袋、木耳 300 万袋，生产平菇（鲜）3 150 t、木耳（干）150t，实现产值 2 790 万元，利润 460 万元，提供就业岗位 150 个。

十四、丹凤县土门镇山洞食用菌（平菇）基地

位于丹凤县土门镇七星村河口组，该基地利用天然山洞生产平菇，洞内种植 15 亩，洞外流转土地种植 10 亩，硬化场地 10 000 m²，新建办公用

房 350m²，生活用房 200m²，生产用房 750m²，建成连栋大棚 1 300 m²，农机具 21 台（套），交通运输工具 3 台，固定资产投入近 1 000 万元。2018 年 12 月，被陕西省农业厅等 9 个部门命名为省级示范农民专业合作社。年生产无公害平菇 20t 以上，随着生产规模不断扩大，香菇产品远销河南、山西、河北等省，平菇产品畅销西安、渭南、咸阳、商州、山阳、商南、丹凤等省内各地。2016 年 10 月，"百万袋"食用菌生产模式通过商洛市农业局验收，桑黄洞内栽培与技术研究示范推广技术通过陕西省科技厅评审验收。2019 年，栽培白灵菇 2 万袋，并积极开展食用菌新产品、新技术试验与研发。

十五、商南县富水镇百万袋食用菌产业基地

由商南县富水镇黑漆河村香源食用菌合作社承建，共流转村民土地 130 亩，建设标准化出菇大棚 300 个、菌包生产线 1 条及贮存保鲜库等附属设施。合作社结合该村农民多年种植食用菌的技术优势和群众基础，依托县政府"借袋还菇"产业扶持政策，采用"支部+企业+合作社+基地+贫困户"的产业发展模式，实行统一规划、统一建设、统一管理、统一销售，吸纳农户以土地、劳务、资金等多种形式入社入股，将农户镶在产业链上，实现稳定增收。

十六、商南县青山镇黑木耳生态农业示范基地

位于商南县青山镇青山社区和草荐村，由陕西秦岭深山农业科技有限公司、浙江京隆食品有限公司于 2020 年 12 月投资兴建。该基地计划总投资 8 000 万元，建成占地 300 亩、年产 300 万袋的黑木耳菌包生产线，年种植春耳 120 万袋，秋耳 180 万袋。按照农旅融合的发展思路，逐步将基地打造成黑木耳生态农业观光园，实现规模化种植、标准化生产、观光化体验、市场化销售、产业化经营，把小木耳做成巩固脱贫攻坚成果、支撑乡村振兴的大产业（图 1.17）。

图 1.17 青山镇地栽黑木耳基地

十七、山阳县食用菌产业园（二期）木耳基地

位于山阳县十里铺街道办磨沟里村，由山阳县扶投公司投资兴建，总投资 1 000 余万元，流转土地 96.8 亩，建成标准食用菌（吊袋木耳）大棚 73 座，由该村引进雨露公司生产经营，分春秋两季进行吊袋木耳的生产，年满负荷生产吊袋木耳 220 万袋，产值 600 万元，公司纯利润 120 万元以上。

十八、山阳县户家塬镇康乐村食用菌产业基地

位于山阳县户家塬镇康乐村麻沟一组，占地面积 60 亩，总投资 965 万元，建设标准化大棚 53 个，使用面积 13 304 m^2。基地由山阳县扶贫开发移民搬迁投资有限公司投资建设，年种植优质黑木耳两季，共 200 万袋，预计年可收入 700 万元。基地使用本村劳动力 50 余人，月收入 2 000 元以上。

十九、山阳县志诚种养专业合作社食用菌产业园

位于山阳县十里街道办王庄村一组，2018 年 4 月动工建设，园区设计总投资 500 万元，占地面积 100 亩，建设生产办公用房共计 1 000 m^2，购置生产设备 5 台（套），新建冷库 2 座 200m^3，修建香菇大棚 200 个，年种植香菇 60 万袋，预计年产值 600 万元，净收益 200 万元。

二十、镇安县木耳塔架立体栽培示范基地

位于镇安县云盖寺镇金钟村二组，占地面积 35 亩，共布设塔架 4 000 组，年栽培黑木耳 76.8 万袋，可实现销售收入 300 余万元。基地使用的塔式种植架由镇安县秦绿食品公司研发生产，结构轻巧、质优价廉，易于布设，便于管理，可回收重复利用。塔架立体栽培亩投资比传统吊袋大棚减少 46%，栽培量增加 12%，产量提高 30% 左右，且通风好、染病少，便于管理，相比传统的地摆式栽培，可大幅提高土地利用效率，产出的木耳品质好、杂质少，既方便农户庭院式使用，也适宜山区规模化推广（图 1.18，图 1.19）。

图1.18 塔架立体栽培　　　　　图1.19 塔架栽培黑木耳

二十一、镇安锄禾农业科技有限公司珍稀菌类种植基地

公司成立于2018年，位于镇安县云盖寺镇西华村，是一家专业从事食用菌研发、菌种生产、种植、加工、营销、农产品展示的新型农业科技企业。2018年年初，公司聘请相关专家多次来西华村考察论证，根据西华村得天独厚的资源禀赋和产业基础，投资680万元，建设茶树菇、鸡腿菇等种植示范基地。已建成标准化种植大棚37栋，购置各类设备12台（套），建有食用菌原种培育室、菌棒加工车间、鲜食用菌冷藏车间、烘干车间、分拣车间等2 800 m²，目前，在西华村、西洞村建有茶树菇、香菇、鸡腿菇、平菇等食用菌种植、试验、示范、推广基地120余亩。公司引进蛹虫草、赤松茸繁育技术，建成了培养实验室并初见成效。2018年成为"镇安县就业扶贫基地"，2019年被授予"商洛市食用菌生态标准园"称号（图1.26，图1.27）。

图1.20 茶树菇基地　　　　　图1.21 茶树菇产品

二十二、柞水县杏坪镇肖台村吊袋木耳产业基地

位于柞水县杏坪镇肖台村一组，共建成木耳吊袋大棚48座，占地52亩，大棚建设面积14 936 m²，总投资530万元。由肖台村股份经济合作社负责实施，2019年3月底建成，2019年当年春季种植木耳100万袋，收获干耳5万kg。2021年，春季种植吊袋木耳73万袋，由16户农户采用"借棚还耳"发展模式种植，预计可产干耳3.5万kg，经济效益210万元，可带动周边120余户农户从木耳产业中获得收入，户均增收1万元以上，村集体经济收入20万元。

二十三、柞水县科技投资发展有限公司羊肚菌示范种植基地

2020年，该公司引进羊肚菌品种1个，自己制作栽培种和营养袋，在柞水县凤凰镇金凤村、下梁镇金盆村、西川村等地开展羊肚菌种植示范，面积30 500 m²，其中，在金凤村的25个大棚进行示范种植羊肚菌10 500 m²；在下梁镇金盆村采用露地小拱棚栽培羊肚菌16 000 m²；在下梁镇西川村采用钢架大拱棚栽培羊肚菌4 000 m²。平均亩产羊肚菌干品30kg左右，亩产值达到24 000元，利润达到15 000元左右。

二十四、商南县惟特食用菌发展有限责任公司羊肚菌种植基地

公司成立于2017年，注册资金500万元，在商南县富水镇王家庄、黄土凸等村，发展种植珍稀菌类羊肚菌300亩，年产羊肚菌7 500 kg，产值达600多万元。

二十五、商州区金陵寺镇羊肚菌种植基地

位于商州区金陵寺镇房店村六组，由商洛金樵君菌农业科技发展有限公司投资100余万元，利用原竹沁园蔬菜种植基地2个连栋温室、3个温室大棚和55个拱棚，经过改造，从商南引进"三妹""六妹""七妹"3个羊肚菌品种，共种植66亩，亩产羊肚菌（鲜）300~350kg，总产值达到100万元左右。后期计划将园区其余23个温室大棚和43个拱棚全面改造，全部种

植羊肚菌（图1.22）。

图1.22 标准化羊肚菌基地

第六章 工厂化生产企业

一、商州润科绣球菌工厂化生产基地

位于商州区荆河生态工业园，总投资约1.5亿元，占地106.68亩，总建筑面积3.6万 m²，由商州区润科农业投资开发有限公司承建。项目于2020年2月动工建设，同年11月全面建成投产，建设规模为日产5万袋，年产1 800万袋绣球菌生产线，投产后可年加工绣球菌3 600 t，实现年度销售收入7 200万元（图1.23，图1.24）。

图1.23 绣球菌自动化生产线　　图1.24 绣球菌产品包装

二、商州润科真姬菇（白玉菇、蟹味菇）工厂化生产基地

位于商州区腰市镇高速路出口以西，由商州区润科农业投资开发有限公司承建，规划为三大功能区：一是真姬菇瓶栽工厂区；二是菌包生产厂区；三是食用菌大棚区。总投资 1.1 亿元，占地 520 亩，年产真姬菇 2 400 万瓶、菌包 600 万袋，规划建设智能空调大棚 600 个，年总产值约 1.2 亿元。该项目采用全自动化数控生产流水线，引进国外先进设备，聘请多名食用菌行业顶尖人才，生产原材料全部采用行业最高标准，厂区建有自己的实验育种室，生产过程全自动化数控操作，整个生产线在国内处于领先水平，通过净化工艺要求，确保了产品品质优，菇形好，绿色、环保，提高了产品质量和生产效益，产品供不应求。

三、商州天吉龙白灵菇工厂化生产基地

位于商州区夜村镇杨塬村，由陕西天吉龙生物科技有限公司于 2018 年 3 月投资 1.2 亿元兴建，2018 年 10 月投产，已建成生产车间 2 栋 9 000 m²，智能养菌出菇房 32 间，投资 500 万元从台湾引进日产 2 万瓶白灵菇自动化生产线 1 条，购置净水设备，安装水、气、温、光等自动智能监控设备，进行自动化生产、全自动智能监控，实现了白灵菇周年生产。该基地所产白灵菇形美色白、味美细

图 1.25　工厂化白灵菇生产

嫩，备受高端消费市场青睐，畅销北京、上海、广州、成都、西安等国内一线城市并出口菲律宾等东南亚国家。天吉龙公司的白灵菇工厂化种植模式，成为国内首家工厂化冷房种植、周年生产白灵菇鲜品的公司，从而打破了受季节限制的种植方式，有效填补了我国白灵菇鲜品反季节销售的空白。基地年生产白灵菇 500 万瓶、年产白灵菇鲜品 1 200 t，产值 3 000 多万元，纯利润 800 万元（图 1.25）。

四、商洛市田野现代农业园杏鲍菇工厂化生产基地

位于商州区大赵峪办事处桃园村，由商洛市田野新型农业开发有限公司投资建设，基地占地 30 亩，建成工厂化食用菌生产车间 5 栋 18 000 m²，建成装袋灭菌车间 2 000 m²，出菇生产车间 5 300 m²，接种车间 800 m²，冷藏库 2 200 m³，引进杏鲍菇自动化生产线 1 条，香菇自动化生产线 2 条。实现了菌包专业化、工厂化生产，无菌化接种，智能工厂化出菇管理，智能化监控，循环化利用资源，年可生产杏鲍菇 400 万

图 1.26 工厂化杏鲍菇生产

袋、木耳 100 万袋、香菇 300 万袋，各类食用菌共计 800 万袋（图 1.26）。

五、丹凤县双孢菇工厂化生产基地

位于丹凤县棣花镇许家塬村，由陕西夏琳生物科技有限公司承建。该项目是集食用菌菌种选育、野生菌种驯化、新栽培技术研发推广、双孢菇栽培基质生产、工厂化栽培、产品深加工、有机肥生产以及旅游观光、出口创汇为一体的食用菌产业综合体。项目占地 200 亩，总投资 4.2 亿元，一期主要建设年产 4 000 t 的双孢菇标准化菇房 64 间，一次发酵隧道 15 条，二次发酵隧道 8 条及其附属设施，购置双孢菇自动化生产控制等检验设施设备。项目于 2019 年 3 月开工建设，目前已投资 2.8 亿元，建成 4 栋 64 间 32 000 m² 双孢菇智能化栽培菇房、3 层 1 396 m² 研发中心大楼，建设 23 条 7 250 m² 一次、二次发酵隧道，购置拌料机、抛料机、覆土机、拉料机、风机、碳氮测定仪等生产、检验设备 600 余台（套）。产业园满负荷生产后，可年生产双孢菇 4 000 多吨、有机肥 2 万多吨，实现出口创汇 3 亿多元，提供就业岗位 400 多个，年可处理玉米和小麦秸秆 2.5 万 t、畜禽粪便 2 万 t，年可生产双孢菇栽培基质 3 万 t，推动食用菌由木腐菌向草腐菌转型，有力促进绿色循环农业发展，同时填补了商洛双孢菇工厂化生产空白（图 1.27，图 1.28）。

图 1.27 工厂化双孢菇生产基地

图 1.28 双孢菇生产车间

六、山阳县和丰阳光食用菌产业园

位于山阳县高坝店镇凉水井村，由陕西和丰阳光生物科技有限公司建设，是集食用菌工厂化研发、生产、加工、销售、培训等为一体的食用菌示范园，一期项目已于 2018 年 9 月建成了年产 6 000 万袋黑木耳工厂化制袋中心和研发中心，带动全县形成了"以和丰阳光为中心、十条流域为重点、百个基地连农户"的"一十百"产业发展格局。目前，全县已建成标准化大棚 1 500 个，年发展黑木耳 3 000 万袋，产量 1 500 t，实现产值 1 亿元以上。为扩大产能、满足基地生产需要，实现食用菌一二三产融合发展，2020 年 3 月，县政府与和丰阳光公司签订了二期项目建设协议，二期项目占地 120 亩，总投资 3.86 亿元，主要建设年产 4 000 万袋黑木耳菌袋培养库、周转库，日产 3 万袋海鲜菇工厂化生产基地，食用菌冷链仓储物流基地和食用菌产品深加工生产线，目前完成投资 1.8 亿元，基础建设已全部到位，4 个钢构厂房已建成，其中，1 号、2 号、3 号养菌车间和 5 号海鲜菇生产车间主体已完工，室内地面已硬化，生产设备已订购；4 号养菌车间、6 号冷链仓储物流车间和 7 号食用菌产品深加工生产线车间基础地梁已完工，正在进行主体钢构安装。项目建成达产后，预计可实现年收入 4.8 亿元、利润 1.1 亿元，直接安排就业 200 余人，带动当地用工 1 000 余人，人均年增收 1 万元以上，同时可满足全县木耳产业高质量发展菌袋需求，促进"小木耳"向"大产业"不断迈进。

七、洛南岭南生物科技扶贫开发有限公司食用菌基地

位于洛南县四皓街道办药王村，成立于 2020 年，注册资金 8 880 万元，占地 350 亩，主要从事食用菌研发、生产、加工、销售、出口业务。公司依托国内食用菌知名企业山东七河生物有限公司，技术力量雄厚，设备先进，工艺领先，日生产食用菌棒 30 000 袋，同时生产香菇、黑木耳、平菇、金针菇、杏鲍菇、天麻密环菌等食用菌菌棒和菌种，年产值可达 5 000 万元，年利润 1 000 万元，公司设有实验、种植和冷储基地。该公司现有食用菌智慧工厂，其生产车间设备先进，工艺尖端，自动化香菇菌棒生产流水线高速运转，智能控制系统通过 5G 网络实时进行数据采集挖掘分析，形成大数据 AI，实现了自动装袋、智能灭菌、自动接种、自动刺孔、自动脱袋、自动上架码垛等生产工序，流水作业生产效率比传统生产方式提高 4 倍，运营成本降低 30% 左右，完全实现了产品质量全程可追溯，标准化的车间、自动化的生产线、智能化的控制系统，彰显了岭南生物在食用菌行业的龙头地位。2021 年，该公司围绕扩产增效目标，实施二期项目，新建 15 000 m² 车间，将生产规模提升到日产 6 万袋菌棒，年产 2 000 万袋菌棒，年产值 1 亿元，年利润 2 000 万元。公司不断研发生产黑木耳、平菇、金针菇、杏鲍菇、天麻密环菌等菌棒和菌种系列产品，为全县菌农提供更多优质产品（图 1.29，图 1.30）。

图 1.29　香菇生产基地

图 1.30　标准化养菌室

八、陕西中博农业科技发展有限公司

位于柞水县下梁镇东川金盆村，该公司投资 5 000 万元，建设年产 2 000 万袋木耳菌包生产线 1 条，发展木耳示范种植基地 300 余亩。按照工厂化生产、专业化选育、规模化产出的思路，坚持"园区+公司+基地+农业合作社+农户"的生产经营模式，推进精准扶贫与企业壮大融合发展。目前，已完成了木耳菌包生产线建设及厂房、养菌室等配套设施建设，形成菌包生产、示范栽植、休闲观光、产品购销一条龙的完整产业链条和综合业态。2019 年，菌包生产线已正式投产运营，年生产木耳菌包 2 000 万袋，可提供就业岗位 300 多个。同时，公司与西北农林科技大学建立了长期的合作关系，对黑木耳的菌种选育、营养生理、栽培模式、栽培基质等内容开展系统化研究，为黑木耳种植及新品种的选育工作奠定了坚实的基础。

九、商南县海鑫现代农业科技有限公司

位于商南县富水镇，于 2016 年建成了省内一流、全市第一的年产 3 000 t 食用菌的海鑫食用菌科技示范园。成功创建了"秦骏"省级著名商标，申报了外贸资质和产品无公害认证，先后荣获"省级民营科技企业""陕西省民营经济转型升级示范企业"称号，"秦骏"品牌被食用菌商务网认定为"上榜品牌"，公司已成为商洛乃至陕西食用菌产业发展的排头兵。

图 1.31　办公大楼

目前，在富水、城关、金丝峡等镇建成"百万袋"香菇基地 3 个，富水产业园木腐菇生产线年产杏鲍菇 500 万袋、草腐菇生产线年产平菇 660 万袋（图1.31）。

第七章　食用菌加工企业

一、陕西秦峰农业股份有限公司

位于柞水县下梁镇西川村，成立于 2012 年 12 月，是一家以发展现代生态循环农业为主，集秦岭优质特色农产科研、种植、加工、销售、物流配送等为一体的现代化股份制企业。经过 6 年的发展，公司于 2018 年 12 月在股交所挂牌上市（证券代码 640007）。公司先后投资 1.3 亿元，在柞水县西川国家农业示范园区建立基地，是陕西省首家规范化、规模化发展地栽黑木耳产业的省级农业产业化重点龙头企业。2017 年，公司在原木耳产业基地的基础上升级打造柞水木耳特色小镇，发展休闲农业精品园区。目前，柞水木耳特色小镇已建成运营，拥有国内唯一的木耳博物馆，拥有千亩木耳大田观光基地和 50 亩木耳采摘体验基地，月均接待游客万余人，已成为集木耳种植加工、观光旅游、休闲体验、餐饮住宿、文化展示为一体的特色农业精品园区，并获批国家 AAA 景区。公司现已开发秦岭食用菌、珍稀菌、高山优质农产、陕南特色农副加工食品四大系列 70 余种产品，主力产品"秋雷"牌柞水木耳多次获得杨凌农博会"后稷奖"，2018 年，公司产品"柞水木耳"入选央视国家品牌计划，在央视 8 个频道向全球推介。同时公司获得"省级就业扶贫基地""全市产业脱贫十佳龙头企业""陕西省名优农产品质量安全追溯试点单位""全国名特优新农产品名录产品"等荣誉。

二、商南县秦林实业有限责任公司

位于张家岗工业园区，是集果蔬脆片开发、加工、销售，生态养殖、高山种植等为一体的综合型企业，公司先后荣获市级农业产业化龙头企业、商南县脱贫攻坚龙头企业、循环型示范企业、创业示范企业、放心食品单位等诸多荣誉称号。公司注册产品商标"脆姑娘"，自主研发的香菇脆，以小鲜香菇为原料，采用真空低温脱水技术，其含油率低，脆而不腻，保存了香菇原有的形、色、香、味，最大程度保留了产品营养成分，产品畅销东南沿海各大城市（图1.32，图1.33）。

图 1.32　香菇脆产品

图 1.33　外销香菇脆产品

三、陕西高科食品产业园

位于商南县富水镇茶坊村，由陕西祥瑞源琪农业科技有限公司承建，总投资5亿元，规划建设"智慧工厂、示范基地和数字农场、市场营销"三大板块，是集科研、生产、加工、销售、仓储、物流于一体的规模化、智能化高科技农业产业园区。目前，项目一期已建设完成，建成标准化厂房、数字化车间，新建罐头、香菇酱、果蔬脆片、饮料、生物提取四条生产线，可生产出口型干菇、香菇酱、香菇脆、香菇罐头、香菇多糖、猕猴桃果汁、茶多酚、茶叶功能性饮料等产品。该项目全部建成后，年产值可突破5亿元，实现综合利税4000余万元，新增就业岗位1000个，带动2万余名种植户增收致富，推动全县文旅、农旅深度融合发展。

四、陕西诚惠生态农业有限公司

公司成立于2015年3月，注册资金3000万元，占地面积180亩，位于山阳县板岩镇安门口村。陕西诚惠生态农业产业园区规划总投资3.12亿元，核心区500亩，辐射2000余亩，建成全县首家集食用菌生产加工、科技研发、电商销售、有机肥生产为一体的现代生态农业示范园区。生产的产品有香菇、黑木耳、香菇酱等。自主培育的品牌有酱大人、沁慧源、菇大妈、秦恩、高妈双寨等共计5个品牌，含7个类目。一期已完成投资1.18亿元，建成年生产300万袋的袋料香菇生产线2条、年产1000万瓶香菇酱生产线1

条，100 t 冷库 1 座。目前已启动二期项目建设，计划投资 350 万元建设年产 1 000 万瓶香菇牛肉酱生产线 1 条，计划到 2021 年年底全面建成。二期项目完全建成后，年可供应香菇酱 1 000 万瓶，休闲食品 200 t，香菇 100 t，黑木耳 20 t，生物有机菌肥 5 万 t。

五、陕西泉源生态农业科技有限公司

位于山阳县户家塬镇关上村，成立于 2017 年 3 月，是一家集木耳等食用菌栽培、食用菌生产技术研发为一体的现代综合型农业公司，建有日产 2 万袋菌袋生产线 1 条、年生产菌袋 400 万袋。2020 年，公司在关上村扩建废旧菌袋加工基地，引进机制木炭生产线、生物质燃料生产线各 1 条，年可处理废旧菌袋 1 500 t，年产生物燃料 3 000 t。

第八章　食用菌出口企业

一、丹凤县夏雨食品有限公司

公司创建于 2010 年 8 月，注册资金 4 000 万元，厂址位于丹凤县东河工业园区，占地面积 50 亩，厂房面积 8 000 m²，共有 4 个生产车间，3 条生产线，其中，2 条生产线分别是日本韩国双孢菇加工专业生产线，1 条是香菇生产线。配套有气调库、化验室，主要生产双孢菇罐头，香菇、草菇等食用菌系列食品，产品主要出口日本、韩国，是一家集食用菌种植，购销，加工，出口为一体的农业产业化企业，公司现有员工 160 名，管理人员 6 名，工程师 4 名，是丹凤县最大的出口创汇企业，位居全市前列。2017 年，被商洛市命名为市级现代农业园区，市级龙头企业，2018 年，被市政府授予商洛市双孢菇出口基地。公司自成立以来，通过基地建设、技术指导、提供物料、回收产品、统一销售的经营方式扩大基地建设，保障加工原料所需。公司设计产能每天可处理鲜双孢菇 10 t，年可加工鲜双孢菇 3 万 t，年加工出口双孢菇罐头等系列食用菌产品 2 万 t，产值达到 2.4 亿元，带动全县发展双孢菇种植基地 21 个，一代种植大棚 700 个，爱尔兰现代化大棚 80 个，年产鲜双孢菇 2 万 t（图 1.34，图 1.35）。

图 1.34　出口产品展示　　　　　　　图 1.35　香菇酱产品

二、陕西永田农业发展有限公司

位于镇安县县域工业集中区，隶属深圳永平企业集团旗下的子全业公司，是一家集研发、种植、生产、深加工、出口销售、商业旅游于一体的现代化农业企业，公司于 2017 年 5 月注册成立，注册资金 1 000 万元，总投资 1 亿元。公司从香菇栽培入手，全力打造香菇"研发—种植—加工—生产—销售"的全产业链发展模式。公司现有种植基地 18 个，年种植规模 200 万袋，年产鲜菇 2 200 t。公司现有 10 000 m² 菌棒生产工厂，万斤①烘干能力的现代化烘干房，200 m³ 的可遥控自动调控的低温冷库，5 000 m² 现代化香菇酱类产品生产车间，3 条生产流水线。一期食用菌工厂、基地，二期深加工厂，三期香菇脆产品项目现均已全面建成，同时公司新建的现代化农业产业园已投入建设。公司有较为完整的国内外销售网络体系，建成投产的深加工车间生产的"随园君味"香菇豆豉酱现已远销海内外，年产值超过 4 000 万元，2019 年实现出口额 600 万美元，2020 年度受新冠肺炎疫情影响，出口较 2019 年度有所下降。2021 年度公司目标产值 1 亿元，出口额 1 000 万元。公司主要产品有鲜香菇、干制菇、天白花菇、香菇油辣豆豉、香菇脆休闲食品等。特别是公司研发生产的"随园君味"牌香菇油辣豆豉菇感劲道、酱香浓郁，菇酱完美融合，更让人在酱香中品尝到山珍的美味（图 1.36，图 1.37）。

---

①　注：1 斤＝500 克。全书同。

图1.36　袋装香菇豆鼓酱

图1.37　瓶装香菇油辣豆鼓

第九章　食用菌专业交易市场

一、商南县龙山香菇交易市场

2016年10月开始建设，2017年9月投入使用，分为产品交易区、分级筛选包装区、电商服务区。每年有浙江、福建、广东等地30余名外地客商入驻交易市场，现场收购当地菇农生产的各类食用菌。交易市场内设立了电商销售专区，每天均有大量客户通过网络订购商南香菇等农特产品，促进商南县食用菌产品从本地走向全国。截至目前，累计已有5 000余户菇农前来交易市场进行交易，交易额达6 000万元以上。

二、商州区牧护关镇食用菌交易市场

位于商州区牧护关镇红门河村312国道沿线，距商州城区23km，交通极为便利，西邻西安，东通鄂豫，南往四川，北达潼关。由商洛绿农现代科技发展有限公司承建，规划占地面积50亩，建设冷库1 500 m³，购买5辆大型配送物流车等配套设施，拥有固定资产1 580万元。公司依托"企业+扶贫基地+互联网+APP配送平台"的新型食用菌产业链模式，是专业从事食用菌收购、分拣、加工、销售、物流等一体化现代农产品B2B平台。公司现有员工35人，中高级职称以上管理人员占35%，销售网络覆盖陕西、河南、武汉、安徽、上海、北京等地，并先后在西安西部欣桥、北城、朱雀等

一、二级批发市场设立定点销售门店，相继与华润万家、人人乐、明喆便利等400余家大型商业网点达成食用菌稳定购销协议，并与中国互联网生鲜龙头电商——美菜网、新零售代表——阿里巴巴集团旗下盒马鲜生等行业领先平台签订供销合约，年供货量达5 000 t，年销售额达5 000万元。公司采取"食用菌+互联网+冷链物流+种植户"的模式，带动当地农民致富。公司与牧护关镇、大荆镇、麻街镇、板桥镇、杨斜镇、夜村镇、闫村镇等各食用菌企业（合作社）签订购销协议，解决部分企业销售难问题。牧护关食用菌交易市场的建成，填补了商州区没有食用菌专业市场的空白，每年可收购当地食用菌产品3 000 t，解决了全区食用菌销售难的问题。

第十章 食用菌特色小镇（园区）

一、柞水木耳小镇

柞水西川木耳小镇（农业田园综合体）位于柞水县下梁镇西川现代农业示范园核心区（图1.38），于2017年4月开工建设，已累计完成投资1.139亿元。小镇建设以木耳为主题，分为门户区、示范区、观光区、生产区、加工区5大片区，总面积1 850亩。门户区建成了木耳休闲广场、游客接待服务中心、生态停车场等附属设施；示范区建成了占地21亩的木耳技术研发中心和3条百万袋菌包生产线，年可生产地栽黑木耳菌包1 000万袋；观光区建成了吊袋木耳钢架大棚105个、木耳博物馆620 m^2、木耳盆景园50亩及木耳游乐园设施；生产区建成了年产500

图1.38　柞水木耳小镇

万袋的地栽黑木耳菌包生产线1条，建设标准化黑木耳大田栽植示范基地500亩；加工区建成生产车间5 100 m^2，年可加工农产品1 000 t。小镇开发了"赏木耳景、看木耳戏、听木耳歌、吃木耳宴、品木耳情"系列产品，全链条形成可参与、可体验、可观光、可休闲、可采购的农旅文创综合业态，是集生态农业示范园、观光农业旅游园、绿色农业生产园、现代农业科普园和一二三产融合发展示范区。小镇与同步建成的西川现代农业示范园融为一体，目前年生产、种植黑木耳菌袋 1 500 万袋，产值 5 250 万元，利润 1 300 万元；年接待游客 20 万人次，直接经济效益可达 2.5 亿元。为群众提供就业岗位 780 个，示范带动周边 250 户农户实现户均增收 1 万元以上。

二、丹凤天麻小镇（丹凤县良种天麻产业园）

位于丹凤北部蟒岭山区的峦庄镇河口村（图 1.39），2020 年 3 月开工建设，占地 1 250 亩，由丹凤县永福工贸有限责任公司承建，计划总投资 2.8 亿元，建成"两中心两车间两基地"。两中心，即研发中心、培训中心；两车间，即菌种生产车间、天麻加工车间；两基地，即零代种子培育基地、种植示范基地。初步形成了集天麻良种选育、菌种研发生产、技术

图 1.39　箱栽天麻基地

推广、示范种植、产品加工、天麻交易、药食同源为一体的三产融合发展的全产业链现代农业园区。与国内同行业相比，该园区有"三个最大"的特点：一是全国规模、体量最大的天麻菌种研发生产基地；二是全国采用技术最先进的天麻菌种培育基地；三是全国产业链最全的天麻产业园。研发中心总面积 800 m^2，一楼是展示区，二楼是实验室。展示区主要对天麻及其功效、全国天麻分布、国内天麻领域权威专家、丹凤县天麻龙头企业的介绍及天麻生产原料、园区天麻 5 种种植模式、蜜环菌、萌发菌、天麻品种、天麻深加工产品的展示及全县天麻发展现状和带贫益贫情况介绍。实验室主要由中国科学研究院药用植物研究所王秋颖教授领衔的团队对天麻菌种（蜜环菌、萌发菌）、天麻种子及其天麻系列产品进行研发。目前蜜环菌在研的有 12 个品种，正在分离的有 2 个，推广应用的有 2 个。萌发菌在研的有 10 个品种，推广应用的有 2 个品种。主要通过对菌种（提取的野生菌种）分离和纯化，提升蜜环菌和萌

发菌的性能，有效确保了天麻质优高产；天麻零代种子研发的有 5 个品系，其中，蟒岭红 1 号、蟒岭红乌红杂交已成功，正在大面积示范推广；系列产品研发已取得突破性进展，天麻挂面、天麻冻干小食品、天麻酒等已投入批量生产。菌种生产车间总面积 1.8 万 m^2，主要由"三线两室"组成，"三线"，分别是固体菌种、液体菌种和注塑吹塑自动化生产线，"两室"，是恒温养菌室和配料室。菌种生产采用全封闭式自动化接种，菌种成活率 98% 以上，与人工操作相比，成活率提高了 15 个百分点。3 条生产线每天生产天麻菌种 10 万袋，相当于 500 个工人 1 天的工作量。每年可生产菌种 2 000 万袋，产值 1.2 亿元，可满足 4 万亩的天麻种植，实现产值 40 亿元，不仅满足了丹凤县天麻规模化种植，还辐射带动了临近的商南、山阳、洛南部分县（区）以及 8 个省 50 家天麻企业的需求。天麻加工车间总面积 2 000 m^2，主要由"一线三机"组成。"一线"，是天麻自动化烘干生产线（洗、分、煮、烘 4 个环节），"三机"，是天麻切片机、天麻细粉机、天麻面条机。全开工生产，每天可加工成品天麻 30t，1 年可加工成品天麻 1 万 t，每吨纯利润 1 000 元，可实现收入 1 000 万元。目前正在研发天麻速干食品、天麻酒以及以天麻为主要原料的各类膳食，让小小天麻渐渐飞入寻常百姓家，丹凤天麻真正成为名副其实的"大健康黄金产业"。零代种子培育基地，也叫有性繁殖基地，是通过野生天麻开花授粉，再通过萌发菌和蜜环菌培育小天麻的过程，培育的小天麻称为零代种子。基地占地 4 600 m^2，是全国最大的零代种子培育基地，装配了智能控温控湿、遮阳喷灌设备，年产零代种子 5 万箱 20 余万 kg，产值 1 000 万元。园区培育的零代种子，具有纯度高，抗病性强，缩短了生长周期，提高了单位产量，是传统种植收益的 3~5 倍。蟒岭红零代种子工厂化育种成功，为丹凤县大面积推广庭院种植打下坚实基础。以后用零代种子和种植技术，让种天麻就像种土豆一样简单方便，不需要 3 年，而只需半年，当年种植，当年收获，当年见效，拓宽了老百姓致富之路。种植示范基地共有 3 个示范区，分别是大棚种植示范区、庭院种植示范区和林下种植示范区。大棚种植示范区，共有大棚 14 栋，模拟垄式种植，探索传统种植时最佳的温度、湿度及菌种材配比，研究传统种植最有效的科学管理方法。庭院种植示范区，模拟 100 m^2 农家小院，探索袋栽、箱栽和立体种植等新模式，研究农户房前屋后闲置空间种植的有效方法，让群众足不出户就能实现增收致富，真正把"小庭院"变成了"大产业"。林下种植示范区占地

220亩，试验天麻、木耳、猕猴桃的合理套种方式，探索出水、肥、菌、果、药五者之间的最佳共生模式，也为丹凤县50万亩林地套种天麻积累宝贵的实践经验，提高土地利用率和发展空间，解决种植天麻与林争地等问题。

三、商南香菇小镇（富水镇食用菌产业强镇）

为进一步加快商南县食用菌全产业链发展，富水镇于2020年5月以食用菌产业为主申报了产业强镇项目，项目建设内容主要是150个香菇标准化种植示范区，9 500m^{2}温室大棚，年产1 000万袋食用菌菌包自动化生产线和年产1 000 t香菇脆深加工生产线。项目区以"3（菌包袋、种植基地、市场）+X（加工、仓储、物流、品牌建设等）"方式打造富水镇食用菌产业强镇体系，建设内容从食用菌菌包制作、大棚建设到产品粗精加工、仓储、物流、品牌建设全产业链开发，推进一二三产深度融合。

四、商南青山镇食用菌特色小镇

在商南县青山镇现有产业的基础上进行资源整合和改造提升，重点打造100万袋香菇种植基地建设、菌袋加工厂改造以及食用菌商务中心建设等内容，以香菇标准化种植基地建设为基础，菌袋加工厂扩能改造为辅助，产品预冷保鲜为保障，不断延伸产业链条，通过商务中心建设拓宽产品销售渠道，整合各生产要素，使青山镇食用菌特色小镇成为食用菌领域集约化水平最高、综合效益最为显著、辐射带动能力最强的特色小镇。

五、柞水县金米现代农业园区

柞水县金米现代农业园区位于柞水县小岭镇金米村（图1.40），规划面积131km^2，总投资3亿元，目前累计完成投资3.2亿元，是柞水县委、县政府围绕市委、市政府特色农业"4+X"发展要求，以柞水县"一主两优"脱贫产业为重点，高标准规划建设集科技创新、特色种植、产品加工、

图1.40　塔式木耳基地

43

旅游体验于一体的"三产融合"现代农业园区。园区于 2019 年 3 月开工建设，建成木耳大数据中心 1 座、年产 2 000 万袋的木耳菌包生产线 1 条和 1 000 t 的木耳分拣包装生产线 1 条；建成智能联动膜温室木耳大棚 4 个 17 766 m² 和标准化塔栽、地栽木耳基地 30 亩。目前，园区正在积极创建省级现代农业产业园和国家 AAA 级景区，围绕园区拓展，启动建设 3 镇 5 村 "U" 形木耳产业带，300 个木耳吊袋大棚主体已建成，即将投入使用；游客接待中心等景区配套逐步完善。园区年可生产木耳菌包 2 000 万袋、干木耳 1 000 t，实现农业及旅游收入 1.5 亿元、利税 3 500 万元，带动就业 500 余人，将为全县巩固脱贫攻坚成果和推进乡村振兴发挥示范引领作用。2020 年 4 月 20 日，习近平总书记在金米村园区考察脱贫攻坚情况时，夸奖柞水"把小木耳办成了大产业"。

六、柞水木耳博物馆

位于柞水县下梁镇西川村（图 1.41），是全国首家以木耳和食用菌文化为主题的专业博物馆，本着"绿色、生态、环保"的理念，以绿色低碳材料为主，就地取材顺势而为，设有历史文化、菌艺展示、生态模拟、木耳主题、电商运营区等 5 个展区，共展出菌类书籍 120 多本，鲜活标本 100 余种，

图 1.41　柞水木耳博物馆

干燥标本 60 余种，以及食用菌健康食谱、工艺品、纪念品等 100 多种。通过实物展示、模拟还原、古今对比、图物相补等手法，形象勾勒出柞水食用菌的历史轨迹，细致生动地反映了源远流长、丰富多彩的柞水食用菌文化。

第十一章　食用菌科研机构

一、李玉院士工作站

为加快全县木耳产业高质量发展，柞水县于 2017 年 12 月引进了吉林农

业大学李玉院士团队，由柞水县科技投资公司于 2018 年 3 月在下梁镇金盆村启动建设了柞水李玉院士工作站（图 1.42），建筑面积约 3 000 m²，2018 年 11 月，建成并投入使用。工作站分为文化展馆、实验室、培训室、菌种繁育及产品研发示范基地等 4 个板块，是一个校地合作的研发培训平台。建站以来，李玉院士团队先后派遣科研骨干人员 30 余人次，通过对秦巴山区的食用菌种质资源进行考察，编制了柞水县食用菌产业发展规划，制订出木耳类栽培生产技术规程 6 项，协助制订《地理标志产品柞水黑木耳》地方标准

图 1.42　李玉院士工作站

1 项；收集木耳类、侧耳类食用菌菌株标本 1 000 余份，选择出 5 个宜栽木耳菌种并在柞水大面积推广，研制柞水木耳杂交菌种 10 余个；开展技术培训 10 余次，累计培训农户和技术人员 1 000 余人次，培养技术骨干 10 余人；筛选和优化出适宜的农林废弃物栽培基质配方 3 个，比对照产量提高了 30% 左右。该院士工作站的建立，有力推动了柞水木耳产业的健康可持续发展。

二、商洛市农业科学研究所食用菌研究室

食用菌研究室成立于 1997 年，是全市唯一集科研、生产、服务为一体的研发型研究室，也是商洛市食用菌产业技术依托单位。主要从事食药用菌新品种、新技术、新模式的试验、示范、推广、技术咨询、培训、指导以及产业规划的编订等工作。现有干部职工 8 人，其中，农业技术推广研究员 1 人，高级农艺师 3 人，农艺师 3 人（研究生），高级技师 1 人。先后承担省科技厅、省农业农村厅、省发展改革委、陕西省农业协同创新与推广联盟等重大食用菌研究创新及科技推广项目 15 余项。近年来在食药用菌新品种、新技术引进、筛选、试验示范等方面开展了大量工作，为商洛食用菌发展作出了重要贡献。一是引进各菌类品种 80 多个，筛选出各菌类优良品种 10 余个（木耳：916、黑威 15、黑威单片、黑威半筋；香菇：908、9608、808、

31、申香 10；平菇：1900、原生一号、优夏 200、夏丰一号等），成为生产上的骨干品种，普及率达到 90% 以上。二是创新商洛食用菌栽培模式，推广的新技术有香菇代料栽培技术（层架立体栽培模式、反季节地摆栽培模式、集免割保水膜技术、病虫害绿色防控技术、七统一分管理集成应用）、黑木耳袋栽新技术（全光照地栽模式、设施吊袋栽培模式、塔式栽培模式）、平菇熟料栽培技术、食用菌液体菌种生产技术、草生菇栽培新技术等 10 余项，应用推广率达 85% 以上。三是开展利用农林废弃资源发展食用菌，研究推广循环发展模式和现代生产方式，如推广食用菌"百万袋"循环制袋模式等，并将多种技术进行集成创新，形成了循环发展食用菌多种模式，并广泛应用于生产，促进食用菌产业循环、可持续发展。四是在全市建立示范基地 10 处，发挥示范引领作用，开展食用菌技术培训指导，提高食用菌新品种、新技术的应用率和菇农的技术水平，形成了"科研+新型经营主体（食用菌企业、合作社、村级集体组织）+基地+菇农的产业带贫模式"。研究团队先后发表学术论文 60 余篇，获省市级科技成果奖 8 项，其中，省农业技术推广成果二等奖 1 项，三等奖 3 项，陕西省科学技术三等奖 1 项，商洛市科学技术一等奖 2 项，二等奖 1 项；编写食用菌科普培训教材 4 册（本），主编陕西省职业农民培育教材《食用菌》1 本；参与制订省级地方标准《设施香菇生产》规程 1 个，参与制订商洛市市级地方标准《柞水木耳袋栽技术规程》1 个。

三、丹凤良种天麻研发中心

位于丹凤峦庄镇河口村（图 1.43），总面积 $800m^2$，一楼是展示区，二楼是实验区。展示区主要对天麻及其功效、全国天麻分布、国内天麻领域权威专家、丹凤县天麻龙头企业的介绍及天麻生产原料、园区天麻等 5 种种植模式、蜜环菌、萌发菌、天麻品种、天麻深加工产品的展示及丹凤县天麻发展现状和

图 1.43　丹凤天麻研发中心

带贫益贫情况介绍。实验室主要由
中国科学研究院药用植物研究所王
秋颖教授领衔的团队对天麻菌种
（蜜环菌、萌发菌）、天麻种子及其
天麻系列产品进行研发。目前蜜环
菌在研的有 12 个品种，正在分离
的有 2 个，推广应用的有 2 个。萌
发菌在研的有 10 个品种，推广应
用的有 2 个品种。主要通过对菌种
（提取的野生菌种）分离和纯化，

图 1.44　精制天麻粉

提升蜜环菌和萌发菌的性能，有效确保了天麻质优高产；天麻零代种子研发
的有 5 个品系，其中，蟒岭红 1 号、蟒岭红乌红杂交已成功，正在大面积示
范推广；系列产品研发已取得突破性进展，天麻挂面、天麻冻干小食品、天
麻酒等已投入批量生产（图 1.44）。

四、柞水木耳菌种及产品研发基地

该研发基地由柞水县科技投资发展有限公司与吉林农业大学李玉院士团
队、陕西省科学院微生物研究所合作，于 2018 年 10 月在柞水县下梁镇金盆
村启动建设柞水木耳菌种繁育及产品研发示范基地，2019 年 6 月建成并投
入使用，基地总面积 85 亩，其中，生产基地 4 亩，示范栽培基地 81 亩。为
柞水全县木耳产业发展提供菌种繁育和木耳产品研发技术示范。基地投入使
用以来，先后培养食用菌产业技术人员 10 余人，繁育柞水木耳杂交菌种 10
余个，生产黑木耳 8 万余袋，玉木耳 10 万袋，研发培育出灵芝、榆黄蘑、
猴头菇、羊肚菌、竹荪等珍稀食用菌 5 种。全面开展木耳菌包循环利用科
研，利用木耳废弃菌包生产出白玉菇、鸡腿菇等新的品种，利用完全废弃的
菌包基质研制出了有机肥，将废弃菌袋回收制出可燃油、可燃气和颗粒，实
现全产业链的循环利用；针对木耳深加工产品，先后研发出木耳超微代餐
粉、冰淇淋、木耳脆、益生菌、茶等多款产品，部分产品已推向市场。该研
发基地为柞水木耳全产业链发展提供了最新的科研数据，全面提升了木耳产
业研发技术水平（图 1.45，图 1.46）。

图1.45　木耳研发基地　　　　　　图1.46　精制木耳产品

五、柞水木耳技术研发中心

该研发中心位于柞水县下梁镇西川木耳小镇核心区，占地面积39亩，是柞水县人民政府与陕西省科学院院地合作、科技成果转化示范项目，由柞水县科投公司与陕西省科学院、陕西省微生物研究所、西北农林科技大学、商洛学院、陕西秦峰农业公司等单位联合实施，是珍稀野生食用菌驯化、食药用菌优良品种选育、科技示范栽培、储藏、精深加工、销售等功能为一体的全产业链技术研究与示范推广基地。该项目按照现代农业发展理念，引入智慧农业管理理念，通过自动化控制系统实现关键技术数据实时监控记录、远程视频智慧跳读、干湿度自动喷灌、电动卷帘通风降温等功能，探索高水平核心资源储备、关键技术研发和科技培训推广，建成具备农业科技研发、生产、示范、休闲观光和生态功能的科技创新示范基地。一期投资492.5万元，占地21亩，分为"四区一中心"，即羊肚菌、金木耳、灵芝等珍稀食用菌试验示范区、地栽黑木耳新优品种示范区、白玉木耳新优品种示范区、食用菌文化展示区和陕西省科学院食用菌优良菌种保藏选育及技术研发中心。陕西省微生物研究所投资新建5个智能温室大棚1 500 m^2，种植灵芝、金木耳、银耳等优良试验品种1 200m^2。发展露天地栽黑木耳1 500m^2，光伏连栋温室大棚2 500m^2，绿化美化及停车休闲设施2 000m^2。目前研发中心累计引进驯化金木耳、玉木耳、黑木耳等优良品种5个，推广种植500万袋，开展木耳科普培训120场次，受益农户4 850户。该研发中心通过本地木耳品种的研发和培育，示范带动全县食用菌产业技术进步。

六、柞水县木耳大数据中心

该大数据中心以打造全国首家"木耳产业数字经济服务平台"为目标，建设了"4个科技应用+1个资产平台"的柞水木耳大数据中心，即生产智能科技服务应用、供销智能科技应用、金融智能科技应用、扶贫智能科技应用和大数据资产服务平台。在木耳产业中开展以物联网科技、云计算和大数据为新引擎的智能化生产、供销、金融、扶贫等工作，通过柞水木耳产业数字经济服务平台建设实现柞水木耳生产实时监控，实现生产端到销售端的全链路业务在线化、数据化和智能化。通过木耳大数据平台的建设和实施，支持柞水县木耳生产端到销售端的全链路业务的数据化、在线化、工具化和智能化。基于"人—货—场"的数据化创新，实现新数据化品牌标准和营销推广；基于全链路数据，利用数据和科技实现"数据真实性、收入预测性"的数据资产化创新，支撑数据化风控，为农户提供无抵押信贷，盘活农户资金；以整个产业链的数据创新价值为核心，带动涉贫农户脱贫，同时为木耳种植产业的规模化、自动化、精细化提供技术支持和基础。帮助企业和农户降低成本、提高产量、提升质量、增加效益，全面促进木耳产业实现年产值3亿元以上。

七、山阳硒耳技术研发中心

研发中心依托陕西和丰阳光生物科技有限责任公司，聘请中国科学院赵其国院士、国际硒研究学会尹雪斌秘书长为首席专家，从省内外聘请了16名专业技术人才，与中国科学技术大学、西北农林科技大学等院校开展校地合作，与苏州硒谷公司签订了战略合作协议，组建了山阳富硒黑木耳研发团队，开展富硒木耳生产技术和产品研发工作。试验研发的富硒木耳产品据专业机构检测有机硒含量高达194mg/kg，远高于常规黑木耳硒含量2mg/kg，已达到了《食品营养强化剂　富硒食用菌粉》（GB 1903.22—2016）要求。

八、陕西诚惠生态农业有限公司食用菌研发中心

公司聘请西北农林科技大学、商洛市农科所多名专家共同成立了山阳诚惠食用菌科技研发中心，研究中心紧紧围绕商洛市食用菌产业升级的重大关

键技术问题进行研究开发，以香菇、皱环球盖菇、灵芝等食药用菌为主要研究对象，目前，已引进香菇优良品种 32 个、皱环球盖菇 17 株，通过杂交选育获得香菇优良杂交株 50 株，皱环球盖菇杂交株 30 株，香菇富硒量已经稳定在 100mg/kg 以上，研发出一批新工艺、新产品、新技术，建立了香菇规模化生产技术规范。

九、陕西秦峰农业股份有限公司木耳技术研发中心

公司在柞水县委、县政府的大力支持下，先后与吉林农业大学、陕西师范大学食品工程学院等权威院所及专家教授合作，研究破解了制约西部地区地栽黑木耳规模化发展的关键性技术难题，制订了"东北地区优质黑木耳品种在高海拔地区种植严重减产的解决方案"。为了解决木耳规模化种植后废弃菌袋处理难的问题，公司与陕西师范大学食品工程学院合作，利用木耳废弃料培养金木耳、玉木耳、羊肚菌等珍稀菌类，按照"龙头企业+合作社+基地+农户"的生产经营模式和产前、产中、产后全方位服务的产业发展思路，推行规模化、标准化、工厂化生产与农户的有机融合，取得了良好的经济效益和社会效益。

十、镇安县秦绿食品有限公司木耳研发中心

位于云盖寺镇西华村，成立于 2014 年 9 月，是集菌种选育、木耳栽培、食用菌干制品为一体的农业创新型企业。现有年产 500 万袋食用菌制种制袋生产基地 1 处、食用菌主题餐饮体验馆 1 个。2017 年，公司生产基地通过了 GAP 良好农业规范认证。2018 年，公司通过 ISO9001 质量管理体系认证和陕西省中小企业创新研发中心认定；公司生产的"清野秦绿"牌木耳获得"陕西名牌"荣誉称号；研发的立体塔式木耳种植架及木耳栽培技术获商洛市科技奖二等奖。2019 年，公司选育菌种 2 个并推广种植 150 余万袋，大田生产表现良好。2020 年，公司生产的黑木耳入选"全国名特优新"农产品名录。

十一、商洛盛泽农林科技发展有限公司食用菌研发中心

该公司是一家集食用菌菌种技术研发、培育、生产、销售、技术免费服

务，产品回收、生产、加工、销售为一体的综合性民营企业。公司成立于
2015 年，注册资金 2 000 万元，占地 120 亩，从业人员 60 余人。计划总投资
1.8 亿元，分三期实施，目前已投入资金 3 850 余万元，2018 年被评为"市
级龙头企业""市级现代化农业科技示范园"和"就业扶贫基地"，注册了
"商洛蓝"商标，办理公司质量 ISO 9001 体系认证、质量安全 ISO 22000 体
系认证，香菇、木耳初级农产品有机产品认证、绿色产品认证。公司不断加
强食用菌新品种、新技术研发力度，其中，设备设施投入 1 200 余万元，购
置了国内先进的仪器和配套设施。每年在研发、培育上投入资金 200 余万
元，共引进香菇、木耳、灵芝、猴头、羊肚菌、大球盖菌、竹荪、白参菌、
灰树花等 11 类 30 多个品种。采取生物技术的育种方法，已培育香菇优良品
种 5 个，已进入试验示范阶段，可在生产中应用推广。2021 年，计划申报 3
个香菇菌种的知识产权。2018—2019 年，年生产香菇菌种 100 多万袋，木耳
菌种 100 多万袋，实现产值 1 000 多万元，获利 50 多万元。公司计划再投资
1 500 万元，建设秦岭山脉食药用菌研发示范基地，建设食药用菌博物馆、
种质资源库、数据库、大数据传输平台。

第十二章　产业发展创新模式

一、"百万袋"食用菌生产模式

以行政村或较大的自然村为单元，依托 1 个专业合作社或龙头企业，建
设 1 条专业化菌包生产线，带动农户 100 户左右，每户种植食用菌不少于 1
万袋，实现年产值 1 000 万元，户均纯收入 4 万~6 万元。这种半工厂化模式
可以实现企业与农户的优势互补，把原料采购、拌料、消毒灭菌、装袋、接
种等劳动量大而集中便于机械化操作的环节以及市场销售、技术服务等资
金、技术、人才要求高的工作交给企业去经营，把出菇管理这一劳动密集、
时间较长、占用场地多的环节交给农户分散去管理。合理的分工分业可以让
农户从前期繁重的劳动中解放出来，有效减少资金占用时间，订单式生产不
用农户花费时间独自闯市场，只需专心做好出菇管理。企业可以避开不具优

势的出菇管理生产环节，产品质量更加可控和稳定，能够通过模式复制较快扩张规模。企业生产菌包坚持微利原则，利益主要来源于规模效益和产品购销、分级加工、品牌效应等方面。该模式被陕西省农业农村厅在全省食用菌主产区推广。

二、"七统一分"食用菌组织管理模式

依托专业合作社或龙头企业，建设1条或多条专业化菌包生产线，采取"工厂化菌包生产+农户分散出菇管理"的方式组织生产，实行"七统一分"的组织管理方式，即合作社或企业统一原料采购、统一优良菌种、统一菌包制作、统一接种、统一技术指导、统一技术标准、统一产品回收，农户分散出菇管理。这种半工厂化模式可以实现企业与农户的优势互补，产业化程度高，有效保证产品质量和品质，适应现阶段商洛市食用菌种植户生产力发展水平，更重要的是可有效促进农林废弃物资源化再利用，切实减少对林木资源的依赖，保护生态环境，实现可持续发展。

三、"抓两头带中间"食用菌产业发展模式

山阳县根据食用菌全产业链发展中不同环节对技术和劳动力需求的差异，将食用菌产业前端制袋、接种、养菌等对生产技术要求较高的环节和后期的产品收购、加工、销售等环节交由专业化公司负责，将中间出耳出菇管理、采收等用工密集的环节交由各园区、各基地的农户负责，将整个产业链进行合理分工，实现资金、技术、用工、市场的优化组合，有效提高了产业的组织化、规模化程度。

四、"两借两还"木耳产业发展模式

柞水县针对部分贫困群众发展木耳产业缺乏产业启动资金的难题，推行"借袋还耳""借棚还耳"模式。即各村根据本村"借袋"户的菌袋需求量，由村集体经济组织与菌包生产企业签订借袋合同，"借袋"户借袋时要与村集体经济组织签订"借袋还耳"合同，每季木耳采摘结束后，农户将成品耳上交村集体经济组织统一销售，村集体经济组织将销售资金扣除借袋成本后返还贫困群众，贫困群众无需资金就能参与木耳产业发展。

五、"先借后还" 香菇产业发展模式

商南县为了破解香菇产业发展受"八山一水一分田"自然条件限制以及群众"单打独斗"粗放生产，造成产业规模化发展难、产品和市场对接难以及市场风险大等问题，通过大胆实践，积极探索，采取"政府担保贴息、企业赊本让利、群众先行发展、收益免息还本、联手共建共富"的方式，由食用菌龙头企业运用现代科学技术，批量生产香菇菌袋，先行赊借给群众进行培育管理，待香菇采摘后，再由企业负责回购，探索出了"先借后还"的产业扶贫模式。该模式将政府、企业、贫困户三方利益紧密联结，为政府找到了产业脱贫的典型模式，为企业找到了转型升级的更大空间，为贫困户找到了脱贫致富的有效门路。

六、食用菌工厂化生产模式

为了加速商洛食用菌进一步向规模化、集约化、产业化方向发展，通过培育本地龙头企业与引进外地龙头企业相结合的方式，逐渐形成了一批管理方式科学、生产工艺先进、产品销售畅通、全产业链开发的现代化食用菌工厂化生产企业，白灵菇、双孢菇、杏鲍菇、绣球菌、真姬菇、白玉菇、蟹味菇等珍稀菌类实现了从原料配制、装袋（瓶）、接种、养菌、出菇、采收、加工、包装、销售全程自动化，大幅度扩大了生产规模，提升了产品品质，降低了生产成本，增加了企业效益。

七、果菌循环发展模式

从关中等地外购果树修剪枝条粉碎制成的木屑作为商洛食用菌生产菌材，然后又将食用菌废弃菌棒加工成有机肥供应关中果树主产区，即解决了商洛大规模发展食用菌原材料不足问题，又解决了关中果树修剪枝条和商洛食用菌废弃菌袋大量随意堆放造成的环境污染问题，实现了陕西苹果、食用菌两大主导产业优势互补、资源合理利用，闭合绿色循环发展（图1.47）。

八、一棚两菇发展模式

也称"一料双菇"模式，丹凤县近年来在发展双孢菇产业的过程中，

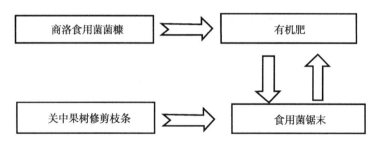

图 1.47　果菌循环发展模式示意

大胆创新，积极探索，摸索出"一棚两菇"种植模式。由于双孢菇生产季节性特强，最佳生长期在每年的 9 月至翌年的 4 月，因此针对每年 5—8 月因高温原因致使双孢菇大棚闲置不能产生效益的实际问题，科技人员通过示范探索，在夏季 5—8 月利用稻草、麦秸种植草菇，然后再用草菇废料结合麦秸发酵后再种植双孢菇，形成了一年四季都有商品菇的周年生产模式。其最为突出的特点就是节约了原料成本，同时提高了大棚设施设备的利用率，增加了种植效益（图 1.48，图 1.49）。

图 1.48　双孢菇

图 1.49　草菇

九、食用菌循环发展路径探索模式

为了加快食用菌生产由资源消耗型向农业废弃物再利用型转变，全市各地都进行了积极探索。商州区牧护关镇开发利用苹果枝条栽培反季节香菇，洛南县利用桑树修剪枝条栽培香菇，柞水县海林菌业有限公司利用栗苞栽培香菇，柞水县下梁镇李开元利用麦草发展双孢菇，商州区九鼎菌业公司利用中药渣栽培香菇等（图1.50，图1.51）。

图1.50　桑树条栽培香菇

图1.51　中药渣栽培香菇

十、菌菜轮作模式

商州区通过大胆探索，利用香菇、平菇、木耳等食用菌养菌大棚夏季空闲时间，种植番茄、黄瓜、茄子等蔬菜，将商洛食用菌和蔬菜两大产业有机结合，即提高了设施大棚利用率，又增加了经济收入。

第十三章　食用菌品牌

一、商州区食用菌品牌

"商洛蓝""一路商雏""秦岭四时""凤竺源"（商洛盛泽农林科技发展有限公司）；

"天吉龙"（陕西天吉龙生物科技有限公司）；

"商山"（商洛市田野新型农业开发有限公司）；

"吴庄实业"（商洛市吴庄实业有限公司）；

"商山隆兴"（商洛市隆兴菌业发展有限公司）；

"陕绿源"（商洛市秦绿源食用菌有限公司）；

"机缘时蔬"（商洛市福众岭农业有限公司）；

"宝芝源"（陕西宝芝源食品有限公司）；

"秦麓山珍"（商洛秦耘致福生态农林有限公司）；

"琪山臻"（商洛绿农现代科技发展有限公司）；

"益宜多"（商洛万牧农业有限公司）；

"古蟒岭"（商州区北宽坪镇食用菌农民专业合作社）；

"商山晟菌"（商洛市丰鑫生态农业有限公司）；

"秦岭金珍""秦岭金丝""乡野村姑"（商洛市德润农业开发有限公司）；

"鹤鑫阳"（商州区鑫阳食用菌种植农民专业合作社）。

二、柞水县食用菌品牌

柞水区域公用品牌"柞水木耳"：

"秋雷"（陕西秦峰农业股份有限公司）；

"野森林"（柞水野森林生态农业有限公司）；

"秦岭天下"（柞水秦岭天下商务有限公司）；

"正森"（柞水县正森生态农业有限公司）；

"新田地"（柞水新田地绿色食品有限公司）；

"森林牛"（柞水新田地绿色食品有限公司）；

"秦优山甄"（柞水县科技投资发展有限公司）；

"甄响菌"（柞水县科技投资发展有限公司）；

"乾佑河"（柞水县扶贫投资发展有限公司）。

三、镇安县食用菌品牌

"清野秦绿"（镇安县秦绿食品有限公司）；

"小木岭"（镇安县锄禾农业科技有限公司）；

"土村长"（陕西瑞泰恒丰农业发展有限公司）；

"栗圆"（镇安县博奥种植专业合作社）；

"紫杉菌业"（陕西长发实业有限公司）；

"秦菇源"（陕西菇源农业科技有限公司）；

"随园君味"（陕西永田农业发展有限公司）。

四、洛南县食用菌品牌

"永文"香菇（洛南县七彩田园蔬菜种植专业合作社）；

"百菌园"（洛南县凤鸣山食药用菌专业合作社）；

"凤鸣菌园"（洛南县凤鸣山食药用菌专业合作社）；

"阳光菌业"（洛南县阳光生态农业科技有限公司）；

"云蒙山"（洛南县麻坪镇云蒙山村股份经济联合社）。

五、商南县食用菌品牌

"金丝聚源"香菇（金丝聚源食用菌合作社）；

"秦骏"食用菌（商南县海鑫现代农业科技有限公司）；

"脆姑娘"香菇脆（商南县秦林实业有限责任公司）；

"惟特"牌羊肚菌（商南县惟特食用菌发展有限责任公司）。

"花漫山"羊肚菌（陕西君悦康农业开发有限责任公司）。

六、丹凤县食用菌品牌

"丹农食客"（丹凤县明天食用菌开发公司）；

"秦岭丹菇"（丹凤县丹菇食用菌开发有限公司）；

"秦菇源"香菇酱（陕西夏琳生物科技有限公司）；

"拜莱凯提"双孢菇罐头（丹凤县夏雨食品有限公司）；

"蟒岭红"天麻（丹凤县永福工贸有限责任公司）。

七、山阳县食用菌品牌

"山阳硒耳""拾耳姑娘""菊丰园"（陕西和丰阳光生物科技有限公司）；

"清草地"（山阳清草地农业发展有限公司）；

"丰菇源"（山阳金山食用菌专业合作社）；

"酱大人""沁慧源""菇大妈""秦恩""高妈双寨"（陕西诚惠生态农业有限公司）；

"黑山"木耳（山阳县富乐康顺公司）。

第十四章 所获荣誉

一、食用菌所获荣誉

1. 木耳

柞水黑木耳先后获得国家农产品地理标志保护登记和国家无公害产地认定和产品认证，正式注册为地理标志证明商标；入选"国家品牌计划"；先后获得第十四届中国杨凌农业高新科技成果博览会后稷金像奖、第十七届中国杨凌农业高新科技成果博览会后稷特别奖、第九届中国国际农产品交易会金奖等殊荣。2019 年，柞水木耳被录入"全国名特优新农产品"目录，木耳产业发展做法入选国家"2019 年十大产业扶贫案例"；柞水县下梁镇西川村建成了全国唯一的木耳博物馆。2020 年 4 月 20 日，习近平总书记到柞水县考察时点赞柞水木耳"小木耳，大产业"。

2. 香菇

2017 年 12 月，商洛香菇被农业部认定为农产品地理标志保护产品；2019 年 11 月，"商洛香菇"被农业农村部、国家林业和草原局等 8 部委认定为中国特色农产品优势区；"商洛香菇"入选中国农业品牌目录——2019 年全国农产品区域公用品牌目录首批入选名单，成为商洛首个且唯一入选的全国农产品区域公用品牌；2019 年 12 月，商洛香菇入选"中国农产品百强标志性品牌"；2020 年 2 月，商洛香菇中国特色农产品优势区被认定为第三批中国特色农产品优势区。

3. 白灵菇

天吉龙公司的白灵菇工厂化种植模式，成为国内首家工厂化冷房种植、周年生产白灵菇鲜品的成功模式，从而打破了受季节限制的种植方式，有效填补了我国白灵菇鲜品反季节销售的空白。

4. 天麻

丹凤县良种天麻示范园在国内天麻产业具有"三个最大"的特点：一是全国规模、体量最大的天麻菌种研发生产基地；二是全国采用技术最先进的天麻菌种培育基地；三是全国产业链最全的天麻产业园。

二、获奖技术

1. 商洛地区香菇代料栽培技术集成推广

该项目由商洛市农业科学研究所主持完成，通过大面积推广香菇袋料栽培集成技术，在提高商洛香菇产量、快速扩大产业规模的同时，又解决了产业发展与林木资源不足的问题，促进了商洛香菇产业可持续健康发展。该项目 2012 年获陕西省农业技术推广成果奖二等奖。

2. 农林废弃资源循环利用栽培食用菌技术集成研究与应用

该项目由商洛市农业科学研究所主持完成，通过研究利用农林废弃物栽培食用菌，实现了资源循环利用，促进了商洛食用菌产业可持续发展。该项目 2013 年获商洛市科学技术奖一等奖，2015 年获陕西省科学技术三等奖。

3. 黑木耳袋栽技术引进与推广

该项目由商洛市农业科学研究所主持完成，通过引进推广黑木耳袋料栽培技术，在提高商洛木耳产量和品质的同时，解决了传统段木栽培黑木耳产量低、林木资源消耗大的问题，促进了商洛木耳产业可持续发展。该项目 2006 年获商洛市科学技术奖一等奖，2007 年获陕西省农业技术推广成果三等奖。

4. 天麻高效栽培技术推广与产业化开发

该项目由商洛市农业科学研究所主持完成，通过示范推广天麻高产优质栽培技术，大幅度提高了商洛天麻的产量和经济效益，促进了商洛天麻产业快速发展。该项目 2010 年获陕西省农业技术推广成果奖三等奖。

5. 立体塔式木耳种植架技术

该技术由镇安秦绿食品有限公司独创，其中立体塔式木耳种植架包括多个等间距固定安装在地面上的框体（图 1.52），框体的顶部四角位置均固定安装有固定座，固定座的顶部开设有第一转动槽，第一转动槽内转动安装有立柱，立柱的顶端延伸至第一转动槽外，固定座的一侧开设有第一

图 1.52　立体塔式木耳种植架

通孔，第一通孔与第一转动槽相连通，第一通孔内滑动安装有固定杆，固定杆的两端均延伸至第一通孔外，立柱的周边等间距开设有多个第一卡槽。本发明解决了木耳种植装置占地面积大，浪费土地资源，木耳不便于采摘，顶棚不便拆卸的问题，便于人们使用，同时还提高了生产木耳的效率，大大提高了木耳的品质，该设计已申请为实用新型国家专利（专利号 CN 201820715979.4），配套栽培技术 2018 年 12 月获商洛市科学技术奖二等奖。

6. 代料香菇生态栽培规模化技术集成研究与应用

该项目由山阳县金山食用菌专业合作社主持完成，通过研究推广袋料香菇生态栽培技术，在提高香菇产品质量、保护生态环境的同时，促进香菇产业可持续绿色发展。该项目 2017 年获商洛市科学技术奖二等奖。

7. 平菇周年栽培技术推广应用

该项目由商洛市农业科学研究所主持完成，通过示范推广新技术和栽培方式，实现了商洛平菇周年生产，大幅度提高了设施利用率和种植户经济效益。该项目 2011 年获商洛市科学技术奖二等奖。

8. 农林废弃物资源栽培食用菌应用推广

该项目由柞水县新社员生态农业有限责任公司主持完成，通过利用农林废弃物栽培食用菌，解决了长期以来商洛市食用菌产业发展与林业资源过度消耗之间的矛盾，加快了食用菌生产由资源消耗型向农林废弃物再利用型转变，促进了商洛食用菌产业可持续健康发展。该成果 2017 年 12 月获商洛市科学技术奖三等奖。

第二篇
栽培技术

第十五章　香菇代料栽培技术

香菇（*Lentinus edodes*）属担子菌纲伞菌目口蘑科香菇属，又称香蕈、冬菇。因产地、季节和形态不同又叫厚菇、薄菇、春菇、花菇、茶花菇、暗花菇等，是世界第二大食用菌，也是我国传统的出口土特产（图 2.1，图 2.2）。

图 2.1　鲜香菇

图 2.2　干香菇

香菇的发展在陕南乃至陕西已由段木栽培转变为代料栽培，能充分利用经济林的修剪枝条作为栽培基质，周期短，技术成熟，效益显著，既适合千家万户生产，也适宜食用菌生产企业、专业合作社、家庭农场等生产。近年来，商洛市香菇代料栽培发展势头强劲，规模和产量已位居陕西省第一。2020 年，全市香菇 2.12 亿袋，总产 27.56 万 t，占全市食用菌鲜品总产量的73.7%，产值 24.8 亿元，占全市食用菌产业产值的 68.3%。栽培方式有春栽和夏季反季节栽培，冬夏菇生产，周年栽培并存，一年四季鲜菇供应市场。

香菇香气沁脾，滋味鲜美，营养丰富，在民间素有"山珍之王"的美誉。根据现代科学分析，在 100 g 干香菇中含蛋白质 13 g，脂肪 1.8 g，碳水化合物 54 g，粗纤维 7.08 g，灰分 4.9 g，水分 13 g，钙 124 mg，磷 415 mg，铁 25.3 mg 以及维生素 B_1、维生素 B_2、维生素 C 等，此外，还含有一般蔬菜所缺乏的维生素 D，它还含有多种氨基酸和不饱和脂肪酸及 30 多种酶，是一种补充人体酶缺乏的独特食品，对促进人体新陈代谢、增强机体抵抗力等有重要价值，能够帮助儿童的骨骼及牙齿生长，可防止佝偻病及老年骨质疏松，有预防肝硬化和抗癌的作用，所以香菇是一种极佳的营养保健食品。

2017 年 7 月 11 日，陕西省优质农产品开发服务中心组织省市有关专家，对商洛香菇进行了品质鉴评，鉴评组专家一致认为：商洛香菇的外在感官特征是菇形圆整，菌盖褐色，或有裂纹，肉厚紧实；菌褶细密，菌柄短小；鲜香浓郁，嫩滑筋道，极具地方特色。肉厚紧实，嫩滑筋道是商洛香菇的典型特征。据多点采集商洛市干香菇样品检测，商洛香菇具有低脂肪、高糖、高蛋白等特点，富含铁、钙、磷等多种矿物质及维生素 D、维生素 B_1、维生素 B_2，经检测，干菇中蛋白质含量≥21%，总糖含量≥35 g/100g，纤维含量≥6.7%，脂肪≤3.5%。商洛香菇（干菇）蛋白质含量较全国平均水平高出 8%。

一、生物学特性

1. 形态特征

香菇由营养器官（菌丝体）和繁殖器官（子实体）两部分组成。

（1）**菌丝体**　菌丝体是香菇的营养器官，由担孢子萌发而成，通常为白色、绒毛状，有横隔，有锁状联合。菌丝不断增殖集结成网状体即菌丝体，成熟后可分泌褐色素，形成深褐色被膜，俗称菌膜，以保护菌丝。

（2）**子实体**　通常所说的香菇即香菇子实体，由菌盖、菌褶和菌柄等组成（图 2.3）。多为单生，少为丛生或群生，它是人们食用的主要部分，是栽培的最终产品。菌盖圆形，直径通常 4～6 cm，大的可以达到 10 cm 以上，盖缘初内卷后平展，盖表面褐色或黑褐色，有少许鳞片，菌肉肥厚；菌柄中生或偏生，圆柱形，有基部粗上部细的，也有上部粗下部

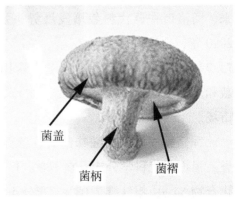

菌盖

菌柄　　菌褶

图 2.3　香菇的形态结构

细的，白色、肉实，长3~10 cm，直径0.5~1 cm；菌褶白色，稠密而柔软，由菌柄处放射而出，呈刀片状，是产生孢子的地方。

2. 生长发育所需的条件

（1）营养 香菇是一种木腐真菌，其营养成分包括碳源、氮源、矿物质和生长因子等。由于香菇不含叶绿素，不能通过光合作用合成满足自身生长的营养物质，主要依靠菌丝分泌各种酶，分解纤维素、木质素等作为碳源和氮源，以及少量无机盐、维生素等，构成较全面的营养物质基础。在自然生长中，香菇菌丝除了吸收木质部和韧皮部中少量可溶性物质外，主要利用木质素作碳源，利用皮部和木质部细胞中的原生质作氮源，利用沉积于导管中的有机或无机盐作矿物质营养。因此，香菇生产必须依靠人工配制的木屑、麸皮、石膏、玉米粉、农作物秸秆等原料。①碳源。香菇生长的碳源主要是淀粉、纤维素、半纤维素、木质素、糖类、有机酸等，糖类小分子化合物可以直接被菌丝吸收利用；淀粉、纤维素、半纤维素、木质素等大分子化合物，必须经菌丝分泌产生的胞外酶分解后才能吸收利用。因此，在配料时加入富有营养的麸皮、玉米粉、米糠等可促进菌丝生长，提高出菇产量。②氮源。氮源主要是有机氮和无机氮化合物，如尿素、蛋白质、蛋白胨等，其中，氨基酸最好，铵态氮次之（硫酸铵），不能利用硝态氮和亚硝态氮。氮素在木材中分布不均匀，但在形成层中最多，在心髓中最少。据测定树皮含氮量3.8%~5%，而木质部含氮量只有0.4%~0.5%。因此，在配料时适当补充有机氮，有利于提高香菇产量。③碳氮比。香菇菌丝生长的碳氮比为25：1，到子实体生长时最好为（30~40）：1，如果氮源过多，营养生长旺盛，子实体反而难以形成。④矿物质。即无机盐，主要元素有磷、硫、钙、镁、钾、铁等。这些元素直接构成细胞的成分，有的能保持细胞渗透平衡，促进新陈代谢的正常进行。⑤维生素。维生素 B_1 对香菇菌丝生长影响较大，起促进代谢和催化作用。在合成培养基中，配加麦麸或米糠等的原因之一，就是提供维生素 B_1，维生素 B_1 在马铃薯、麦芽糖、酵母、米糠、麦麸中含量较高。

（2）温度 香菇属变温结实性木腐菌类，菌丝发育的温度范围为5~32℃，最适为24~27℃。低于10℃或高于32℃菌丝生产迟缓，35℃以上生长停止或者死亡。但香菇菌丝很耐低温，一般-20℃不会死亡。子实体形成期的温度范围在 5~25℃，以 10~17℃ 最适宜，15℃ 最佳。高温可促使子实体分化。温度过高，香菇生长快，肉薄柄长质量差；温度过低，子实体生长缓慢，但菌肉厚实，质地紧密，质量好。当昼夜温差在 10℃ 以上时子实体能迅速分化成长，在恒温下原基不易形成菇蕾。低温干燥能形成花菇。

香菇根据品种对温度的要求差异，分为三类：高温型、中低温型和低温型。高温型品种子实体发育的温度范围 15~25℃，中低温品种子实体发育的温度范围是 7~20℃，低温型品种发育的温度是 5~15℃。

（3）湿度　适宜菌丝体生长的培养料含水量为 55%~60%，培养室空气相对湿度为 45%~55%，出菇阶段棚内空气相对湿度应保持在 85%~90%。过湿子实体易腐烂，菌棒易染杂菌，湿度低于 60%，子实体生长缓慢或干枯死亡。代料栽培中，给培养基注水或浸泡，均可提高产量。

（4）水分　水是菌丝体和子实体的主要成分之一，是生命活动和新陈代谢必不可少的。培养基含水量应在 55%~60%，最简单测定方法是抓一把拌好的培养料，用力握料，指缝有水渗出而不滴下，手松开料散不成团即可。过湿透气不良，菌丝难以正常发育，生长缓慢且易感染杂菌；过于干燥，菌丝不能生长，分解木质能力下降，且易老化变衰。

（5）空气　由于香菇属好气性真菌，因此，无论是菌丝培养或棚内出菇，都必须定时通风，以保持室内或棚内空气新鲜。通气不畅，棚内 CO_2 浓度过高，就会抑制菌丝生长和子实体的形成，甚至会导致杂菌滋生。

（6）光照　在菌丝培养阶段要求黑暗，光线过强会使菌丝过早老化，但在子实体形成阶段必须有一定的散射光，强烈的直射光对菌丝生长和出菇极为不利。在栽培过程中若光线不足，则出菇少且菌柄长，颜色淡，朵形差、质量差。阳光直射有利于培养花菇。香菇在完全黑暗的环境下不能形成子实体。

（7）pH 值　一般菌丝在 pH 值 3~7 均能正常生长，以 pH 值 4.5~6 最适宜。由于灭菌和菌丝生长过程会产生有机酸，使培养料 pH 值下降，所以在拌料过程中，要求 pH 值略高，在 7~8 均可。

二、栽培设施及机械设备

1. 栽培设施

香菇代料栽培的养菌阶段在活动板房、瓦房或菇棚 3 个月左右，出菇阶段在塑料薄膜棚6个月左右，根据两个不同生长阶段的需求，生产时必须做好场所和主要设施的准备。

（1）生产场地选择与要求　要求阳光充足，冬暖夏凉，日夜温差大，避北风，防寒流；靠近水源，环境清洁，远离厂矿企业、畜禽圈舍及食品酿造企业等；地势平坦，交通方便；还可利用林间、房前屋后的空地。

（2）主要栽培设施　专业生产单位，除了菌种场的培养室外，还应根据香菇对环境条件的要求，因地制宜，缜密设计，建造适宜的培养房，用于养菌阶段的发菌培养，还需建造出菇阶段的出菇棚。千家万户庭院栽培香菇，可以充分利用现有的空房、山洞、地下室、人防工事；或者在田间地头搭建简易菇房、塑料荫棚均可。①养菌室。养菌室是菌袋室内栽培场所。目前，规模生产一般采用彩钢活动板房。养菌室必须是通风换气良好，保温、保湿性能好，光照充足，地势较高，有利于排水的地方，方位应坐北朝南，有利于通风换气，冬季还可以提高室内温度。板房建造除通风窗外尽量保留缝隙，地面应是水泥面，有利于清扫和消毒。房顶必须设置通风换气设备，应开设上窗和下窗，有利于空气对流。养菌室的规格、大小应根据生产规模而定。②出菇棚建造。塑料薄膜菇棚结构形式多样，常用的有两种：一是框架多层薄膜菇棚，又称拱式层架薄膜菇棚，建棚地点要求能避风，冬季向阳，夏季可遮阴，地势高，离水源近。此棚的优点是通风性能好，立体栽培，节约用地面积。层架材料可用水泥、钢材、竹或木等。层架宽1 m，高2~2.2 m，层架6~7层，层距25 cm，两边各设1个层架，横档用竹或直径10 ¢的钢筋。层架间距70~80 cm为人行道。层架顶部用钢管搭成弧形，斜坡，上覆农膜和遮阳网，并在层架顶部用压槽固定农膜和遮阳网，根据遮阳程度棚上再覆盖遮阳网。一般一个棚长50 m，宽5 m，可摆放1万袋左右。二是中拱斜摆式薄膜棚，钢管中拱棚，宽6~8 m，中高2.2~2.5 m，长40 m，钢管间距1 m，上覆农膜、遮阳网。棚内采用竖立斜摆排法。在棚内地面搭好排菌袋的架子，搭法是先沿棚两边每隔2.5 m处打1根木桩，用竹竿形成平杆，然后用铁丝顺着木桩上形成一横枕，供排放菌袋用。此棚适宜于反季节栽培。优点是保湿好；不足是用地面积大。

（3）配套设备　香菇生产栽培中常用有以下几种设备：①木屑粉碎机。可粉碎直径10 cm以下枝材成颗粒状，颗粒大小可调，一般每小时可粉碎木屑 1 000~2 000 kg，动力为电动机或柴油机。②自动化生产流水线。生产流水线整机由 2 个拌料桶、2 个提料机、1 个分料机、4 个装袋机和控制系统组成。特点是拌料、送料、装袋一次完成，生产效率高，可降低劳动强度，适宜规模化生产和工厂化生产。③装袋机。有卧式、立式装袋机，可装免割袋，也可装入直径 15 cm、17 cm、18 cm 等不同型号的袋子。④灭菌仓。有常压、微压灭菌仓。⑤全自动打孔接种机。自动完成消毒、打孔、接种、出袋工艺，具有工作效率高、作业质量好、劳动强度低的优点，适宜于香菇、银耳等熟料栽培打穴接种。⑥扎口机。有立式、卧式、电动、手动等机型，适宜于香菇、银耳打穴接种品种的扎口工作，扎口效率高，气密性好。⑦刺孔增氧机。食用菌菌袋菌丝发育到一定阶段后，给菌袋刺孔，增加氧气，有利于菌丝发育，增加产量的一种机械。有电动和手动两种，适宜大、中、小规模栽培户选择使用。⑧自动注水机。一次注 8 棒，每小时可注 800~1 000棒，可定水量，有注水质量好、提高工作效率、减小劳动强度等优点。

2. 栽培原料选择

（1）主要原料　香菇栽培的主要原料包括林木枝丫、苹果枝、桑枝、工农业副产物和下脚料等，简称为主料。它们富含纤维素、半纤维素和木质素，是香菇生长的主要营养源。①树木类。适合栽培香菇的树种大约有 200种，除了含有油脂、松脂胶及芳香性的树种不适宜外，一般以材质坚实的壳斗科、桦木科的阔叶树木屑较为理想。常用有阔叶树木屑、苹果树木屑、桑枝屑等为香菇栽培的主料。②秸秆类。农村有大量的农作物秸秆，如玉米芯、豆秸、花生壳、棉籽壳等，这些下脚料大部分被烧掉，不但浪费资源，而且污染环境，其营养成分十分丰富，都是代料栽培香菇的理想原料。③玉米芯。玉米芯是栽培香菇的代料之一，含有丰富的纤维素、蛋白质、脂肪及无机盐等营养成分。要求晒干，粉碎成绿豆大小的颗粒状，不要粉碎成粉状，否则会影响培养料透气，造成菌丝发育不良。玉米芯在使用时需用1%~2%石灰水浸泡 12 h 使其软化。④野草类。农村野草资源十分丰富，可以代替木屑作培养料，用于栽培香菇的野草有芒萁、类芦、芦苇等 8 种，这一新技术为发展我国香菇生产找到了一条新方向。福建省龙溪县梅仙村 9 户农民利用五节芒、类芦等野草为原料栽培香菇 1.6 万袋，单袋产鲜菇在600~700 g，平均单袋收入在 2 元以上。

（2）辅助原料　在香菇栽培原料中，用于增加营养，改善物理、化学状态的一类物质，用量较小，一般称为辅料。如麦麸、米糠、食糖、石膏、$CaCO_3$及微量元素等。①麦麸。麦麸是香菇生产中一种不可缺少的辅助原料，用量约占培养料的20%。麦麸含粗蛋白11.4%、粗脂肪4.8%、粗纤维素8.8%、钙0.15%、磷0.62%。目前，市场上常见的麦麸有粗皮、细皮、红皮、白皮等，其营养成分相同，生产上多采用红皮、粗皮，因其透气性好。麦麸要选择当年加工新鲜的为好，若霉变、虫蛀或因雨淋、潮湿结块等，养分受到破坏，则不能使用，以免造成培养料中碳氮比例失调，产量不高。②米糠。米糠是生产香菇的辅料之一，可以替代麦麸。它含有粗蛋白11.8%、粗脂肪14.5%、粗纤维素7.2%、钙0.39%、磷0.03%，蛋白质、脂肪含量高于麦麸。选择时要求不含各类谷壳的新鲜米糠，因为含谷壳的粗糠，营养成分低，对香菇产量有影响，米糠易被螨虫侵食，宜放于干燥处，防止潮湿。③玉米粉。玉米粉因品种与产地不同，其营养成分有差异。一般玉米粉中，含粗蛋白9.6%、粗脂肪5.6%、粗纤维素3.9%、可溶性碳水化合物69.6%、粗灰分1%，尤其维生素B_2的含量高于其他谷物。在香菇培养料中加入2%~3%，增加碳素营养源，可以增强菌丝活力，显著提高产量。④糖。糖是香菇培养中的有机碳源之一，有利于菌丝恢复和生长，配方中常用1%~1.5%。香菇生产中用白糖、红糖均可。⑤石膏粉。石膏粉即硫酸钙，弱酸性，在培养料中用量为1%~2%，可提供钙素、硫素，亦起调节酸碱度作用。市场上常见的石膏粉为食用、医用、工业用、农用4种。栽培香菇主要选择农用石膏粉（食用菌专用），价格便宜，要求细度为80~100目，色白，在阳光下观察有闪光发亮的即可。⑥尿素。尿素是一种有机氮素化学肥料，在香菇生产中常用作固体培养料补充氮源营养，其用量为0.1%~0.2%，添加量不宜过大，以免为害菌丝。

（3）其他材料　香菇生产中除了原料、辅料外，还有栽培用的塑料袋、免割袋、套袋、农膜、遮阳网，以及消毒、灭菌、杀虫用的药品等，这些都是必备的。

三、代料栽培技术

所谓代料，是指取代原培养基质栽培食用菌的培养料。主要以当地丰富的农林废弃资源——阔叶树枝桠枝条、桑树枝、板栗苞、玉米芯、农作物秸秆等为栽培基质主料，配以麸皮、石膏等各种辅料，按一定比例配制成的栽培料基质，再拌匀装袋而成，实现了农林废弃物资源循环利用。应用免割保水膜技术、"百万袋"循环生产模式、病虫害绿色防控技术等。

免割保水膜技术：免割袋属一种保水膜，是在装料时在常规筒袋下层再套一个保水膜，出菇时剥掉上面的菌袋，不需人工割袋，香菇就能顶破保水膜正常生长的一种栽培新技术，这项新技术主要优点是：省工省时，在出菇时不需大量的人工划袋出菇，而且无畸形菇，商品菇比例（一二级菇）达到85%以上，提高了香菇商品价值，同时保水膜还可随菌棒收缩而收缩（图2.4，图2.5）。

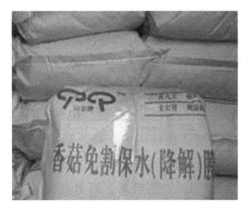

图2.4　香菇免割保水膜

图2.5　免割技术出菇图

病虫害绿色防控技术：是以促进食用菌安全生产、减少化学农药使用量为目标，采取生态控制、生物防治、物理防治、科学使用食用菌已登记过的药剂等环境友好型措施来控制有害生物的有效行为，实施绿色防控是发展现代农业，建设"资源节约、环境友好""两型"农业，促进农业生产安全、农产品质量安全、农业生态安全和农业贸易安全的有效途径。

1. 生产流程

原辅材料准备→拌料（干拌和加水拌）→装袋（人工和机械装袋）→灭菌（高压锅和蒸汽包）→接种（接种箱、超净工作台和开放式）→菌丝培养→转色管理→越夏管理→进棚出菇→采收→分级→销售。

2. 栽培季节选择

由于香菇属变温结实性菌类，香菇栽培季节一般分为春栽（冬菇，顺季节栽培）、夏季栽培（反季节栽培）和秋季栽培。根据商洛的气候特点适宜春栽、夏栽，春栽以春季 2—4 月生产制袋、接种，9 月至翌年 4 月即秋、冬、春出菇，适宜在海拔 1 000 m 以下区域栽培，采用钢架大棚、层架式立体栽培。夏栽即代料香菇反季节栽培，夏菇，前一年 10—11 月生产制袋、接种，翌年 6—9 月出菇。适宜在海拔 1 000 m 以上区域栽培，采用钢架中拱棚、地摆式栽培。

无论春栽还是夏栽，发菌期要注意满足菌丝生长发育的温度，可采用加温措施提高发菌期温度，提高制袋成活率。

3. 品种选择及品种简介

商洛香菇选用菌丝生活力强、菌龄适宜、无杂菌、无虫害的优质菌种进行生产。春栽选择中低温型品种，以 9608、908、31、839 等为主栽品种；夏栽选择中高温型品种，以 L808、灵仙一号、武香一号等为主栽品种。所选用的品种不能单一，应选择 2~3 个品种搭配使用。适宜主栽品种的主要特性如下。

（1）908　属中低温型品种，菌龄 120~150 d，菌丝生长适宜温度 22~26℃，出菇温度范围 8~25℃，适宜出菇温度 8~20℃，子实体单生，菇大，肉厚，柄短，菇形圆整，易越夏，优质高产花菇品种。

（2）9608　属中低温型品种，菌龄 150 d，菌丝生长适宜温度 22~27℃，出菇温度范围 6~26℃，适宜出菇温度 8~22℃。子实体单生，菇中大，盖大肉厚，菇形圆整，菇柄较粗短，菌肉组织致密，不易开伞，畸形菇少，菌丝抗逆性强、较耐高温、较抗杂菌，越夏烂筒少。

（3）808　属中高温型品种，菌龄 100 d 以上，出菇温度 12~28℃，最适温度 15~22℃，菇中大型，肉厚，柄短，优质高产，不易越夏。

（4）31 号　属中温型品种，来源于河南卢氏，西峡北部山区种植比较多，褐色，菌龄 110~120 d，出菇温度 10~28℃，菇大型，肉厚，紧实，柄短，菇质特优，肉厚，圆整，抗逆性强，特别适宜卖鲜菇，市场销量好。

（5）839　属中低温型品种，菌盖褐色，菌龄 120~150 d，菌丝生长适宜温度 22~26℃，出菇温度范围 8~25℃，适宜出菇温度 10~20℃，子实体单生，菇体中等，出菇稍密，肉厚，柄短，菇形圆整，易越夏，抗逆高产，适宜做干菇。

（6）L808　属中温型品种，褐色，菌龄 110～120 d，出菇温度 8～28℃，菇大型，肉厚，紧实，柄短，菇质特优，圆整，抗逆性强，高产当家品种。

（7）818　属中高温型品种，菌龄 100～120 d，出菇温度 10～28℃，最适温度 12～22℃，子实体单生，中大叶型，肉质紧密，菇面较白，不易开伞，菇柄短。

（8）灵仙 1 号　属中高温型品种，褐色，菌龄 120 d，出菇温度 8～28℃，最适温度 15～22℃，子实体单生，菇体中大型，菇形特圆，肉质紧密，菇质硬，其产量质量均出类拔萃，春夏秋出菇首选品种。温度较低，通风良好，盖大柄短；温度较高，通风不好，盖小柄长。

4. 培养基配方

代料香菇培养基的配料，必须根据菌丝生长发育所需的全部营养要求，各种原料、辅料必须按一定比例科学搭配而成。农作物秸秆如玉米芯、豆秸、花生壳、木屑等都是香菇代料栽培的好原料。木屑以阔叶树为好，切忌松、柏木等含芳香味的木屑，要求木屑、玉米芯、豆秸、花生壳等无霉变，玉米粉、麸皮等要求新鲜、无虫蛀。综合各地经验提出配方如下。

（1）配方 1　木屑 78%，麸皮 20%，石膏 1%，生石灰 1%。

（2）配方 2　木屑 49%，玉米芯（栗苞、豆秸、花生壳）30%，麸皮 20%，石膏 1%。

（3）配方 3　木屑 77.7%，麸皮 20%，石膏 2%，KH_2SO_4 0.3%。

5. 拌料

上述配方任选一种，先将麸皮、石膏、生石灰按比例称好，充分拌匀，然后再添加到主料中，干翻拌 2～3 次，然后加水，含水量达到 55%～60%，再拌 2～3 遍。整个拌料过程达到"两匀一充分"，即各种干料拌匀、料水拌匀，原料吸水充分。闷堆 2～3 h，待原料吸足水分即可装袋。

6. 装袋

春栽塑料袋选用 18 cm×60 cm×0.05 cm 的聚乙烯塑料折角袋。其容量大，装入基质多，提供的养分时间长、生物转化率高、保水保湿能力强。要求塑料袋质量好，有沙眼的料袋不能用，免割保水膜选 18 cm×60 cm×0.02 cm。采用装袋机装袋，先将免割保水膜套入装袋机套筒，再套入塑料袋，机械自动填料即可。料袋要求松紧适当，手捏有弹性感。料袋装好后，用扎口机扎口，并用水测试是否渗水，若渗水，封口不严，要调节扎口机直至扎紧。每袋装干料 1.4~1.5 kg，湿重 3 kg 左右。

夏栽选用 17 cm×58 cm×0.05 cm 的聚乙烯塑料折角袋。其出菇时间稍短、所需养分较春栽少，故袋子规格较春栽小。装料每袋湿重 2.5 kg 左右。

7. 灭菌

料袋要求流水作业，当天拌料、装袋，当天灭菌。一般采用常压蒸汽灭菌。料袋分层次摆放入蒸汽包内，并留通汽道，以利于蒸汽流通，每包摆放 8 000~10 000 袋为宜，上用农膜或彩条布覆盖。四周用沙袋压实。灭菌的原则是：大火攻头快升温，旺火维持保灭菌。灭菌应在短时间内温度上升至 100℃，然后维持 18~20 h，并闷 12 h，灭菌期间，应经常检查温度，中间不能掉火，保证灭菌彻底，灭菌结束温度下降到 70℃ 左右，可出料袋。

8. 接种

接种分为接种箱接种、开放式接种、专业化接种线接种。

（1）开放式接种　将灭菌的菌袋、菌种、接种工具、消毒用品等移入已消毒的房间（接种帐），袋温降至 30℃ 时，密闭门窗，按 8g/m³ 气雾消毒剂点燃灭菌，30 min 后工作人员穿上工作服进入，进入前用 75% 的酒精擦拭手臂，进入后也要用 75% 的酒精擦拭手臂、接种工具、菌种袋外壁，然后开始接种。先用酒精棉球擦拭接种区，用打孔棒或直径 1.5 cm 锥形木棒，在料袋打深 2~3 cm 孔，每袋打 3~5 孔，每袋打 3 孔成直线等距离排列，每袋打 5 孔者两面打孔，呈"品"字形排列。再迅速将菌种接入孔内，一定要接实，菌种稍高袋面为好，然后套上套袋扎口密封即可。

（2）接种箱接种　首先将菌袋，接种工具、菌种、消毒用品等放入接种箱，按 8 g/m³ 将气雾消毒剂点燃灭菌，待 30 min 后接种人员开始接种，先用酒精棉球擦手、打孔棒、菌种袋外壁，接种方法同开放式接种。

（3）专业化接种线接种　这是一种比较先进的接种方式，可节省接种时间，接种效率高，成活率高，适用于食用菌专业化、工厂化生产接种线，但接种设备投资大，接种室装修严格。接种室必须安装百级层流和传送带，将料袋在冷却室冷却、料袋经臭氧消毒后用传送带传进层流罩局部空气净化台下无菌接种，接种过程同其他方法。

无论采用哪种方式接种，必须在无菌环境条件下按无菌操作程序接种，一般用种量每千袋 50~75 kg。

9. 发菌培养管理

接种定植至发菌成熟，需 60~70 d，其中，包括萌发定植期、菌丝生长（吃料）期、菌丝生长成熟期，以及菌袋转色期。

发菌培养室的准备。培养室要求洁净，避风较暗，有利于保温，使用前先撒生石灰，再用福尔马林熏蒸消毒。接种的菌袋立即放入消毒过的培养室或发菌棚内，如果用发菌棚发菌，棚上 30 cm 处必须用双层遮阳网遮阳。接过菌种的菌袋顺码堆放，堆高以 5~7 层为宜，预留通风道，而且接种孔须向两旁，不要相互挤压。温度控制在 20~25℃，空气相对湿度控制在 50%~60%，避光培养，室内保持定期通风。当菌丝蔓延生长至直径 4 cm 左右时，要及时翻堆检查，并进行第 1 次扎孔增氧，每袋扎孔 15~20 个，"▲"或"#"形堆放。第 2 次在菌丝长满袋半个月后，用刺孔机刺孔，每袋刺孔 70个左右。在刺孔过程中特别注意通风、降温，菌袋上下倒置，以便均匀转色，促使菌丝健壮生长。在翻堆扎孔时，发现污染袋及时清理，进行无害化处理，确保生产区域环境清洁。大风大雨、温度很高时不能扎孔。

10. 转色管理

转色是在菌袋上长出瘤状物达到80%以上后，表面菌丝倒伏，菌丝分泌出褐色水珠，而后在菌袋表面形成一层具有一定活力的棕褐色菌皮，它可起到保水、避免杂菌侵染的作用。菌丝长满菌袋，即进入转色管理，转色适宜温度是 20~24℃，低于15℃、高于25℃菌皮难以形成，空气相对湿度75%左右，同时需要散射光和新鲜空气。在转色过程中，菌袋有吐黄水现象，

图 2.6 转色期菌袋

要及时排放，以防烂袋，保证转色均匀，以保出菇好，产量高（图2.6）。

11. 越夏管理

每次扎孔后，菌丝呼吸作用加强，代谢旺盛而使菌袋内温度高于室温

3~5℃，扎孔越多、越深、越粗袋内温度就越高，如果管理不到位，极易产生"烧袋"现象。室内越夏，扎孔后要疏散菌袋，堆垛层数降低，垛与垛之间留通风道，加强通风降温。中午温度高时关闭门窗，防止热空气进入，早晚打开门窗通风降温；室外越夏，特别是在室外棚内越夏，要搭建遮阳棚，顶部遮阳物要加厚或用遮光率在85%以上的遮阳网搭建间隔50 cm的双层遮阳网，四周也要用秸秆或遮阳网遮阴，同时注意通风、降温，菌袋过密应疏散菌袋，保证温度不超过30℃，空气相对湿度60%~80%。在培养室或越夏棚内撒上生石灰，防止杂菌滋生，尽量少翻动菌袋。

12. 出菇管理

出菇时间安排。香菇是一个变温结实性菌类，有一定温差才能出菇，要灵活掌握，以当地温差在10℃以上时安排出菇。

（1）催蕾　当气温有10℃以上温差时，就准备催蕾出菇，若用免割保水膜技术，将菌袋的塑料袋脱去，增加棚内湿度，相对湿度为80%~90%，白天棚膜盖严，晚上打开棚膜，让冷空气侵袭，日夜温差达10℃以上，连续处理3~4 d，菌袋就会出现原基，并发育成菇蕾，此时菇棚温度白天22℃，晚上12℃，相对湿度为80%~90%，待菇蕾大量长出菌盖、菌柄明显形成后转入出菇管理。

（2）出菇　一是要保持菇棚的空气相对湿度80%~90%，防止过于干燥或过湿状况，可通过间歇地向地上和空间喷水调节，特别干燥天气也可直接向菌袋喷雾，但要防止大雨淋。二是要保持菇棚内通风良好，空气清新，防止闷气现象出现。可采取拱高农膜，通过每天掀膜通风的次数和时间长短来调节，至少1~2次。三是要保持菇棚温度15~20℃，防止气温过高或过低，可通过掀膜和增减遮阳物及喷水调节，如秋季高温可加盖遮阳网，棚内多喷冷水降温；冬季干冷风天气，去掉遮阳网，白天多晒太阳，夜间盖膜保温，午后结合喷水短暂通风，尽量在寒潮回暖间隙出菇；春季气温上升，可加盖遮阳网降温。

（3）优质花菇培育　花菇的花纹是由于在干冷气候条件下菌盖表皮层与内质层细胞分裂不同步造成。培育花菇技术需注意以下几点：①选好菌种。为了多得花菇，应选用菇大肉厚、易产花菇的中低温型的品种。②选好培养料。选用阔叶树杂木屑，粗细均匀，颗粒0.5~1 cm，保证养分充足，以供出菇。③把握接种时间。春栽香菇应在2—3月接种制袋，搞好越夏降温管理，使温度不超过28℃，争取在秋末初冬干燥天气时出好菇（图2.7）。④抓住催蕾时机。当气温下降至12～18℃时，并有温差10℃以上刺激，保持空气湿度在80%左右，并适当轻打振动菌袋，当大量菇蕾长至直径1 cm大小时，应进行疏蕾，即摘除生长过密，生长势差和畸

图2.7　优质花菇展示

形菇蕾，每菌袋只留几个生长好、大小一致的菇蕾。⑤做好催花培养。当菇蕾长至直径约2 cm时，日平均温度控制在12～15℃，可通过掀膜和遮阳物来调节，棚内不喷水，保持空气相对湿度在60%左右，宁干勿湿，另外，要保持棚内空气新鲜和足够的散射光，晴天多掀膜通风，阴雨天、潮湿天要盖好农膜，防止雨淋和霜冻危害。

13. 转潮管理

将完成当潮菇至下潮菇生长的期间管理，叫转潮管理。

（1）养菌　掀膜通风，降温降湿4h，使伤口稍干愈合，防止污染，之后棚膜盖低，每天通风1～2次，每次30 min，养菌7～10 d，如天气干燥，掀膜时适当喷雾。

（2）二潮菇管理　第一潮菇采后养菌待菌窝变白时注水，用注水器注水，一般达到最初菌棒重量的80%即可，不可超过最初菌棒。盖棚让菌丝恢复2～3 d，然后按照第一潮催菇和出菇管理方法进行出菇管理，代料栽培香菇在一个栽培周期一般可收4～5潮菇。

四、采收与加工

1. 采收

香菇子实体长成后要及时采收，采收标准为子实体长到七八分成熟，菌膜刚刚破，菌盖尚未展开，即铜锣边，边缘内卷，菌盖5～6 cm为最佳采收期。过早或过迟采摘均会影响香菇的产量和质量。

采摘香菇时，用拇指和食指钳住菇柄根部，尽量使菌盖边缘和菌褶保持原貌，不要碰伤旁边小菇蕾。采摘时，把菇柄完整摘下来，以免残留部分在菌袋腐烂，引起杂菌感染，影响以后出菇。采收后，根据市场需求及时鲜销或剪取菇柄及时烘干密封保存。

采摘最好在晴天进行，晴天采摘的香菇可以先摊晒或烘烤，有利于提高商品的外观质量。因此，当香菇接近采收标准却遇到天气变阴、气温迅速升高将要下雨时，则应提前采收，以免高温阴雨导致菇体迅速膨大，菌盖反卷影响香菇的经济价值。

2. 烘烤

（1）香菇日晒法　将采收的香菇除去根基部和杂质，按照大小厚薄分成不同等级。根据产品质量要求，剪去菌柄或不剪菌柄，然后将香菇摊放在通风好、阳光充足的竹席或竹帘上，菌盖向上，菌柄向下，摊均匀，防止重叠，当晒至半干时，将菇翻动，菌盖朝下，菌柄朝上，直到晒干为止。

（2）香菇烘烤法　香菇的烘烤一般在专用烘烤机或烘烤炉进行。先将采收的香菇按大小、薄厚分级，摊在烘烤筛上，菌盖在上，菌柄在下，排放均匀，不能重叠。烘烤温度：初期 $30 \sim 35 ℃$ ，烘烤 2 h；中期温度 $35 \sim 40 ℃$ ，烘烤 $3 \sim 4$ h；中后期 $40 \sim 45 ℃$ ，烘烤 $5 \sim 8$ h；后期 $50 \sim 55 ℃$ ，烘烤 9 h；固定期温度 $60 ℃$ ，烘烤 1 h。使香菇含水量降到 13% 左右即可停止加热，使其温度自然下降，当温度接近室温时，即可取菇，分级包装。

3. 包装贮藏

由于菇体组织多孔性，其干制品在空气中很快吸湿而回潮。干制的香菇先按规定的标准进行分类，按不同的类别将干品贮藏在塑料袋中，然后将塑料袋热压封口，放到清洁、干爽、低温的房间贮藏。贮藏一段时间后要抽样检查，如果含水量超过 13%，则重新烘烤至要求的标准。

4. 商业分级标准

香菇生产因季节不同，其产品有秋菇、冬菇和春菇之分，冬菇品质最优，但在香菇的流通环节中，一般不以此来判定商品档次，香菇的商品等级是根据菌盖的花纹、形态、菌肉、色泽、香味和菇粒大小来划分档次。我国出口企业根据消费传统和国外市场要求，一般将干香菇分为三类十等，即花菇、厚菇（冬菇）、薄菇（香信），再按菇粒大小每类分为三等，菇粒较小的厚菇和薄菇，则统称为菇丁。具体划分标准如下。

（1）花菇　菌盖有白色裂纹，呈半球形，卷边，肉肥厚，菌盖褐色，菌褶浅黄色，柄短，足干，香味浓，无霉变，无虫蛀，无焦黑。其中，一级品菌盖直径在 6 cm 以上，二级品菌盖直径为 4~6 cm，三级品菌盖直径为 2.5~4 cm，破碎不超过 10%。

（2）厚菇　菌盖呈半球形，卷边，肉肥厚，菌盖褐色，菌褶浅黄色，柄短，足干，香味浓，无霉变，无虫蛀，无焦黑。其中，一级品菌盖直径在 6 cm 以上，二级品菌盖直径为 4~6 cm，三级品菌盖直径为 2.5~4 cm，破碎不超过 10%。

（3）薄菇　菌盖平展，肉稍薄，盖棕褐色，菌褶淡黄色，柄稍长，足干，无霉变，无虫蛀，无焦黑。其中，一级品菌盖直径在 6 cm 以上，二级品菌盖直径为 4~6 cm，三级品菌盖直径为 2.5~4 cm，破碎不超过 10%。

（4）菇丁　菌盖直径在 2.5 cm 以下的小朵香菇，色泽正常，柄稍长，足干，无霉变，无虫蛀，无焦黑。

五、杂菌污染及病虫害防治

1. 杂菌的原因及防治

香菇代料栽培最大的危胁是杂菌污染，杂菌主要来源于使用的材料、菌种、工具和环境中的尘埃，工作人员在生产过程中没有严格遵守操作规程也会造成杂菌污染，为防止杂菌污染，要求做好以下几项工作：选好培养料，要求质鲜无霉，不腐烂变质；灭菌要彻底，菌袋无破损、微孔；要认真检查菌种，保证纯正健壮；接种要严格遵守无菌操作，接种、搬运工具保持清洁干净；要求培养室避光，通风良好，保持干净，控温合适，在培养过程中经常检查，发现污染立即挑除；出菇过程中注意通风，防止高温高湿导致杂菌感染；保持场地和工作人员的清洁卫生，垃圾和污染材料不能随地丢弃，应集中到远距离妥善深埋或烧掉。

2. 主要病害及防治

（1）木霉　包括绿色木霉和康氏木霉等，在生产上由于表现出的污染现象相似，所以统称绿霉菌。该病害范围广，且为害栽培的各环节，为害严重时，甚至造成绝收。

基本特征：在菌种块、培养料或菌袋表面或受潮的棉塞上出现绿色霉斑，绿色霉斑迅速扩大，很快覆盖培养料表面或菌袋，外观呈浅绿色、黄绿色或绿色。

发生条件：孢子主要靠空气传播。在高温、高湿和培养料偏酸的条件下极易发生。

防治措施：在栽培过程中，培养料灭菌必须彻底，常压灭菌需100℃下保持10 h，高压灭菌需125℃下保持2.5 h以上。培养条件要干燥卫生，栽培场地要彻底消毒，喷洒5%石灰水可抑制木霉生长；必须严格无菌操作，发现木霉应及时挑除；防止高温、高湿条件下养菌；药物防治，培养料局部污染，可用5%石灰水清液涂洒杀灭，如菌袋发生为害，可用30%百福可湿性粉剂1 500~2 000倍液喷雾，有一定预防效果。

（2）链孢霉　链孢霉也是一种常见病害，在自然界分布较广，生长迅速，为害严重，俗称红霉病、红面霉、红色面包霉、红蛾子。是香菇的主要病害。

基本特征：链孢霉为害多种食用菌，是夏季常见且为害最严重的病害之一。初期绒毛状，白色或灰色，链孢霉菌的菌丝生长速度极快，菌丝粗壮，在菌丝顶端形成橙红色孢子，大量分生孢子堆集成团时，外观与猴头子实体相似。有的初期形成肉质状橙红色球状体，随后变成孢子粉，极易散落。孢子萌发快，传播快。感染链孢霉后，与食用菌菌丝争夺养分，阻止食用菌菌丝生长。

发生条件：在高温、高湿条件下，繁殖特别快，其分生孢子随空气流动传播造成污染。在制袋和栽培中，灭菌不彻底或无菌操作不严格，都会引起病害。

防治措施：严格选用菌种，确保菌种纯正；栽培原料一定要干燥、新鲜、无霉烂变质；培养料灭菌要彻底，接种时严格无菌操作；培养室和生产场地要干燥、通风、干净卫生，远离禽舍畜栏；严格控制养菌温度20~23℃、空气相对湿度40%~70%；发现病袋立即挑出处理，及时烧毁或深埋污染的菌袋和菌瓶，防止扩散；发病初期喷洒30%百福可湿性粉剂1 500~2 000倍喷雾或用其烟剂熏蒸，能有效控制链孢霉侵染。

（3）曲霉　为害食用菌的主要是黄曲霉、灰绿曲霉和黑曲霉。主要侵染培养基表面，和菌丝争夺养分和水分，并分泌有害毒素，影响菌丝的发育，同时，也为害子实体，造成烂菇。

基本特征：培养料表面或棉塞上产生黑色或黄绿色团粒状霉，组成粉粒状的菌落。

发生条件：适宜在 25℃ 以上，湿度偏高、空气不流通的环境条件下发生，分生孢子借助空气传播。

防治措施：培养料要灭菌彻底；接种时严格无菌操作；及时清除废弃杂物，减少病原菌基数；栽培场地要求清洁卫生，通风良好，空气相对湿度不宜太大，一旦培养料发生污染，应加强通风，降低湿度；严重污染，可用 pH 值 10 左右的石灰水喷洒杀灭。

（4）青霉　青霉在空气中普遍存在，菌丝前期白色，与多种食用菌菌丝相似，不易辨认；后期转为绿色、灰绿色，与菌丝争夺养分，分泌毒素，破坏菇类菌丝生长，并影响子实体形成。

基本特征：为害方式是培养料上形成的菌落交织起来，形成一层膜状物，覆盖料面，隔绝料面空气，同时分泌出毒素，对香菇菌丝有致死作用。

发生条件：温度在 20~25℃ 时，在弱酸性培养料上生长迅速，分生孢子借助空气传播。

防治措施：做好接种室、培养室（棚）及栽培场所的清洁卫生，加强通风换气，有一定预防效果；用 1%~2% 石灰水把培养料 pH 值调至中性，对青霉有一定防治作用。

3. 主要虫害及防治

（1）螨类　菌螨类俗称菌虱。常见的有害长头螨、木耳卢西螨、腐食酪螨，主要取食菌丝、子实体和原基，严重时可将菌丝吃光，菇体干枯死亡，是香菇生产栽培的主要害虫。

形态特征：螨类个体小，成螨体长仅有 0.3~0.8 mm，不仔细观察，肉眼很难发现；粉螨个体稍大，一般不群集，数量多时呈白粉状；蒲螨个体很小，喜欢群集。

生活习性：螨类喜温暖潮湿的环境，湿度过大时容易引起螨类为害，螨类主要通过培养料、菌种或蚊蝇类害虫的传播进入菇棚。

发生与为害：螨类主要来源于存放粮食、饮料的仓库和鸡舍，通过培养料、菌种和蝇类带入菇房或栽培场所。螨类繁殖快，发生严重时，可以吃光菌丝，也为害子实体，造成烂菇或畸形。

防治措施：培养室（棚）和栽培场地远离库房、鸡舍，周围环境清洁卫生，引种时避免菌种带菌螨；培养料通过高温发酵后使用，发菌和出菇期间出现螨虫，可用4.3%甲维·高氯氟1 000倍液喷雾。

（2）菇蝇 又称尖眼菌蚊，属双翅目，尖眼章蚁科。

形态特征：成虫似蝇，淡褐色或黑色，触角很短；幼虫似蝇蛆，为白色或米黄色。比菇蚊健壮，善爬行，常在培养料面迅速爬动。

生活习性：菇蝇咬食菌丝，使菇蕾枯死，还钻到菇体内啃食菇肉，形成无数个小孔，菇体不能继续发育，丧失商品价值。成虫传播轮枝孢霉，使褐斑病流行。菇蝇的卵和幼虫通过培养料进入菇棚，成虫则飞进菇棚为害。

发生与为害：菇蝇的卵和幼虫通过培养料进入栽培场地，成虫则飞进菇棚为害。咬食菌丝，使菇蕾枯死，还钻到子实体内啃食菇肉，菇体不能正常发育，丧失商品价值。

防治措施：搞好出菇棚内外环境卫生，安装纱门、纱窗，防止成虫飞入；及时清除废料，以减少虫源；做好培养料的高温发酵处理，以彻底杀死其中的虫卵和幼虫；加强通风，调节棚内温度、湿度来恶化害虫生存条件；利用蝇类的趋光性和趋味性，在菇棚安装诱虫灯、糖醋液或挂诱虫板诱集成虫并杀死；发菌期或出菇期有菇蝇为害时，用甲维高氯氟喷雾或熏蒸12 h（100m³用1枚）。

（3）菇蚊 又称眼菌蚊。小龄幼虫在培养料取食，大龄幼虫则蛀食香菇子实体。

形态特征：成虫为褐色，长2 mm左右，具有细长触角，在菇床上爬行很快。幼虫白色，头黑色，发亮。

生活习性：菇蚊以幼虫取食培养料、菌丝体和子实体，造成菌丝萎缩，影响发育，使菇蕾、幼菇枯萎死亡。幼虫在10℃以上开始取食活动，蛀食子实体的菌柄和菌盖，形成许多蛀孔。虫口密度大时，一个菌柄有200~300条幼虫，严重发生时，能将菇棚内的全部菌丝吃光，将子实体蛀成海绵状，失去商品价值。成虫不直接为害子实体。

发生与为害：幼虫钻入培养料内吃食菌丝或将子实体蛀食成海绵状。

防治措施：搞好菇棚内环境卫生，室内栽培可在门窗上安装纱网、防虫网，防止菇蚊成虫飞入繁殖；室外栽培可用杀虫灯、诱虫板诱集成虫并杀死；栽培场地用棚虫烟毙（主要成分为异丙威）点燃熏蒸 12 h，用菇虫净杀虫剂喷洒，对幼虫致死率为 100%。

（4）蛞蝓 蛞蝓又称水蜒蚰、鼻涕虫，是一种软体动物。

生态特征：身体裸露、柔软，无外壳，暗灰色、黄褐色或深橙色，有两对触角。

生活习性：喜欢在阴暗潮湿的草丛、枯枝落叶、石块及砖瓦下，多在夜间、阴天或雨后成群爬出取食。卵产在培养料内，为害菌丝体和子实体。

防治措施：清除栽培场周围的杂草、枯枝落叶及砖瓦碎石，清除场内垃圾，使蛞蝓无藏身之地；利用蛞蝓昼伏夜出的习性，可在黄昏、阴雨天人工捕捉；撒新鲜石灰和食盐，每隔 3~4 d 撒一次；用炒香的麸皮或豆饼，拌敌百虫（1∶1）制成毒饵，在傍晚撒于栽培场及四周。

商洛香菇生产区空气质量优越，只要初春栽培制袋、接种、养菌期安排合理，在气温较低时，不易于病菌侵染；出菇过程管理科学规范，通过加两层遮阳网和通风等环境调控措施，可有效防治病虫害的发生，保障产品质量安全。偶有病虫害发生，使用农业农村部允许食用菌生产使用的生物农药进行防治。

六、栽培中常见问题及解决办法

1. 培养料中麸皮比例过大

培养料中麸皮比例绝不能超过 20%。如果超过 20% 带来的后果：一是栽培袋营养充足，头茬菇密、小，若出菇时遇到气温高则很容易开伞，菇质薄，商品价值差；二是培养料营养充足，茬次不明显，每潮菇出结束菌袋没有养菌机会，难管理，对后期产量有影响；三是如果麸皮量加的过大，则难以从营养生长转化到生殖生长，造成难出菇或出菇迟的情况。

2. 培养料中含水量超过 55%

培养料含水量应达到 55%，宁干勿湿。如果含水量过高，筒袋重，后期刺孔不及时或次数少，就有可能导致不出菇。

3. 接种后出现不发菌或死穴

产生原因：一是应用劣质菌种，菌种活力较低。防治办法：选择优质菌种，严格按照接种程序操作；二是培养料酸败，培养料拌好后未及时装袋、灭菌或灭菌温度达到 100℃ 时间太长，培养料产生酸败。防治办法：当天拌料，当天装袋灭菌；灭菌时前期大火攻，短时间内温度升至100℃（4小时之内）；拌料时加1%~2%的生石灰；三是接种时菌棒温度太高（30℃以上），菌丝烧死。接种时袋内温度在25℃左右，不能太热，否则会将菌丝烫死。

4. 刺孔后出现烂袋

产生原因及防治措施：一是刺孔的时机选择不合理，气温在30℃以上刺孔。防治办法：刺孔时气温不能太高，应选择早晨或晚上刺孔，大风、雨天不能刺孔，杂菌易侵染；二是摆放方式不合理，层数太多，通风不良而造成。防治办法：一般摆放5~6层，"#"形或"▲"摆放，要有通风道散热，做好降温等工作。

5. 出菇期间菇蕾出现死亡

（1）产生原因　高温高湿的环境条件，通风不畅，都会导致菇蕾死亡；直接在幼小的菇蕾上面喷水；袋内水分严重不足或病虫害为害。

（2）防治办法　选择适宜品种，创造幼菇生长的环境条件；不能直接在幼小菇蕾上面喷水；补充袋内水分，出菇棚相对空气湿度70%~80%，通风风速不要太大。

6. 未转色先出菇

（1）产生原因　低温，寒流来得早，气温持续低于15℃；光照，养菌设施光照充足。

（2）防治办法　保持温度平稳且适宜，养菌时光线保持较暗。

（3）补救措施　一是若菌棒未转色，有起泡无菇蕾，要抓紧翻堆转移，促使尽快转色；二是若菌棒未转色，而有较多菇蕾产生时，要抓紧排田进行光温刺激，促使边转色边出菇。

第十六章　黑木耳代料栽培技术

黑木耳（*Auricularia auricula*），在分类上属担子菌纲银耳目木耳科木耳属，也称木耳、光木耳。此属有10多种，如黑木耳、毛木耳、皱木耳、毡盖木耳、角质木耳、盾形木耳等。这几种木耳唯有光木耳质地肥嫩，味道鲜美，营养丰富，有山珍之称，是名贵的食用菌之一（图2.8，图2.9）。

图2.8　鲜木耳　　　　　　　　　　　　　　图2.9　干木耳

黑木耳的营养成分，经化验分析，每100 g鲜黑木耳中，含水11 g，蛋白质10.6 g，脂肪0.2 g，碳水化合物65 g，纤维素7 g，灰分5.8 g（在灰分中，包括钙质375 mg，磷质201 mg，铁质180 mg）。此外，还含有多种维生素，包括甲种维生素（胡萝卜素）0.031 mg，乙种维生素0.7 mg（其中维生素 B_1 0.15 mg，维生素 B_2 0.55 mg），丙种维生素217 mg，丁种维生素（安角固醇）及肝糖等。

黑木耳还有很高的药用价值，有助于滋润强壮，清肺益气，补血活血，可治疗产后虚弱及手足抽筋麻木等病征。它还具有以下优点，补血补钙：黑木耳的含铁量是菠菜叶的21倍，菠菜茎的17倍，猪肝的7倍，是一种非常好的天然补血食品；含钙量相当于鲫鱼的7倍。降低血黏度：含有类核酸物质，具有明显的抗血小板聚集作用，所以可以降低血黏度，降低血液中胆固醇的含量，从而对高血压有很好的疗效。国内有调查表明，患有高血压、高血脂的人，每天吃3 g黑木耳（干）烹制的菜肴，便能将脑中风、心肌梗死的发生危险降低1/3。降脂减肥：黑木耳高蛋白、低脂肪，含有丰富的纤维素和一种特殊的植物胶质，能促进胃肠蠕动，促使肠道脂肪食物的排泄，减少食物脂肪的吸收，从而起到减肥作用。通便排毒：黑木耳中的胶质，有润肺和清涤胃肠的作用。可将残留在消化道中的杂质、废物吸附排出体外，因此它也是纺织工人和矿山工人的重要保健食品之一。食用黑木耳还能增加胃肠的蠕动次数，使人减缓衰老，延年益寿，黑木耳中含有的"多糖"对癌细胞有明显的抑制作用。

黑木耳是可食、可药、可补的黑色菌类保健食品，是我国传统的出口创汇商品，远销海内外，在东南亚各国享有很高声誉。近几年，随着人们生活质量的提高和对食用菌产品的认知，黑木耳的内销市场很旺盛，市场前景广阔。

陕南是全国重点黑木耳产区，因其独特的气候和资源条件，生产的黑木耳品质优，在市场上很受欢迎。20世纪80年代以前主要以段木为主，但这种生产方式不仅成本高、产量低、周期长、受自然影响大、用工多、效益低、更重要的是不但受地域限制，而且造成林木资源极大浪费，破坏生态环境。商洛市90年代末引进袋栽黑木耳技术，该技术具有栽培原料来源广泛（杂木屑、玉米芯、豆秸等）、周期短、不受地域限制、效益高的特点，多年来经过试验、示范和推广，栽培技术已趋完善和规范化，目前生产上栽培模式有地栽模式和棚内吊袋栽培模式2种，黑木耳已成为商洛市目前食用菌的主要栽培菌类。

一、生物学特性

1. 形态特征

黑木耳是一种胶质菌，由菌丝体和子实体两部分组成。

（1）菌丝体　菌丝体无色透明，由许多具横隔和分枝的管状菌丝组成，是黑木耳的营养器官。菌丝粗细不均，常出现根状分枝，有锁状联合，但不明显，而是呈骨关节嵌合状。

（2）子实体　子实体是繁殖器官，也是人们的食用部分。菌丝发育到一定阶段扭结成子实体，子实体新鲜时是胶质状、半透明、深褐色、有弹性，单生或群生，基部狭细，近无柄，直径一般为4～10 cm，大的可达12 cm，厚度0.8～1.2 mm。干燥后收缩成角质，腹面平滑，漆黑色，硬而疏，背面暗淡色，有短绒毛，吸水后仍可恢复原状。

2. 生长发育所需的条件

黑木耳在生长发育过程中，所需要的外界条件主要是营养、温度、水分、光照、空气和酸碱度等。

（1）营养 黑木耳生长对养分的要求以碳水化合物和含氮物质为主，另外，还需要少量的无机盐类。黑木耳的菌丝体在生长发育过程中，本身不断分泌出多种酵素（酶），因而对培养料有很强的分解能力，通过分解来摄取所需养分，供给子实体的需要。如果段木栽培黑木耳，树木中的养分完全可以满足木耳生长的需要，但在袋栽黑木耳时，需要加入少量的麸皮、石膏、蔗糖等，以满足黑木耳生长发育对营养的需要。

（2）温度 黑木耳属中温型菌类，它的菌丝体在15~36℃均能生长发育，但以22~25℃为最适宜。黑木耳的子实体在15~32℃都可以形成和生长，但以20~25℃生长的黑木耳片大，肉厚，颜色深，质量优。28℃以上生长的黑木耳肉稍薄，色淡黄，质量差。15~22℃生长的黑木耳虽然肉厚、色黑、质量好，但生长缓慢，影响产量。春季第一茬木耳肉厚，质量好。

（3）水分 水分是黑木耳生长发育的重要因素之一，黑木耳菌丝体和子实体在生长发育中都需要大量的水分，但两者的需求量有所不同，拌料时培养料的含水量为60%，有利于菌丝的生长，养菌室空气相对湿度保持在45%~50%。子实体的生长发育，虽然需要较高的水分，栽培场空气的相对湿度可达到85%~95%，但还要干干湿湿，干湿交替管理，这样有利于子实体的生长发育。

（4）光照 黑木耳各个发育阶段对光照的要求不同，养菌阶段不需要光照，但光照对黑木耳子实体原基的形成有促进作用，耳芽在一定的散射光下才能展出茁壮的耳片。在黑木耳出耳管理阶段，一定的散射光线是很有必要的，在光线充足的条件下，黑木耳子实体含有胶质，强烈的阳光以及短时间的暴晒也不会使黑木耳子实体干枯致死，还可以使子实体颜色深，生长健壮，肉质肥厚，品质好，而光线不足时耳芽往往畸形。因此，代料栽培黑木耳出耳管理期要有充足的散射光和新鲜的空气。

（5）氧气 黑木耳是一种好气性真菌，在菌丝体和子实体的形成、生长、发育过程中，不断进行着吸氧呼碳（CO_2）活动。因此，在木耳栽培管理过程中，出耳场地要保持良好通风环境，特别是大棚种植时要保持空气流通，以保证黑木耳的生长发育对氧气的需要。

（6）pH值 黑木耳适宜在微酸性的环境中生活，木耳菌丝在pH值4~7范围内均能生长，以pH值5.5~6.5为最好。但有的品种耐碱性较强，可在 pH 值高达 8 的碱性条件下生长。在配制培养基时加 0.5%~1.0%的生石灰，可起到一定的缓冲 pH 值作用。

二、袋栽技术

由于木耳菌丝相对比较娇气，加之对生产菌包的设备和环境条件要求较高，在实际生产中菌包制作和养菌环节一般由专业化的菌包生产厂进行完成，建议农户不要自行制作菌包。因为农户的生产设备和生产环境达不到木耳菌包的生产要求，会造成木耳菌包成活率低、菌包质量差等问题。农户可以通过购买菌包来达到生产目的，这样既能减少因购买生产设备而增加的生产成本，也降低了耳农因自行制作菌包造成成活率低的投资风险。

黑木耳代料栽培的生产流程包括：选择菌种→栽培季节选择→制作栽培袋→培养菌包→开口催芽→出耳管理→采收→晾晒→储藏或加工销售。

但为了保证栽培技术环节的完整性，本小节还是按照木耳生产技术的全过程来阐述，主要按照田间或者大棚管理的环节进行介绍。

1. 菌种选择

一般选择适宜于本地区栽培，具有菌丝体生长快，粗壮，接种后定植快、抗杂能力强、抗逆性强、菌龄合适，纯正无污染，产量高，片大，肉厚，颜色深等特点的菌种。黑木耳品种有单片（也称无筋、少筋）和菊花状（也称半筋、多筋）品种之分，单片品种适宜出口（追求品质），菊花状品种适宜内销（追求产量）。目前，生产上选择使用916、黑威单片、黑威15、黑威半筋、黑威29（大筋）、青十（微筋）等新品种。

2. 栽培季节确定

黑木耳子实体生长温度在10~25℃，属中低温型，温度超过30℃时，子实体易自溶腐烂，温度低于10℃时，子实体生长缓慢或停止。

在陕西及周边几个省市，利用自然温度一年可以栽培两季，春耳：11月至翌年1月制袋，3—7月出耳；秋耳：5—7月制袋，8—12月出耳。

（1）春季栽培　可以露地栽培，也可以大棚栽培。以大田开口或进棚开口时间向前倒计时安排生产，一般在当地平均气温达到10℃左右，即大田春栽开口期，按此向前推算40~50 d为接种期（但冬季由于温度低，可适当提前）。

（2）秋季栽培　山区尽量不要露地栽培，只能以大棚栽培为主。因为山区秋季后期降温太快，木耳生产时间太短，往往是菌袋进田出耳时间不长，大田温度已经降到不利于木耳生长的温度以下；若提前进田，则由于7—8月正处于高温阶段，白天温度基本都在20℃以上，大田降温难度大，温湿度不好控制，不利于菌包催耳。如果有大量的便于控温控湿的室内空间，可以在室内将木耳菌包进行开口、催芽，在菌包开口处出现黑线，形成黑色耳基时，菌包直接进田出耳是可行的。

木耳袋栽技术模式分露地畦床栽培、大棚吊袋栽培。

露地栽培：生产安排依据海拔和气温适当调整栽培时间，海拔低于800 m地域栽培时间适当提前，海拔高于1 000 m地域栽培时间适当推后，具体以当地的气温来确定，当地日平均气温应大于10℃，前提是菌袋不能受到冻害，受到低温伤害的菌包生长的木耳颜色会发黄，影响木耳商品品质。以海拔800~1 000 m地域气温安排，春季地栽黑木耳在3月中下旬下地出耳，7月中旬出耳采收结束；8月下旬开始进入秋季管理（图2.10）。

图2.10　露地畦床栽培

图2.11　大棚吊袋栽培

大棚栽培：春季栽培在上年度10月建设大棚，给排水、棚膜和遮阳网调试到位；上年度11—12月订购木耳菌包或自制菌袋；2月中旬上棚膜和遮阳网；2月下旬至3月上中旬在棚内温度大于10℃时，木耳菌包进棚刺口、育耳、挂袋。秋季栽培在6—7月建设大棚，给排水、棚膜和遮阳网安装调试到位；6月初订购菌包或自制菌袋；8月上旬大棚消毒杀虫处理；8月下旬木耳菌包进棚刺口、育耳、挂袋（图2.11）。

3. 菌包制作

（1）配方 ①木屑培养基配方。木屑（阔叶树）84.5%，麸皮（或米糠）12%，豆饼粉2%，石膏粉1%，生石灰0.5%，水65%，pH值自然。②玉米芯培养基配方。玉米芯48.5%，锯末38%，麸皮10%，豆饼粉2%，石膏1%，生石灰0.5%，水65%，pH值自然。③豆秆、玉米芯培养基配方。豆秆71.5%，玉米芯或锯末17%，麸皮10%，石膏1%，生石灰0.5%，水65%，pH值自然。

商洛市市场监督管理局发布的《柞水木耳袋料栽培技术规程》商洛市地方标准，木耳培养料配方为：①配方1。阔叶硬杂木屑86%，麦麸10%，豆饼粉2%，石灰粉1%，石膏粉1%。②配方2。阔叶硬杂木屑80%，麦麸18%，石灰粉1%，石膏粉1%。

以上配方请注意营养搭配，调节好碳氮比（25~30）：1，含水量控制在60%~65%，灭菌前培养料pH值8~9即可。

（2）拌料 选择一定的配方，按比例将主料、辅料称好，先将辅料（麸皮、石膏、豆饼粉等）干拌3次混匀，再倒入拌料机中与预湿的木屑一起搅拌5 min，边加水边搅拌，搅拌时间不低于15 min，使培养料拌匀后含水量达60%±2%。目测培养料含水量的标准：用手握培养料，指缝有水纹渗出而不下滴为度。用pH试纸测定培养料pH值7~7.5为宜，然后将料堆积起来，闷1~2 h，夏季闷堆时间可短些，当天拌料当天装完，谨防培养料变酸。

（3）装袋 采用自动装袋窝口机装料窝口，栽培袋袋型采用16 cm×37 cm×0.035 cm规格的聚乙烯折角袋，料袋高度22 cm±0.5 cm，料袋重量在1.3 kg±0.05 kg为宜。然后将料袋放入周转筐中准备灭菌。

（4）灭菌 装好的栽培袋必须装在特制的周转架和框内灭菌，每框装12袋，采取常压灭菌，要求灭菌仓内温度在4 h内达到100℃，持续保温16~18 h，温度降至70~80℃时缓开灭菌仓门；高压灭菌，30~50 min使仓内温度升至100℃保持30 min，115℃保持30 min，121℃保持2 h，温度降至65~70℃时打开缓冲室内灭菌仓门，将灭好菌的菌包放于提前清扫干净的预冷室和强冷室，并用溴氧离子机和紫外线灯消毒降温，待温度降至28℃以下就可以开始接种。

4. 菌包培养

（1）接种　在接种前，接种室或作为接种培养一体室必须消毒，在各类接种设备及设施进入后，采用紫外线灯和溴氧离子机消毒，消毒 30 min 后便可接种。接种人员进入接种室或培养室，必须更换消过毒的专用服装，一个培养室没有接完种最好中间不休息，禁止进出。

耳农自制菌包的接种方法有接种箱接种、小型接种机接种和超净工作台接种；大型菌包厂采取的流水线接种车间作业。料袋温度降到 28℃ 以下时进行接种。接种室在正压、百级净化条件接种，采用袋口接种方式接种，液体种接种量每袋 20~25 ml，固体枝条种接种量每袋 2~3 根。

（2）培养　接种后使用周转筐将菌袋立式摆放在培养架或网格上。保持室温 25~27℃，3 d 后室温逐渐降到 25℃ 培养，培养室（图 2.12）大部分菌袋周围可见到 5 cm 以上白色菌丝后，保持室内温度在 22~24℃，并保持培养室内上下层菌袋温度均衡，空气相对湿度 50%，避光，每天通风换气 1~2 次（夏天在早晚各通风 1 次，冬天通风时间最好在中午温度高时进行），每次 30 min，30~50 d 菌丝长满袋。

图 2.12　菌包培养室

5. 栽培场地选择

（1）露地栽培　①场地选择。选择地势平坦、水源较近、交通便利、通风良好、光照充足、排水便利、远离污染源、地质安全的场所作为栽培场地。垄畦布局应根据田块合理摆布，留足管理通道和排水道。垄畦以地势高低顺坡走向摆布，在栽培区地势较低的一方修主排水道，汇聚垄畦支排水到最低排水口排出。②起垄作畦。地栽黑木耳的起垄作畦和安装喷水设施必须在菌包下田前一个月完成。一般垄畦宽不大于 1.6 m，高 15 cm，长度以 50 m 为宜，也可依场地而定，垄畦之间留 40 cm 的排水道兼采摘通道。垄畦要求面平线直，不积水，作好垄后经雨淋或喷水沉降压实，排水沟排水顺畅无低凹，最佳垄宽 1.3~1.6 m。③覆膜。地栽黑木耳的栽培垄面覆膜可以在菌包下田开口集中催芽后，开始分摆菌包时一边覆膜一边摆袋，也可以提前覆膜。塑料薄膜在覆盖前一定要打孔。整卷薄膜在未打开之前用孔径为10 mm钻头的手持电钻进行打孔，孔距10 cm左右为宜。或者选择购买微孔黑色农膜，也可以用6针95%遮光率的遮阳网或者黑色地布，用塑料地钉或铁丝固定。④喷水设施。地栽黑木耳的喷水设施安装必须在菌包下田前一个月完成。可以用微喷设施，也可以用水带喷水设施。

（2）大棚吊袋栽培　①场地选择。地势平坦，水源较近，交通方便，通风良好，光照充足，排水便利，远离污染，地质安全的场所。②大棚布局。大棚顺长南北向，根据田块合理摆布，或以地势高低顺坡走向摆布，留足管理通道和排水道。木耳吊袋大棚选用1寸和1.5寸镀锌钢管搭建。棚宽8 m，长20~30 m（可依场地灵活掌握），肩高2.3 m，弓高1.5 m，弓间距1~1.3 m，棚内每弓肩高安装横管，横杆上纵向安装16根吊袋管，杆间距25~30 cm，每组横杆之间留出70 cm过道。大棚两端留2 m宽的门，棚面覆盖大棚膜和遮光率95%的遮阳网，安装喷水、卷膜设施，棚两边修好排水渠。③大棚吊袋设施应在菌包进棚前1个月建好主体，安装棚架，做给排水，安装设施，做好大棚的斜拉，上好薄膜和遮阳网，绑好挂绳等设施，并在菌包进棚前1周进行闷棚消毒杀虫。④挂绳一般要达到满足挂7个菌包的长度，双股长度大概在2.4~2.5 m为宜。

6. 开口催耳

（1）菌袋质量要求　黑木耳栽培菌袋的质量是栽培效益的关键，不论是购买的菌袋还是自制的菌包，培养时间都应在50~70 d为宜。应达到袋壁无破裂或海绵塞无脱落等要求，菌丝洁白、浓密、粗壮，无绿、黄、红、青、灰色菌杂色，袋壁没有黄褐色液体，菌袋整齐一致，菌味清香，闻不到酒酸、霉臭等异味，手感菌袋硬实且富有弹性，无软袋散料现象。菌袋拉运最好用周转筐，做到轻拿轻放，防止摔跌、挤压损坏或高温烧袋。

（2）进田或进棚时间　具体栽培时间以气温确定，春季菌袋下田时间是在旬平均气温回升到10℃以上，大棚吊袋栽培木耳旬平均气温回升到5℃以上，秋季旬平均气温降至25℃以下时，将发满菌的菌袋运到出耳场养菌达到出耳标准。春栽养菌7~15 d，秋栽养菌3~5 d。

（3）刺孔催耳　如果是购买的黑木耳菌包，应根据运输远近进行调节管理，远途运输的菌包回来后要进行菌丝恢复管理。春季栽培应将菌包集中码放，高度不能超过3层，然后用遮阳网或草帘遮盖7~10 d进行养菌，当菌丝全部发白后进行刺孔催芽；秋栽的菌包要注意遮阳降温，防止烧袋，在菌包运回菌丝恢复2~3 d后，即可刺孔催芽，露地栽培最好在房间进行刺孔催芽，然后进地摆放出耳。①场地处理。地摆栽培垄畦处理摆袋前先浇湿垄畦，然后用2 m宽幅的黑色多孔微膜覆盖。大棚栽培棚内处理摆袋前3~5 d先浇湿大棚地面，然后用6 m宽幅的黑色遮阳网覆盖。或者用砖铺设地面，在菌包进棚前3 d浇水湿润大棚地面，将裸露有泥的地方用遮阳网或者其他透水的覆盖物覆盖后，再开始菌包进棚开口。②刺孔。地栽菌包刺孔时将菌丝已经长满并经后熟的菌袋，选用16排滚轮"1"形刀片的菌包刺孔机进行刺孔，每袋刺孔个数达到200个左右，深度0.5~0.8 cm。然后集中催芽或者直接分床催芽，上面覆盖塑料膜，再盖上6针加厚遮阳网或草帘进行集中催耳或分床催耳。吊袋栽培菌包刺孔：菌包刺口用开口机开口，一般大棚开"1"字口，经验不足或水分管理差的开"Y"口，开口直径0.3~0.4 cm，开口数量180~240个。③催耳。地摆栽培催耳管理一般采用集中催芽或者分床催芽。畦内菌袋温度保持在15~25℃，湿度控制在85%~90%。刺孔3~5 d菌丝恢复，刺孔口形成黑线后，在上午或下午揭开塑料薄膜通风0.5~1 h。如果畦床塑料薄膜表面无水珠或水珠过小，说明空气相对湿度小，应向畦面或畦沟灌水增加空气相对湿度。10 d后大量菌袋开孔处出现耳芽后揭去塑料薄膜，进行大田摆放出耳。集中催芽时先使出耳床面、草帘湿透，刺孔的袋间隔1~2 cm摆开，每排8个，每垄不要摆满，上盖塑料布增温保湿；早春塑料布覆盖法，摆袋集中上床的菌袋，用塑料布罩，上盖遮阳网，一早一晚阳光不充足时可揭遮阳网增温，要保持每日通风。只要床内温度达到15~25℃，10 d左右耳基就会封口。这个阶段不用浇水，因地面湿、草帘湿、塑料膜覆盖保湿，刺孔处菌丝不会干枯，子实体很快就会形成，待原基封口时再拉大间距。分床催芽时将已经刺孔的菌包直接按照生产要求分床催芽即可。催好芽不用再分床，直接浇水管理即可。

催芽应注意事项：催耳过程中温度不能高于28℃，防止高温烧袋；不能太阳光直射暴晒，特别是催耳用薄膜覆盖的，一定要采用遮阳网或者草帘遮盖；如果刺孔催芽时间在3月中旬以后，用遮阳网遮盖，将遮阳网用

1.8~2.0 m 高的竹竿或者木桩升起来，加强通风和降温；催耳床（堆）要保持通风，如果催耳时间超过 7~10 d，应及时将覆盖的薄膜揭起通风。

吊袋栽培催耳管理。春栽，菌包进棚在地面（有遮阳网或草帘垫层）堆放或立排，上面盖遮阳网或草帘，保温控湿养菌 3~5 d 后，菌包全白，菌丝浓密，旬平均气温达到 10℃ 时，开口育耳。开口后同样堆放，保温保湿，每天通风 2~3 次，适当增加光温刺激，7~10 d 出现耳芽即可吊挂菌包。秋栽，菌包进棚在地面（有遮阳网或草帘垫层）立排，翌日或隔日开口，散堆于地面，上盖遮阳网，降温保湿，保证大棚荫蔽，全天通风，防高温，养菌 3 d 左右，开口菌丝恢复变黑线即可挂吊菌包。

7. 出耳期管理

（1）分床或挂袋　①地栽菌包的分床。催好耳芽的菌袋揭去塑料薄膜 2 d 后即可分床摆袋。分床前应对要摆放菌袋的垄畦进行预湿、除草和消毒处理（方法同前），将菌袋按每平方米 20~25 袋均匀摆放在畦面上，每亩摆放 10 000 袋左右，菌包之间距离约成人握拳一拳头间隔为宜。②大棚吊袋栽培吊挂菌包。在棚内框架横杆上，每隔 20 cm 按"品"字形系紧两根尼龙绳，垂直拉紧底部离地 20 cm 打结。然后把已割口的菌袋袋口朝下夹在尼龙绳上，然后在 2 根尼龙绳上扣上两头带钩的细铁钩，吊完 1 袋，第 2 袋按同样步骤，每串挂 7 袋。吊绳底部用绳连接，以防相互碰撞。注意：绳不能压耳，破损感染包不能挂。

（2）喷水管理　①地栽的喷水管理。在不同时期应掌握不同的喷水方法：分床后 3~5 d 开始喷水，做到少喷、勤喷；随着耳片长大逐渐加大喷水量。如温度在 20℃ 以上，要早晚喷水，避免高温天气浇水，以免形成高温高湿，气温在 28℃ 以上时，禁止白天喷水。一般喷水在每天早晚进行，每次喷 10~15 min，间歇 1 h 再喷 15 min，保证每次喷水保湿时间在 2 h 以上，连续浇水 3~5 d 后，晒袋 2~3 d，然后依照上述方法进行喷水直至木耳采收前 2 d。②大棚吊袋栽培喷水管理。挂袋后到原基形成阶段如不及时浇水催芽，可造成菌丝老化，影响出耳和产量。喷雾状水保持棚内昼夜湿度 75% 以上，使菌袋表面有一层薄而不滴的"露水"，保证耳芽出的又齐又快；早晚各通风 1 次，每次 0.5~1 h，正常管理 10 d 左右形成木耳原基。原基形成至耳片形成阶段，这一阶段湿度始终保持在 85% 左右，减少干湿交替，防止产生憋芽和连片。加强通风，防止二氧化碳浓度过高产生畸形耳。这一阶段更要防止高温伤菌，棚顶设置一根水带，棚内温度高于24℃在棚外浇水降温，避免菌袋流"红水"和感染绿霉菌。耳片形成至采收期管理阶段，开放管理、控制生长、及时采收、干湿交替。这一阶段随着棚内温度升高，将棚膜上卷至棚肩或棚顶。夜晚浇水，适当控制耳片生长速度，以保证耳片长得黑厚边圆。早春温度低白天浇水夜晚少浇水，春季应在17时至翌日7时浇水；入夏后应在17时后至翌日3时前浇水。浇水时应先将木耳全部湿透，然后每小时浇水10~20 min，控制棚内湿度在90%左右。与地栽木耳相反，挂袋木耳是保湿容易通风难，展片期应全天通风。天暖后可将棚膜卷至棚顶，浇水时一般放下遮阳网，不浇水时应将遮阳网卷至棚顶或棚肩处。③喷水管理注意事项。喷水总体应掌握"干干湿湿，干湿交替"的原则，即要根据天气情况，晴天多喷，阴天少喷或不喷，天气预报近日有雨就不喷。浇水还要掌握一个原则"透"，即浇水要浇透、晒袋要晒透，晒袋期间不能浇水或避免下雨。喷水时间：春栽一般在气温20℃以下时，可在10—16时喷水，随着温度升高，上午喷水逐步提前到9时以前，下午喷水逐步推迟至17时以后进行，随着气温升高早晨喷水提前晚上喷水推迟；秋栽一般在早7时以前或19时以后进行，随着气温下降早晨喷水推迟晚上喷水提前。

割袋放黄水：减少菌包内感染机会，否则会造成菌袋下半部感染腐烂，最终全袋都烂掉而致使减产。

晒袋：这个一定要做到，而且还要时常关注天气预报然后随机安排，如果近期要下雨就应提前或推后晒袋时间。由于栽培黑木耳需要喷水，不管是喷井水还是河水，只要在栽培袋内有积水且保证水分供应，并且光线弱就会发生青苔，水分过多、光线弱和温度适中，青苔发生严重。晒袋是控制木耳生长和预防青苔的有效手段，既是解决目前各栽培基地劳力不足的有效手段，同时是提高木耳产品质量的有效手段，使木耳菌丝得到休息恢复。

（3）转潮管理　不论是地栽还是棚栽，当第1茬黑木耳成熟采摘后，都必须经过1周的停水休养菌丝期（晒床或者晒棚5~7 d），才可进入第2潮出耳管理。

露地栽培：在二潮管理开始时必须喷足水分，使黑木耳菌袋及地面充分湿润，耳片耳基完全吸胀或耳基形成后，再按常规管理，经8~10 d，可采收第 2 潮耳。然后，按上述方法继续进行下一潮耳的出耳管理。

大棚吊袋栽培：在采收木耳后，将大棚的塑料薄膜和遮阳网卷至棚顶，晒袋 5~7 d，然后再浇水管理，即"干干湿湿"水分管理。第 2 潮耳管理方法同第一潮耳大致相同，大湿度大通风是关键技术。

注意事项：晒床（晒棚）这个环节很关键，晒床（晒棚）一定要做到，否则会影响产量或者后期菌袋质量，如果长期一直浇水出耳、采耳而不晒床（晒棚）会造成菌丝匮乏、营养跟不上、青苔发生严重，表现症状就是菌袋表面发绿、菌袋变软、菌丝坏死甚至出现耳片长不大就掉了的现象。晒床（晒棚）目的是通过停止浇水，进一步让菌袋内的菌丝得到休养生息，恢复菌丝的各项功能，从而为下一潮木耳生长蓄积养分和能量，还是解决目前栽培生产劳力不足的有效手段，同时也是提高木耳产品质量的有效手段，可达到以下三个目的：①目的 1，分茬出耳减少采摘人员。方法是分批划块进行喷水管理。②目的 2，通过晒袋来降低木耳生长速度、大小和单片厚度。③目的 3，"干干湿湿，干湿交替"是为了在干的时候菌丝得到休息，进一步积聚养分，湿的时候积聚的养分得以释放，促使其快速生长。

（4）破袋出耳　露地栽培的菌包出耳达到 4~6 潮以后，菌袋的营养将要消耗完后，可将菌袋的顶部用刀片划开 3~4 个"十"形口，使袋顶直接暴露在外，为后期出耳奠定基础。破袋出耳可出一茬商品价值较高的小秋耳。

当大棚吊袋栽培的菌包采完 2~3 潮耳后，如果菌袋仍然比较硬实、洁白，说明菌袋内的营养物质还没有完全转化完，这时可以将吊绳上的菌袋落地，在顶端用刀片开"+"或"#"形口，然后在棚内密集摆放，早晚浇水 4~5 次，每次浇水 1 h，停 30 min。这样还可以采干耳 10~15 g/袋。

（5）废弃物的回收利用　一般出完耳的菌袋不能乱扔乱放，应集中堆放晾干或交给制作有机肥的企业循环利用；农膜也应集中收回，作为废旧塑料处理，不能任其在栽培场不管不顾。

8. 采收晾晒

（1）采收　黑木耳成熟的标准是耳片充分展开，边缘变薄，耳基变细，耳根收缩，颜色由黑变褐时，即可采摘。采收前 2 d 停止浇水，采摘时拽住耳片连同耳根拔掉，不要伤及其他耳片。木耳一般在袋上半干时采收质量较好，这样的木耳易干，耳形好，商品价格高。清除老龄耳片，避免引起杂菌感染和害虫为害。

注意事项：①采摘原则，菌袋轻拿轻放；耳片摘大留小。②木耳采摘的大小要求，一般代料栽培木耳产品要求鲜耳片直径在 3~5 cm 为最佳采摘时间，干品为不大于大拇指指甲盖为最佳品质。

（2）晾晒　采收后及时摊在晾晒席架上晾晒 1~2 d 即可晒干。晾晒前用剪刀剪去木耳根部的培养基，晾晒时一定要叶片在上，根部在下，而且呈大朵状的木耳一定在晒前撕开成单片状，晾晒中途不可翻动，一次性晒干，为一等品，如遇到阴雨天要盖防雨物，防雨物要盖在晾晒架上方，留有一定空间，便于空气流通，不要直接盖在耳片上，防止耳片被压变形，影响木耳质量（图 2.13）。

图 2.13　晾晒木耳

晾晒床搭建：钢质结构或者竹木结构都可，这个根据实际情况来决定。钢质结构的可以做成 2 层，宽度 1.5 m 为宜，每层用 1.5 m 宽的专用晾晒网固定在床架上，上下层间隔 50~70 cm（以人能够操作为宜），最下层距地面 70~100 cm，上边制作拱形结构盖塑料膜，防止下雨会淋湿晾晒的木耳。竹木结构一般做成一层，距地面 70~100 cm，上边制作拱形结构盖塑料膜，主要起到遮雨作用。

一般的晾晒场要占到栽培面积的 1/5。即 4 垄或者 8 垄或者 12 垄栽培木耳，然后留 1 垄或者 2 垄或者 3 垄搭晾晒床。

（3）储藏　干制的黑木耳一般用无毒的聚乙烯塑料袋包装密封，也可装在衬有防潮纸的木箱中存放在干燥、通风、洁净的库房里。如果有专门的库房且比较干燥的话，也可以用塑料编织袋装木耳，长时间装建议不要用这种袋子，因为遇上连阴雨季节会使木耳回潮。

三、主要病害及防治

黑木耳在制作菌种、菌包和栽培过程中，由于环节比较多，营养丰富，条件适宜，给杂菌和虫害的发生创造了机会。常见的病害有毛霉菌、根霉、链孢霉、绿色木霉、曲霉等十几种污染菌，一经发现便很难防治；常见的虫害包括螨虫、菌蝇、跳虫、蚂蚁、线虫等虫害。防治方法主要有人工捕捉、灯光诱杀、配制各种诱饵、药剂杀灭。

黑木耳病虫害的防治宗旨是"预防为主，防治为辅"。地栽木耳菌袋制作、养菌和田间管理过程中为害严重的病害有以下4种。

1. 绿霉病

绿霉病在生产制袋、发菌管理、出耳管理过程中都有发生。

（1）发病原因　养菌期间发生主要是菌种带菌，灭菌不彻底，有死角；接种不严格，带杂菌操作；料袋破损，检查不严格。在木耳菌袋下田或进棚初期出现绿霉感染是由于高温、高湿、通风不良等环境造成的。

（2）主要症状　菌丝呈白色斑块，逐渐变绿，后期为深绿色，直至变软腐烂。

（3）发病条件　温度25~32℃，培养料偏酸，湿度过大，通风不良。

（4）防治措施　生产环境、栽培场所进行消毒处理；严格挑选优质菌种；灭菌彻底，不留死角；严格按无菌操作程序接种；发菌培养严防高温高湿和通风不良；在木耳菌袋下田或进棚初期，严格控制温湿度，防止高温高湿。

2. 链孢霉病

链孢霉病亦称红孢霉，俗称面包霉，初期白色，后期形成粉红色或红色的孢子堆，呈小面包状。

（1）发病原因　养菌期间发生主要是菌种带菌，灭菌不彻底，有死角；接种不严格，带杂菌操作；料袋破损，检查不严格。露地栽培初期主要是高温、高湿环境造成，一般是木耳菌包催芽过程中菌包受到阳光直射和高温伤害致使木耳菌丝死亡后极易发生链孢霉病害，多在菌包的开口处发生。

（2）主要症状　菌群初为白色粉粒状，后在菌群边缘形成绒毛状气生菌丝，产生大量成团的分生孢子。

（3）发病条件　链孢霉特别适合于在高温高湿的条件下生长，温度为25～36℃时生长速度最快。

（4）预防措施　养菌生产环境、栽培场所进行消毒处理；严格挑选优质菌种；灭菌彻底，不留死角；严格按无菌操作程序接种；发菌培养严防高温高湿和通风不良；在木耳生产初期及催耳阶段尽量降低环境的温度、湿度，加大遮阴密度，减少阳光直射强度，降低催芽床温度，从而避免烧袋现象发生，导致木耳菌丝死亡引发该病。对于已经发生链孢霉的菌袋，一般采取晒袋和药物防治相结合的方法处理。在发生链孢霉后，及时停止喷水晒袋5～10 d，同时对发病的链孢霉孢子堆用30%百福可湿性粉剂进行喷雾，在每天10—12时或者16—18时用小型手持喷壶对准链孢霉孢子堆喷雾，使孢子堆均匀受药，连续1～2次即可，间隔时间6～10 h。施药后2～3 d会发现链孢霉孢子堆萎缩死亡。

3. 青苔病

青苔病也叫"夕阳病"。

（1）发病原因　菌袋分离，浇水时从孔口进入水；水含苔藓植物。

（2）主要症状　菌袋中菌丝表面与袋内形成绿色的苔藓植物（藻类），影响产量甚至绝收。

（3）发病条件　高温季节，温度大于30℃，菌袋温度未降下来，喷水或突然遇到降雨，高温时遇到雨水，温差刺激产生。

（4）预防措施　催芽时注意补充水分，防止造成袋、料分离的现象。而袋、料分离以后在后期浇水培养的过程中就容易导致栽培袋进水。然后被袋内培养料吸收，培养料水分含量过大，袋内菌丝由于缺氧，活力减弱。青苔在高温、高湿、阳光照射的环境下生长、繁殖速度极快。木耳后期出菇管理的浇水原则就是少浇、勤浇，长期处于浇水状态下会出现长青苔的现象。科学用水，浇水时应选择洁净的井水、流动水，不浇死水，晒水池的困水时间不要过长，摒弃温水木耳生长快的理念。冷水浇袋有利于黑木耳高产，而温水浇袋高产的认识是错误的，夺取木耳高产的第一要素是菌袋保持健康无病害，才能够给后期的春耳秋管或者秋耳越冬后的春管打下高产的基础。比较好的办法是在木耳栽培场地边上，挖一口水泥管井，然后向井内下入潜水泵，直接使用优质地下水源，冷水直接浇袋。水中加漂白粉和一片清对青苔病有一定预防作用。

（5）防治措施　长青苔后若不及时治理，菌棒很快就会瘫软腐烂，所以要早发现、早治疗。一是在采摘木耳时发现有袋内积水现象，及时用刀片划口将积水放出。二是袋料分离严重的、袋内形成耳基就需要将菌袋剥掉。菌袋已绿 3/4 以上时可以直接将菌袋顶部撕开。三是剥袋、开顶以后的浇水原则更要少浇勤浇。耳片吸足水分就要停水。四是发现长青苔的菌袋单独管理成一床，加强晒袋。若大面积发生青苔，在采耳时，转动菌袋使长有青苔一面朝向阳光，经阳光照射后，青苔会大量退去。

4. 黏菌病

木耳烂流耳病是在出耳管理中常见的一种病害。

（1）症状　黏菌在培养料上的菌落为白色、黄色变形虫状或网状，一般与平菇等菌丝不易区分，造成培养料变质或不出耳。侵害子实体，在耳体表面出现界限不分明的斑驳，黏胶质团迅速从耳向耳体蔓延，随后使其腐烂倒伏。木耳流耳病为黏菌侵害。在生长中后期，染病耳出现红根，生长缓慢，逐渐停止生长，最后变为烂耳、变软、自溶（流耳）。

（2）传播途径　黏菌平时在树林阴湿的地面或树干上腐生，喜欢生长在有机质丰富的土壤培养料中。孢子借气流、雨水传播蔓延，在 12~26℃ 时，最宜孢子萌发，形成变形体。

（3）发病原因　高温高湿、通风不良；浇水过多；袋内缺氧，造成无法提供营养而烂耳。

（4）防治措施　合理调节水分、光照、温度、通风等生长条件因子；严禁高温（25℃以上）喷水，在温度低时或晚上喷水；菌袋、菌床发现黏菌时，用半量式波尔多液（即硫酸铜 1 kg，生石灰 0.5 kg，水 100 kg）在病灶处喷洒，每 7~10 d 1 次，共喷 3 次，黏菌即可消退，菌耳、菌丝生长恢复如常。

四、生产常见问题分析与解决办法

1. 确定商洛木耳适宜栽培期

黑木耳属中温型菌类，根据栽培经验，在秦巴山区，海拔 1 000 m 以上，一年生产一批，海拔 1 000 m 以下，1 年可生产 2 批。一般以当地平均气温稳定在10℃以上时为袋栽划口期，这样向前倒推40~45 d为制袋接种期。在海拔1 000 m以下的中温低热区，春季2月上中旬接种，3月中下旬划口地栽，5月上中旬采耳结束；秋栽7月中下旬制袋接种，9月上中旬划口地栽，10月下旬采收结束。在海拔1 000 m以上的高寒山区，以春栽为主，于3月下旬至4月上旬划口地栽，6月上旬前采收结束。

2. 选择袋栽黑木耳品种

选择原则是抗逆、抗杂能力强、肉厚、颜色深、品质优、产量高、生育期短的品种，目前生产主栽品种有黑威系列的黑威15、黑威半筋、黑威单片、黑威29（大筋）、青十（微筋）等，可选择应用。

3. 拌料时注意事项

先把辅料拌均匀，然后主辅料干拌3次，再加水搅拌，拌料要均匀，控制含水量60%~65%。拌完的料要闷1 h后再装袋。当天拌的料要用完，避免酸败。

4. 装袋时注意事项

选择优质的菌袋，装袋时力求培养料上下内外松紧一致，袋面光滑平整，袋型一般选用16 cm×37 cm的木耳专用袋，装袋高度22 cm±0.5 cm，窝口达到质量标准。

5. 灭菌时注意事项

每次灭菌不宜袋数过多，一般2 000~4 000袋为宜，袋数过多灭菌不彻底，容易产生灭菌死角；要用周转筐进行灭菌，禁止菌袋直接堆码，防止挤压变形。

6. 接种时注意事项

接种应达到无菌操作。一是接种区域确保经过彻底消毒，空间达到或接近无菌状态；二是接种人员的手、接种工具、菌袋表面都要消毒，应穿着经过消毒灭菌的专用工作服；三是严把菌种关，选择菌龄适宜的优质菌种，禁止使用感染菌种。

7. 发菌培养时注意事项

培养室必须要求避光、干净卫生，相对空气湿度50%以下。确保培养温度25℃左右，禁止温度超过28℃。培养后期加强培养室的通风管理，处理好温度、湿度、通风三者的关系。及时挑选出污染袋，避免杂菌孢子传播。

8. 菌袋污染率高的原因

品种选择不当，菌种退化或者带有杂菌；菌袋质量差或者原料未过筛，有砂眼；灭菌不彻底；环境卫生差，接种时消毒不彻底；培养室湿度过大；培养温度高致使烧菌；在出耳期管理不当，高温高湿也容易造成菌袋污染。

9 菌包烧菌的原因

培养温度过高，摆放层数过多，通风不及时。一般培养温度 22~25℃，摆放层数不超过 4 层，培养前期每天通风 1 次，后期每天通风 2 次，每次20~30 min。

10. 催芽时注意事项

划口处严禁进水，保持床面湿度；耳芽不宜培育过大，过大时耳芽间易粘连造成分床掉芽现象；为保证黑木耳质量，防止泥土溅到耳片上，可采用铺遮阳网或地膜的方法来解决。

11. 出耳不齐的原因

菌种退化和老化；菌袋菌龄过长，上部培养料失水严重；划口质量不均一；湿度过小。

12. 出现烂耳、流耳的原因

品种选择不当，菌种退化；栽培季节选择不当；感染杂菌；温度、湿度过大，持续时间长；采摘时期不当。

13. 晾晒时注意事项

采后要及时晾晒，晾晒时要耳片在上，耳基在下；晾晒要用网状物，上下通气。晾晒中途不可翻动，要一次性晒干。

14. 黑木耳分级

黑木耳分三个级别。一级耳耳面黑褐色、有光亮感、背面灰色，没有拳耳、流耳、流失耳、虫蛀耳、霉烂耳，朵片完整、不能通过 2 cm 的筛眼，耳片厚度 1 mm 以上，含水量不超过 14%。二级耳耳面黑褐色、背面暗灰色，没有拳耳、流耳、流失耳、虫蛀耳、霉烂耳，朵片基本完整，不能通过直径 1 cm 的筛眼，厚度 0.7 mm，含水量不超过 14%。三级耳多为黑褐色到浅棕色，拳耳不超过 1%、流耳不超过 0.5%，没有流失耳、虫蛀耳、霉烂耳，朵小或碎片，不能通过直径 0.4 cm 的筛眼，含水量不超过 14%。

15. 黑木耳催芽过程中憋芽、鼓包的原因及防治

（1）菌种选择不当　防止因菌种造成憋芽、鼓包的方法，一是小孔出耳选择的品种一定要选择耳基单生的品种。二是控制菌种质量。一定要严格把握菌种质量关，不要用携带杂菌、螨虫、病毒的菌种。

（2）菌袋过松，袋料严重分离 出现袋料分离的情况有两种原因，一是在制棒的时候装料不紧；二是装袋、搬运、装卸过程中没有做到轻拿轻放而导致的袋料分离，尤其是在开孔以后的袋料分离而产生憋芽的现象更为严重。所以无论是装车、卸车、装袋、倒袋、运输的各个环节都要求做到轻拿轻放。

（3）菌龄过短，开口过早 有些地区冬季生产的菌棒长满以后就放到室内直接冷冻保藏，甚至还有更甚者不养菌直接开孔，这些都是导致袋内憋芽的重要原因。因此掌握好合适的开口时间，安排好出耳催芽的季节也是重要的一个环节。由于各地的气候条件不一致，不能把一个地区的成熟经验直接照搬到另外一个地区来应用。要根据实际的客观条件来实现差异化对待。在时间安排上需要根据当地的物候条件来合理安排，开口时间只要掌握在当地最低气温稳定高于10℃的情况下就可以进行开口、催芽管理。

（4）开口形状不适宜，开口过小 开口形状以"1"字口出芽效果好，"Y"字口次之，圆形口最差。对于经验不足或催芽技术水平不高的生产者，根据实际情况来决定木耳菌袋开孔的形状和大小。开口时注意根据菌棒及时调整开口机的刀具，达到合理的孔深和孔径大小，以"1"字口为例，孔深0.5 cm，长0.3 cm为宜，这样有利于木耳原基分化和子实体形成。

（5）催芽期间温度过低，湿度过小 根据黑木耳的生物学特性，在黑木耳原基形成时保持适宜的温度、湿度、光照、氧气即可，出芽就很容易。

如果出现憋芽的情况，上述原因已经无法改变，唯一能做的就是通过合理调控好温度、湿度、光照条件来进行补救。方法是只要保持出耳空间温度15~25℃，湿度达到70%以上，采取间歇性持续加湿的措施，保持3~5 d就可以使袋内耳芽长出袋外，形成子实体。

第十七章 平菇栽培技术

平菇（*Pleurotus ostreatus*）在真菌分类上属于担子菌纲伞菌目侧耳科侧耳

属，是我国目前五大食用菌栽培种类（香菇、平菇、黑木耳、双孢菇、金针菇）之一，位居第二（图2.14）。

图 2.14　平菇

平菇肉厚质嫩，味道鲜美、营养丰富、蛋白质含量占干物质的10.5%，平菇含有多种维生素和较高的矿物质成分，其中，维生素 B_1、B_2 的含量比肉类高，维生素 B_{12} 的含量比奶酪高。平菇中不含淀粉，脂肪含量极少（只占干物质的1.6%），平菇中含有的侧耳菌素、侧耳多糖等能增强人体免疫力，被誉为"安全食品""健康食品"。平菇不含淀粉，脂肪少，是糖尿病和肥胖症患者的理想食品。平菇含有大量的谷氨酸、乌苷酸、胞苷酸等增鲜剂，这就是平菇风味鲜美的原因。多食平菇既可防治高血压、心血管病、糖尿病、癌症、中年肥胖症、妇女更年期综合征、植物神经紊乱等病征，又可以增强体质、延年益寿。

目前，平菇栽培有熟料袋栽、发酵料袋栽和畦栽、墙式块栽等模式，栽培技术由一年两季发展为周年栽培，平菇已成为城乡居民菜篮子中的花色蔬菜，进入寻常百姓家，消费市场很旺，前景广阔。

平菇栽培技术简单，培养料来源广（麦秸、玉米芯、玉米秆、棉籽壳、花生壳、葵花盘、甘蔗渣、锯木屑、粉渣、麸糠、酒糟、食用菌菌糠、农林废弃物等）都可栽培平菇，成本低、周期短、易栽培、经济效益高，适宜室内也适宜室外，空房屋、房前屋后、树林、山洞人防地道、冬闲地等都可栽培平菇，不与粮食争地，既可鲜销，也可深加工，效益可观。因此，平菇栽培是食用菌初学者栽培的一种首选菌类。

平菇选择不同温型的品种可实现周年栽培，改变了传统的栽培模式，特别是运用液体菌种后缩短了养菌时间，增加了栽培批次，提高了产量和品质，效益显著，深受菇农的欢迎。

栽培技术易操作，适应范围广。群众对技术易学易懂，不需昂贵的仪器设备，一学就会，一种就成。种植范围广，资源丰富，家庭院落，室内室外、林下、间套均可种植，规模可大可小，当月种植当月见效，是农民增收的短、平、快和优选项目。

平菇属菌类蔬菜，随着人们生活水平的提高和对平菇的营养保健价值的认识，平菇已成为餐桌中不可缺少的美味佳肴，经常食用具有预防各种疾病和保健的功能；除鲜销外，还可盐渍和制成干品，产品价格上扬。平菇产品内、外销两个市场都十分活跃，需求日益增加，市场前景十分看好。

一、生物学特性

1. 形态特征

平菇是由菌丝体和子实体两部分组成，菌丝体呈白色，是多细胞、分枝、分隔的丝状体，属木质腐生菌，子实体由菌盖和菌柄两部分组成，菌盖为贝壳状或扇状，常呈覆瓦状丛生在一起，菌盖直径一般 5~15 cm，幼时色深，成熟后色浅（光强色深、光暗色浅），菌肉白色肥厚，细嫩柔软，边缘内卷，菌柄生于菌盖的一侧或偏生，中实，上粗下细，肉质白色，基部常相连并有白色纤毛。

2. 生长发育所需的条件

影响平菇生长发育的环境因素有物理因素、化学因素和生物因素。其中，最主要的因素有营养、温度、湿度、空气、光照、酸碱度等。

（1）营养　平菇在整个生长发育过程中需要的主要营养物质是碳素，如木质素、纤维素、半纤维素以及淀粉、糖类等。这些物质主要存在于木材、稻草、麦秸、玉米秸秆、玉米芯、棉籽壳、油菜荚等各种农副产品中，在实际栽培中以上述物质作培养料即可满足平菇生长发育对碳素的要求。氮素也是平菇的重要营养源，在培养料中加入少量的麸皮、米糠、黄豆粉、花生饼粉或微量的尿素、硫酸铵等即可满足平菇对氮素的要求。在平菇对碳、氮源利用过程中，营养生长阶段对碳氮比要求 20：1 为好，而在生殖发育阶段碳氮比以（30~40）：1 为宜。平菇生长发育过程中还需要微量的矿物质元素，如磷（P）、镁（Mg）、硫（S）、钾（K）、铁（Fe）和维生素等，所以在配制培养基时加入 1%~1.5%$CaCO_3$ 以调节培养料的酸碱度，同时有增加钙离子的作用，有时也可加入少量的过磷酸钙、硫酸镁、磷酸二氢钾等无机盐。培养料中一般都含有维生素和其他钾、铁等微量元素，所以栽培时不必另外添加。

（2）温度 平菇属广温型菌类，菌丝耐寒能力强，在-30℃～-20℃也不致死亡，高于40℃则死亡。菌丝生长范围在5~35℃，菌丝培养最适温度是20~25℃。子实体形成温度范围在5~20℃，15~18℃子实体发生快，生长迅速、菇体肥厚、产量最高。10℃以下生长缓慢，超过25℃时子实体不易发生（高温型品种例外）。

（3）湿度 鲜菇中含水量通常在85%~92%，因此，水分是子实体的重要组成部分，而且所需营养物质也都需溶于水后供应菌丝吸收。平菇的生长发育所需水分绝大部分来自培养料，平菇栽培时培养料含水量要求达60%~65%，如果含水量太高则影响通气，菌丝难以生长，含水量太低则会影响子实体形成。菌丝生长阶段要求培养室的空气相对湿度控制在50%以下。平菇原基分化和子实体发育时，菌丝的代谢活动比营养生长时更旺盛，需要比菌丝生长阶段更高的湿度，此时空气相对湿度应控制在85%~90%，若低于70%，子实体的发育就要受到影响。

（4）空气 平菇是好气性菌类，菌丝生长阶段如透气不良，会导致生长缓慢或停止，出菇阶段在缺氧条件下出现不能形成子实体或形成畸形菇，所以出菇阶段要注意通风换气。

（5）光照 平菇对光照强度和光质要求因不同生长发育期而不同。菌丝生长阶段完全不需要光线。在强光照射下，菌丝生长速度减慢40%左右。子实体原基分化和生长发育阶段，需要一定的散射光。

（6）pH值 平菇喜欢偏酸性环境，pH值5.5~6.5最为适宜，但平菇具有对偏碱环境的忍耐力，在生料栽培时，pH值达8~9的培养料，平菇菌丝仍能生长，这一特性在实际栽培中有很大优势。

二、栽培技术

1. 场地与设施

平菇室内栽培，可利用空闲房屋，室外栽培可建塑料中、大拱棚，亦可将蔬菜的塑料大棚或日光温室做适当改造，半地下式塑料大棚、防空洞等适合平菇设施栽培，无论采用哪类设施，均应增设增温、保湿、遮阴设施。

2. 栽培季节与品种（菌株）选择

按照当地的自然气候特点，选用不同温型的品种，完全可以实行周年栽培，春季选用中温型品种（出菇温度14~24℃），如原生二号、高平900、春秋5号等；秋季栽培选用低温型品种（出菇温度2~20℃），如新科101、早秋6105、早秋509等；冬季栽培选用低中温型品种（出菇温度2~20℃），如黑优150、9400、高平900等；夏季选用高温型品种（出菇温度22~33℃），如伏夏200、高平300等。主要品种如下。

（1）原生二号　原生质体菌株，出菇温度2~31℃，灰至灰黑色，秋冬季栽培，大朵丛生，叶片整齐肥厚，菇形紧凑，菇盖乌黑发亮，菌褶细密白色，连续出菇6~7潮，菇农评为最满意品种，为秋冬季栽培的主栽品种之一。

（2）春秋5号　出菇温度3~33℃，生物转化率200%~250%，叶片厚实，韧性好，产量高。

（3）早秋6105　出菇温度2~32℃，生物转化率200%~250%，丛生，叶片整齐肥厚，菇形紧凑，总产高。

（4）黑优150　出菇温度2~31℃，生物转化率200%~220%，大棵叠生，叶片厚实，光泽好，菌褶细白直立。

（5）高平300　出菇温度8~35℃，生物转化率150%~200%，抗高温，抗杂，白色，大朵形美，菇片大。

3. 原料选择与处理

平菇栽培主要原料为棉籽壳、玉米芯、豆秸、麦秸、锯末、菌糠等，辅料为麸皮、米糠及其他微量添加物，如石膏、石灰等。所有原料要求新鲜干燥，无霉变，无虫蛀，不含有农药或其他有害化学药品。栽培前应放在阳光下暴晒2~3 d，以杀死料中的杂菌和害虫，玉米芯、豆秸、麦秸等原料，应先粉碎或切短。

4. 培养料配方与配制

（1）培养料配方　配方1，棉籽壳99%，生石灰1%；配方2，棉籽壳50%，玉米芯49%，石灰1%；配方3，玉米芯48%，豆秸48%，过磷酸钙1%，石膏1%，石灰2%；配方4，麦秸82%，麸皮15%，石膏1%，石灰2%；配方5，棉籽皮或玉米芯90%，麸皮7%，尿素0.5%，过磷酸钙1%，生石灰2%。

以上配方根据当地原料来源，进行选择。

（2）原料的配制方法 按照配方先将辅料干拌均匀后，再将其与主料混合干拌均匀，溶于水的原料先用少量水溶化后逐步随水加入混合料中，搅拌均匀即可，培养料含水量要求达 60% 左右。

5. 栽培方式

平菇栽培方式分为熟料栽培、发酵料栽培、发酵料+灭菌法栽培等栽培方式，重点介绍发酵料+灭菌法栽培技术。

（1）发酵料+灭菌法 在高温季节和一年四季均可使用此方法。发酵方法，将选择的配方按比例配制，先在地面铺一层麦草，将拌好的培养料堆成宽 1 m、高 1 m 的垛，长度根据料量和地形而定，每隔 30 cm 左右用木棍扎通气孔到料底，以利通气，然后料堆覆盖农膜，当料中心温度升至 55~60℃ 时，维持 12~24 h，进行翻堆，内倒外，外倒内，继续堆积发酵，使料中心温度再次升到 55~60℃，维持 24 h，再翻堆 1 次。经过 2 次翻堆，培养料开始变色，散发出发酵香味，无霉味和臭味，即发酵处理结束，再用石灰水调整 pH 值为 8，装袋灭菌。

（2）熟料栽培法 将料按比例配好，拌匀，不经过发酵，直接装袋灭菌。

6. 装袋、灭菌与接种

选用高密度聚乙烯塑料筒袋，宽 20~22 cm，长 40~45 cm，厚度为 0.02~0.04 cm，装干料 1~1.25 kg，用装袋机装袋，松紧合适。

灭菌采用常压灭菌，当温度上升到 100℃ 时，维持 12~15 h，再闷一夜，料温降至 60℃ 时出料袋，冷却到 30℃ 以下即可接种。

接种一般采用开放式接种，必须按无菌操作规程接种，采用两头接种。用直径 2.5 cm 木锥从上到下扎一个通气孔，在两头接入菌种，两头分别用项圈套入，并用消毒过的报纸封口，用种量一般为培养料的 10%~15%。

7. 养菌管理

菌种接好后，菌袋放入经过消毒的菇棚（室）养菌，堆成"#"字形（图 2.15），堆的层数，要根据气温高低而定，温度高时堆放 3~5 层，温度低时堆 5~7 层。发菌管理的要点如下。

（1）保持温度，注意温度变化 发菌温度以 22~25℃ 为宜，高于 30℃，应及时散堆，防止"烧菌"；低于 20℃ 应设法增温保温。

（2）通风换气 每天通风 2~3 次，每次 30 min，气温高时早晚通风，气温低时中午通风。

（3）保持干燥 菇棚（室）空气相对湿度为 50%~60%。

（4）光线要暗 弱光有利菌丝生长，避光养菌，不能强光直射。

（5）翻堆 每隔 7~10 d 翻堆一次，使上下、里外菌袋变换位置，使温度均匀一致，若发现有污染菌袋及时处理。

图 2.15 平菇养菌

8. 出菇管理

在适宜的条件下，一般中高温型品种 25 d 左右，中低温型品种 30~35d，菌丝即可长满菌袋，当菌袋出现子实体原基时，即可转入出菇管理。菇棚（室）消毒后，按菌袋菌丝成熟早晚分别整齐堆放于棚（室）内，堆高 6~8 层。一般 150 m² 菇棚可放 6 000~8 000 袋。当有小菇蕾出现时，去掉菌袋两头的封口纸。出菇管理要点如下。

（1）拉大温差，刺激出菇 早晚气温低时加大通风，使温度降至 15℃左右，气温高于 20℃以上时，应加强通风和喷水降温；低温季节，白天注意增温保温，夜间通风降温，拉大温差，刺激出菇。

（2）加强水分管理 菇棚（室）场地要经常喷水，使空气湿度保持在 85%~90%。出现菇蕾后，向地面、空间喷水，不能在菇蕾上直接喷水，当菇蕾分化成菌盖和菌柄时，可少喷、细喷、勤喷雾状水，补充需水量，以利菌丝生长发育。在采收一、二潮菇后，袋内水分低于 60% 时可给予补水。

（3）加强通风换气 低温季节，每天 1 次，每次 30 min，一般在中午喷水后进行；气温高时每天 1~2 次，每次 20~30 min。切忌高湿不透气，通风换气时要缓慢进行，避免大风直接吹到菇体上，使菇体失水，边缘卷曲外翻。

（4）增加光照 散射光可诱导出菇，黑暗时不出菇，光照不足出现畸形菇，但不能有直射光，以免晒死菇体。

9. 采收与采后管理

在适宜的条件下，从子实体原基长成菇体大约需要一周，当菌盖充分展开，菌盖边缘出现波状时及时采收，采收时大小一次采完，勿摘大留小。

采后清理死菇、菇根及杂物等，养菌使菌丝恢复，经 7~10 d 就有菇蕾出现，按照第一茬出菇管理技术要点管理。采完二潮后，应及时补水。如管理得当，营养充足，可采收 5~6 潮菇。

三、生理性病害发生及防治

生理性病害又称非侵染性病害。其发生主要是由于外界不良环境条件造成，如低温、高温、湿度过大或过低、二氧化碳浓度过高等原因，导致平菇生长发育出现生理障碍，一旦不良因素排除，平菇又能恢复正常生长。生产中常见有下列几种。

1. 分叉菇

（1）特征 菌柄细长，菌柄上长出小柄，像树杈状，菌盖不能正常形成。

（2）病因 菇棚光照太弱，菌盖发育受阻。

（3）防治 菇棚白天适当揭膜或遮阳网，增加散射光照时间。

2. 卷边菇

（1）特征 幼菇生长缓慢，菌盖薄而软，有裂纹，边缘卷起，萎缩干枯。

（2）病因 培养料失水或棚内空气湿度偏低，不能满足菇体生长发育所需水分。

（3）防治 采完每茬菇后，如培养料水分不足，应及时补水，使菇棚空气相对湿度保持在 85%~90%。

3. 高脚菇

（1）特征 菇柄细长，菇盖小而薄，又称长柄菇。

（2）病因 菇棚覆盖过严、光照不足，促使菇柄迅速生长，菇盖分化慢，或出菇温度偏高，使菇盖发育受阻。

（3）防治 子实体形成阶段，增加棚内散射光照，气温高时，地面喷水，降低菇棚的温度，加强通风。

4. 粗柄菇

（1）特征 菌盖小，菌柄粗且长。

（2）病因　冬季为保持菇棚温度，不注意定期通风，菇棚氧气严重不足，致使 CO_2 浓度过高。

（3）防治　出菇期间若遇上低温天气，可在中午气温较高时，对菇棚进行通风换气，降低 CO_2 浓度。

5. 烂菇

（1）特征　幼菇水肿软化，最后腐烂。

（2）病因　喷水过多，喷水后不及时通风，造成菇体积水腐烂。

（3）防治　适时适量喷水，喷水后及时通风，让菇体表面及时散发。

四、杂菌污染及病虫害防治

预防为主，综合防治，优先采用农业防治、物理防治、生物防治，科学合理地使用生物制剂，使平菇生产达到农业生产安全、农产品质量安全、农业生态安全和农业贸易安全的目的。

1. 污染杂菌

平菇栽培最大的危胁是杂菌污染，杂菌主要来源于使用的材料、菌种、工具和环境中的尘埃，工作人员在生产过程中没有严格遵守操作规程也会造成杂菌污染，为防止杂菌污染，要求做好以下几项工作：选择新鲜培养料，露天暴晒 2~3 d 杀菌消毒；灭菌要彻底，菌袋无破损、微孔；要认真检查菌种，确保纯正健壮；接种要严格遵守无菌操作，接种工具、搬运工具保持清洁干净；要求培养棚避光，通风良好，保持干净，控温合适，在培养过程中经常检查，发现污染立即挑除；出菇过程中注意通风，防止高温高湿导致杂菌感染；保持场地和工作人员的清洁卫生，垃圾和污染材料不能随地丢弃，应集中到远距离妥善深埋或烧掉。

2. 绿霉

绿霉包括绿色木霉和康氏木霉等，在生产上由于表现出的污染现象相似，所以统称绿霉菌。该病害范围广，且为害栽培的各环节，为害严重时，甚至造成绝收。

（1）基本特征　在菌种块、培养料或菌袋表面或受潮的棉塞上出现绿色霉斑，绿色霉斑迅速扩大，很快覆盖培养料表面或菌袋，外观呈浅绿色、黄绿色或绿色。

（2）发生条件 孢子主要靠空气传播。在高温、高湿和培养料偏酸的条件下极易发生。

（3）防治措施 在栽培过程中，培养料灭菌必须彻底，培养条件要干燥卫生，栽培场地要彻底消毒，喷洒5%石灰水可抑制木霉生长；必须严格无菌操作，发现木霉应及时挑除；防止高温、高湿条件下养菌；药物防治：培养料局部污染，可用5%石灰水清液涂洒杀灭，如菌袋发生为害，可用800倍绿霉净喷雾杀灭。

3. 链孢霉

链孢霉也是一种常见病害，在自然界分布较广，生长迅速，为害严重。俗称红霉病、红面霉、红色面包霉、红蛾子。

（1）基本特征 链孢霉为害多种食用菌，是夏季常见且为害最严重的病害之一。初期绒毛状，白色或灰色，链孢霉菌的菌丝生长速度极快，菌丝粗壮，在菌丝顶端形成橙红色孢子，大量分生孢子堆集成团时，外观与猴头子实体相似。有的初期形成肉质状橙红色球状体，随后变成孢子粉，极易散落。孢子萌发快，传播快。感染链孢霉后，与食用菌菌丝争夺养分，阻止食用菌菌丝生长。

（2）发生条件 在高温、高湿条件下，繁殖特别快，其分生孢子随空气流动传播造成污染。在制袋和代料栽培中，灭菌不彻底或无菌操作不严格，都会引起病害。

（3）防治措施 严格选用菌种，确保菌种纯正；栽培原料一定要干燥、新鲜、无霉烂变质；培养料灭菌要彻底，接种时严格无菌操作；培养室和生产场地要干燥、通风、干净卫生，远离禽舍畜栏；严格控制养菌温度20～23℃，空气相对湿度40%～70%；发现病袋立即挑出处理，及时烧毁或深埋污染的菌袋和菌瓶，防止扩散；发病初期喷洒索霉特、链孢一绝或柴油有一定预防效果。

4. 曲霉

曲霉为害食用菌的主要是黄曲霉、灰绿曲霉和黑曲霉。主要侵染培养基表面，和菌丝争夺养分和水分，并分泌有害毒素，影响菌丝的发育，同时，也为害子实体，造成烂菇。

（1）基本特征 培养料表面或棉塞上产生黑色或黄绿色团粒状霉，组成粉粒状的菌落。

（2）发生条件　适宜在25℃以上，湿度偏高、空气不流通的环境条件下发生，分生孢子借助空气传播。

（3）防治措施　培养料要灭菌彻底；接种时严格无菌操作；及时清除废弃杂物，减少病原菌基数；栽培场地要求清洁卫生，通风良好，空气相对湿度不宜太大，一旦培养料发生污染，应加强通风，降低湿度；严重污染，可用pH值10左右的石灰水喷洒杀灭。

5. 青霉

青霉在空气中普遍存在，菌丝前期白色，与多种食用菌菌丝相似，不易辨认；后期转为绿色、灰绿色，与菌丝争夺养分，分泌毒素，破坏菇类菌丝生长，并影响子实体形成。

（1）基本特征　为害方式是培养料上形成的菌落交织起来，形成一层膜状物，覆盖料面，隔绝料面空气，同时分泌出毒素，对菌丝有致死作用。

（2）发生条件　温度在20~25℃时，在弱酸性培养料上生长迅速，分生孢子借助空气传播。

（3）防治措施　做好接种室、培养室（棚）及栽培场所的定期消毒，保持清洁卫生，加强通风换气，有一定预防效果；用1%~2%石灰水把培养料pH值调至中性，有一定预防作用。

6. 螨类

螨类俗称菌虱，是平菇生产栽培的主要害虫。

（1）形态特征　螨类个体小，不仔细观察，肉眼很难发现，粉螨个体稍大，一般不群集，数量多时呈白粉状；蒲螨个体很小，喜欢群集。

（2）生活习性　螨类喜温暖潮湿的环境，湿度过大时容易引起螨类为害，螨类主要通过培养料、菌种或蚊蝇类害虫的传播进入菇棚。

（3）发生与为害　螨类主要来源于存放粮食、饮料的仓库和鸡舍，通过培养料、菌种和蝇类带入菇房或栽培场所。螨类繁殖快，发生严重时，可以吃光菌丝，也为害子实体，造成烂菇或畸形。

（4）防治措施　培养室（棚）和栽培场地远离库房、鸡舍，周围环境清洁卫生；引种时避免菌种带菌螨；培养料通过高温发酵后使用，发菌期间和出菇期间出现螨虫，可用除螨类药剂喷洒。

栽培场所出入口安装纱网、防虫网，防止害虫进入，棚内悬挂黄板诱杀菇蝇、菇蚊等害虫，每 667 m² 悬挂 40 张。

7. 菇蝇

（1）形态特征　成虫似蝇，淡褐色或黑色，幼虫似蝇蛆，为白色或米黄色。

（2）生活习性　菇蝇咬食菌丝，使菇蕾枯死，还钻到菇体内啃食菇肉，形成无数个小孔，菇体不能继续发育，丧失商品价值。成虫传播轮枝孢霉，使褐斑病流行。菇蝇的卵和幼虫通过培养料进入菇棚，成虫则飞进菇棚为害。

（3）发生与为害　菇蝇的卵和幼虫通过培养料进入栽培场地，成虫则飞进菇棚为害。咬食菌丝，使菇蕾枯死，还钻到子实体内啃食菇肉，菇体不能正常发育，丧失商品价值。

（4）防治措施　搞好出菇棚内外环境卫生，安装纱门、纱窗，防止成虫飞入；及时清除废料，以减少虫源；做好培养料的高温发酵处理，以彻底杀死其中的虫卵和幼虫；加强通风，调节棚内温度、湿度来恶化害虫生存条件；利用蝇类的趋光性和趋味性，在菇棚安装日光灯、糖醋液或挂诱虫板诱集成虫并杀死；发菌期或出菇期有菇蝇为害时，用棚虫烟毙、烟熏剂点燃熏蒸 12 h（100 m³ 用 1 枚）；用菇虫净杀虫剂 1 000~2 000 倍液喷雾。

8. 菇蚊

（1）形态特征　成虫为黑褐色，具有细长触角，爬行很快。幼虫白色发亮。

（2）生活习性　菇蚊以幼虫取食培养料、菌丝体和子实体，造成菌丝萎缩，影响发育，使菇蕾、幼菇枯萎死亡。幼虫在 10℃ 以上开始取食活动，蛀食子实体的菌柄和菌盖，形成许多蛀孔。虫口密度大时，一个菌柄有 200~300 条幼虫，严重发生时，能将菇棚内的全部菌丝吃光，将子实体蛀成海绵状，失去商品价值。成虫不直接为害子实体。

（3）发生与为害　幼虫钻入料内吃食菌丝或将子实体蛀食成海绵状。

（4）防治措施　搞好菇棚内环境卫生，室内栽培可在门窗上安装纱网、防虫网，防止菇蚊成虫飞入繁殖；室外栽培可用杀虫灯、诱虫板诱集成虫并杀死；栽培场地用菇虫净喷雾或烟熏杀虫剂喷洒，对幼虫致死率为 100%。

9. 蛞蝓

蛞蝓又称水蜒蚰、鼻涕虫，是一种软体动物。

（1）生态特征　身体裸露、柔软，无外壳，暗灰色、黄褐色或深橙色，有两对触角。

（2）生活习性　喜欢在阴暗潮湿的草丛、枯枝落叶、石块及砖瓦下，多在夜间、阴天或雨后成群爬出取食。卵产在培养料内，为害菌丝体和子实体。

（3）防治措施　清除栽培场周围的杂草、枯枝落叶及砖瓦碎石，清除场内垃圾，使蛞蝓无藏身之地；利用蛞蝓昼伏夜出的习性，可在黄昏、阴雨天人工捕捉；用炒香的麸皮或豆饼，拌敌百虫（1∶1）制成毒饵，在傍晚撒于栽培场及四周；撒新鲜石灰和食盐，每隔3~4 d撒一次，有一定效果。

五、盐渍技术

平菇以鲜销为主，规模大时也可以加工成盐渍产品，盐渍加工的盐水平菇作为一种商品，具有一定的市场份额。盐渍加工技术要求如下。

1. 工具及辅助原料

加工前准备好大锅、水缸或水池、笊篱、温度计、竹帘、盐、柠檬酸等。

2. 原料菇预处理

选用适时采收，色、形正常的平菇作为加工盐水菇的原料。剔除病虫为害的菇体，并按市场需要进行分级，分级也可在漂烫后进行。

3. 工艺流程及技术要点

（1）漂烫　漂烫亦称为预煮或杀青。100 kg 5%～10%的淡盐水，一次煮菇30 kg，每锅水最多连用3次，要求沸水下菇，用笊篱慢慢抄动，煮沸6~8 min，至菇体熟透为止。检查菇体是否熟透，可采用下述方法：已经煮熟的菇体投入凉水时，菇体下沉，若漂浮，表示尚未煮熟。已经煮熟的平菇呈半透明状，剖视时，菇体内外均呈黄色。若菌肉中心仍发白，表示尚未完全煮熟，仍需再煮。

（2）冷却　将煮熟的平菇转入冷水缸或池中，尽快冷至菇心。为此，可准备3~4口冷水缸，连续冷却，以保持平菇脆嫩的风味。

（3）准备盐液 盐液的浓度单位是波美度，在15℃条件下，盐液波美度（咸度）等于其百分浓度，即1波美度＝1%，饱和盐液的浓度≥26.5%。100 kg清水，加入6~12 kg食盐，煮沸，搅拌至完全溶化后过滤，所得盐液浓度为5%~10%，可作为漂烫用的淡盐液。100 kg清水，加入37~40 kg食盐，煮沸、搅拌至完全溶化后沉淀过滤，得饱和盐液，完全冷却后，即可用于盐渍。

（4）盐渍 用饱和盐液浸没已经漂烫、冷却的平菇，并按盐液和平菇总重的0.4%添加柠檬酸，使盐液pH值达3.5以下，调酸后压盖菇体，使其没入盐液中。经15 d左右，当移开压盖物时，菇体不再漂浮，表示已盐渍好，此时盐液浓度约为22%。

（5）装桶 将平菇捞出，稍沥干盐液，倒入专用蘑菇桶中，加入新配制的饱和盐液至淹没菇体，加柠檬酸调整盐液pH值至3.5以下，然后按70 kg成品菇加食盐5 kg的比例，加盐封顶。成品菇重量以沥水断线不断滴为准。按以上操作，每100 kg鲜菇用盐75 kg左右，得成品盐水平菇70 kg左右。

一级盐水平菇，菇盖2~4 cm，菌柄2 cm，色泽自然，开桶时破损率小于5%，无霉烂，无杂质。

六、栽培中常见问题及对策

1. 培养料变质

培养料装袋灭菌接入菌种后，有的料内会散发出一股酸臭味影响菌丝生长。原因是培养料不够新鲜干净，带有大量杂菌，特别是经过夏季雨季的陈料，在消毒灭菌不彻底的情况下，由于料内的各类杂菌大量繁殖滋生，使培养料酸败，产生一股难闻的酸臭味；拌料的水分过多，料内氧气供应不足，使厌气性细菌和酵母菌乘机繁殖，导致培养料腐烂变质；菌丝培养阶段，由于料袋重叠、料温增高，使杂菌生长速度加快；若用麦粒做栽培种时，可能由于麦粒菌种与料袋紧密接触，袋壁凝水浸泡麦粒，使菌种腐烂；料内氮素营养过高，碳氮比失调，且与加入的石灰起化学反应，产生氨臭。

解决办法：栽培前选好原料，采用新鲜干净、无霉变、无结块的培养料，拌料前在日光下暴晒两天，拌料时准确掌握水分。用生石灰粉或水调

pH 值为 8~8.5，有条件的用熟料栽培好。

2. 只在料袋一端长菌丝

在一个料袋两端接入同一菌种，往往只有一端菌丝生长良好，另一端菌丝则萎缩死亡。一是灭菌设施不合理，有冷凝水流入一部分袋口内，使此端培养料吸水过多，从而抑制了菌丝生长。二是一端袋口扎得过紧，造成氧气不足也会使菌丝生长受阻。

解决办法：灭菌灶灶顶建成拱形，使冷凝水沿灶壁能回流入锅；料袋摆放与灶壁间应有一定距离，以免进水；接种后用透气的无棉盖或报纸封袋口；若是麦粒菌种宜在袋中部打孔，把菌种接入内部，把口封好。

3. 菌丝满袋后迟迟不出菇

有的菌袋菌丝生长十分旺盛，但菌丝长满后迟迟不出菇，有的经过 2~3 个月仍不现蕾，其原因如下。

（1）菌种选择不当　中低温型平菇品种，如在春末夏初接种，当菌丝长满后正值夏季高温季节，就难以出菇。遇到这种情况，应将袋两头扎紧，减少水分流失，待秋季气温降低后再打开袋出菇，可减少损失；也可将塑料袋脱去，将菌块紧密横排在潮湿阴凉的地方，上覆 2 cm 左右厚的一层碎土，盖上草帘经常洒水保湿，待气温适宜时去掉草帘也可大量出菇。

（2）培养料的碳氮比不适宜　平菇在菌丝体阶段，培养料中较适宜的碳氮比为 20∶1，在子实体发育阶段以 30∶1 或 40∶1 为好。如果培养料中碳氮比失调，碳素不足，氮素过多，就会出现营养生长过旺，形成菌丝徒长现象，严重时甚至浓密成团，结成菌皮，使生殖生长受到抑制，推迟出菇，影响产量。麦麸、米糠、薯类、豆饼、酵母、玉米等都含有较丰富的氮素，添加时应适量。处理方法是：将浓密的菌块挖去，喷 0.5% 的葡萄糖等含碳物质，调节碳氮比，同时加强通气、光照及加大温差刺激，可使其尽快现蕾出菇；扩接母种时，气生菌丝挑得过多，使原种、栽培种产生结块现象，严重影响子实体形成；菌丝长满后，在温度较高、空气湿度较低的情况下，过早地打开袋口，使表面形成一层干燥的菌膜，致使菇蕾不能分化。遇此情况，可用铁丝在菌袋两头戳洞，再用小铁耙挖去表面干菌膜，然后将菌袋浸入 25℃ 以下水中 8~12 h，待吸足水分后，再重新摆放架上给予通风、光照和温差刺激，增加空气湿度也会很快出菇。

4. 有的菌袋中间出现大量菇蕾

主要原因有：装料不紧密，料与袋之间有空隙，灭菌时压力过大，胀破料袋或使料袋鼓起；在装料或搬动中料袋被刺破；菌丝生长阶段环境不良，如温差过大、光照较强、空气湿度较高等均会促使料袋中部产生子实体原基。

解决办法：装料时要边装边压实，尤其是外周使培养料与栽培袋紧密接触不留空隙；装料搬运，要小心避免料袋破损；灭菌后要缓慢放气；创造适宜菌丝生长的环境条件，要遮光保温和控制湿度，或者使发菌场与出菇场分开。

5. 出现烧菌现象

烧菌是菌丝生长环境温度过高，超过了菌丝生长的温度范围而造成的菌丝死亡现象。当培养料内温度超过30℃时，菌丝生命力减退，超过40℃就会发生烧菌死亡现象。因此，在栽培时一定要控制料温不能超过30℃。夏季栽培时应在凉爽的室内进行，菌袋以单层排放为好，若温度仍较高，可洒些冷水，开窗通风。需要注意的是栽培袋中间的温度往往比室温高3~5℃。

6. 接种后有些菌丝不吃料不发菌

平菇接种后有时菌丝不吃料，或开始几天，菌丝生长很好，过几天就萎缩死亡。一般造成这种现象的原因是：培养料保存时间过久，已发霉变质，滋生大量杂菌，播种后菌种受杂菌感染；菌种转接次数过多，培养条件不良，或保存时间过久，造成菌种退化、菌龄太老，生命力降低；接种箱内使用消毒药物过多，杀死了菌丝；培养料中含水量不适，过干或过湿，装料过紧通气不良；培养温度过低，接种量小；接种后气温过高，菌种受损伤；培养料 pH 值过高。

预防或消除的办法：不用贮存过久发霉变质的培养料，选用生命力旺盛的菌种，培养料含水量适宜，装袋紧实程度合理，pH 值应控制在 8.5 以下，并控制适宜的温度。

7. 菌丝未满袋即出菇

有的栽培袋菌丝未长满即出菇，主要原因是：培养环境差和栽培方法不当。如培养料过干或过湿，装料时压得太紧、料内营养成分差，光线太强，温差较大，酸碱度不适宜等。也可能是由于菌龄老化，生命力减退所致。

预防和克服的办法是创造适宜菌丝生长的有利条件，注意把好各个环节的关口。

8. 菇蕾变黄、坏死

子实体小，菌盖突然变黄发软，子实体基部变粗，且水肿发亮，继而枯萎腐烂成为死菇，常是由于气温过高所致。当由菌丝体阶段转入子实体阶段时，如遇 22~33℃的气温，会导致菌柄上端养分停止输送，因而使菌盖趋于死亡。遇此情况，一要立即摘除死菇，二要及时采取降温措施。袋式栽培要在清晨傍晚、夜间气温较低时通风降温，同时在棚室加强喷水降温。

9. 大量死菇

死菇原因：温度过高。无论何种温型的平菇，只要出菇温度超过上限 3℃以上就会出现大量死亡；湿度过低。出菇后空气相对湿度若低于 80%，小菇就会因菇体水分大量蒸发而萎缩死亡；通气不良。菇房或阳畦中通气不良，二氧化碳浓度迅速提高，超过 0.5%时就会形成大如拳头或柄粗盖小的大脚菇；二氧化碳浓度更高时，幼菇窒息死亡；喷水过多。子实体喷水过多，菇体易致水肿，而后变黄溃烂，也易引起病菌感染而死亡；营养不足也使一些幼小菇蕾死亡。防治办法：因地域、品种适时接种，避开高温季节出菇；出菇现蕾后，控制空气相对湿度在 90%左右；随着子实体长大，应加强通风换气，特别是高温时期，更要注意通风，确保空气新鲜；掌握喷水量，控制空气湿度，注意喷水方法，主要是经常往地面及四周洒水，尽量避免直接往菇体上喷水；控制光照，避免阳光直射菇体。

第十八章　双孢菇栽培技术

双孢菇为担子菌纲伞菌目伞菌科蘑菇属，又名圆蘑菇、白蘑菇、洋蘑菇、口蘑、双孢蘑菇等。双孢菇属于草腐菌，中低温型菇类。目前，我国栽培的双孢菇主要是白色变种，主要适用于卖鲜品或加工成罐头等。

双孢菇人工栽培始于法国路易十四时代，距今约有 300 年，我国 1935 年开始试种，多在安徽等南方一些省份。双孢菇是当今食用菌商品化生产中历史较悠久，栽培区域最广，总产量最高的品种（图2.16）。

双孢菇营养丰富，味道鲜美，据资料介绍，100 g双孢菇鲜品中含蛋白质2.9 g、脂肪0.2 g、碳水化合物2.4 g、粗纤维0.6 g、灰分0.6 g，还含有18种氨基酸、甘露糖、海藻糖，因此，双孢菇菌肉肥嫩，味道鲜美，被人们视为高档蔬菜和营养保健食品而风靡世界，是一种出口创汇菌类产品。

图2.16 双孢菇

双孢菇所含的蘑菇多糖和异蛋白具有一定的抗癌活性，能提高人体的免疫力，具有抗癌的功效；含有的酪氨酸酶能溶解一定的胆固醇，含有核酸类物质，有降低胆固醇和血压作用；所含的胰蛋白酶、麦芽糖酶等有助于食物的消化；同时还有防治感冒及肺部疾病的作用。中医认为，双孢菇味甘性平，有健脾益胃降血压之功效。经常食用双孢菇，可以防止坏血病，预防肿瘤，促进伤口愈合和解除铅、砷、汞中毒等功效，兼有补脾、润肺、理气、化痰之功效，能防止恶性贫血，改善神经功能，降低血脂。因此，双孢菇是一种理想的"健康食品"和"保健食品"。

一、生物学特性

1. 形态特征

（1）菌丝体 双孢菇的菌丝无色透明，在营养生长期间以丝状菌丝延长。菌丝在生长中扭结成菌丝体，即形成菌丝体。菌丝体通常生长在培养基和覆土之中，条件具备后，在菌丝表面的各处，形成菌丝体团状。子实体一般在线状菌丝的交接点上形成。

（2）子实体 子实体多单生，由肉质的菌盖和菌柄组成，菌盖直径3~15 cm，幼时呈球状，圆正，白色，无鳞片，菌盖厚，不易开伞，成熟后呈伞状。菌柄与菌盖边缘联结着一层膜，在开伞时菌膜易破裂脱落，菌膜留在菌柄上的残留部分形成菌坏。菌褶初期为粉白色，后呈咖啡色，每片菌褶两侧有许多肉眼看不见的棒状担子，每个担子顶端有两个担孢子，子实体成熟后，自动弹射后下落。

2. 生长发育所需营养条件

（1）营养　双孢菇为草腐生真菌类，不能进行光合作用，依靠菌丝从腐熟的秸秆（堆肥）中吸收营养物质而生长发育，堆肥作为营养源为双孢菇生长提供营养物质。

（2）碳源　碳源作为能源细胞构成物质，适宜的碳源有葡萄糖、果糖、木糖、蔗糖、淀粉、木质素、纤维素、半纤维素等，其提供的碳素营养主要存在秸秆中，稻草、麦秸、畜禽粪肥都是栽培双孢菇的主要原料。

（3）氮源　富含蛋白质、蛋白胨、氨基酸等有机物质，如猪、牛、鸡等畜禽类粪肥和菜籽饼、豆饼及含氮化肥（尿素、硫酸铵）等，都是双孢菇生长所需的氮源。

（4）无机盐类　通常在纯料培养中双孢菇菌丝生长所需的无机盐元素，有磷、钾、镁、硫等。

（5）微生物体　秸秆、粪、辅助材料等通过微生物的活动变成堆肥，在堆肥的秸秆表面生成含有无定型微生物细胞的碎片，为双孢菇菌丝提供丰富的营养。

（6）堆肥　双孢菇栽培用的培养基称为堆肥。堆肥是双孢菇的营养源，是双孢菇正常生长的基本条件，也是双孢菇栽培成败的关键和根本要素。

3. 生长发育所需要的环境条件

（1）温度　双孢菇属中温偏低型的食用菌，具有变温结实性，菌丝体生长的温度范围是 $3 \sim 34℃$，最适宜温度为 $23 \sim 25℃$；子实体生长温度范围是 $6 \sim 22℃$，最适宜温度为 $14 \sim 18℃$，低于 $12℃$，子实体生长缓慢，高于 $18℃$ 以上，子实体生长加快，但菌柄细长，皮薄易开伞，质量低劣。

（2）水分　双孢菇菌丝体生长阶段，培养料含水量 60% 左右，空气相对湿度 50% 左右，子实体形成生长阶段培养料含水量 $60\% \sim 65\%$，覆土层含水量保持在 $18\% \sim 20\%$，空气相对湿度为 $85\% \sim 90\%$。

（3）空气　双孢菇为好氧性真菌，需要充足的氧气，对空气中的二氧化碳含量十分敏感，适宜菌丝生长的二氧化碳浓度 $0.1\% \sim 0.5\%$，一般在菌丝生长期间，菇房内要维持二氧化碳浓度在 $0.03\% \sim 0.2\%$ 为宜。空气中二氧化碳浓度降至 $0.03\% \sim 0.1\%$ 时，可诱发子实体产生。

（4）pH 值　双孢菇菌丝生长的 pH 值范围是 3.5~9，最适为 7~7.5。

（5）游离氨　游离氨对双孢菇菌丝的生长和产量有直接影响，要使菌丝不受影响必须使游离氨减少到 0.074% 以下，即培养料发酵后用鼻子闻不到氨味为宜。

（6）覆土　双孢菇具有不覆土不出菇的特性。要求选用土壤富含腐殖质的菜园土、草炭土、透气性好的沙壤土等。覆土时加入一定量的杀虫剂、石灰搅拌均匀并暴晒处理。

二、栽培技术

1. 栽培季节选择

在确定栽培季节时，应根据双孢菇菌丝生长和子实体形成所要求的温度范围、当地气候的变化及双孢菇生长高峰期与市场或加工部门的销售或生产能力是否相适等情况而定，一般安排一年 1 次，生产在秋季为好，秋季气温由高到低变化，与双孢菇对温度的适应相一致。商洛播期在 7—8 月，即使在同一地区，不同年份不同品种，不同栽培形式，播期也不相同，应慎重掌握。

2. 堆制时间

一般播期前堆 20~30 d，气温低，建堆略高，堆制时间相应要求较长，气温高，建堆较低，堆制时间较短。

3. 原料种类

双孢菇栽培原料大部分是农牧业所废弃的下脚料。常用的粪肥有牛、猪、鸡、鸭、人粪尿等；秸秆类有麦草、稻草、玉米秆、玉米芯、高粱秆、豆秆等，添加的辅料为豆粕、米糠、麸皮等。原料种类随着农村产业的发展也在不断变化，使用的原料在各地不断更新，如利用沼渣种植香菇、木耳、杏鲍菇、白灵菇的菌糠为主料栽培双孢菇。

4. 培养料配方

双孢菇培养料配方因原料种类和成分不同，各地采用配方都有差异，但大体可分为两类，即粪草类和合成培养料。配方搭配以提供双孢菇生长营养和促进发酵为原则进行加减，常用的几种配方如下。

（1）配方 1　干麦草 300 kg，$(NH_4)_2SO_4$ 2.5 kg，干牛粪 300 kg，尿素

0.75 kg，棉籽饼（菜籽饼、豆饼、花生饼等）40 kg，石膏粉 6 kg，生石灰适量（3~6 kg）调节 pH 值。

（2）配方 2　栽培 111 m² 双孢菇需稻（麦）草 2 000 kg，干牛粪或鸡粪 800 kg，豆饼 100 kg，尿素 30 kg，过磷酸钙 50 kg，石灰 50 kg，$CaCO_3$ 25 kg，石膏 50 kg。

（3）配方 3　麦草或稻草 100 kg，牛粪或鸡粪 1 000 kg，过磷酸钙 20~25 kg，生石灰 20 kg，尿素 10 kg，草木灰 20 kg。

（4）配方 4　麦草 1 000 kg，豆秆 1 000 kg，酒渣 75 kg，石膏 50 kg，NH_4NO_3 30 kg，KCl 25 kg。

（5）配方 5　每 100 m² 菇床需用新鲜干麦秸 1 250~1 500 kg，干牛粪 400~600 kg，过磷酸钙 50 kg，尿素 15 kg，石膏粉和生石灰粉各 25 kg。

（6）配方 6　废菌糠（杏鲍菇、白灵菇等）750 kg，干牛粪 250 kg，麸皮 100 kg，石灰 20 kg，石膏 10 kg，过磷酸钙 10 kg。

双孢菇培养料必须具有良好的理化性质和丰富的营养，优质的培养料应达到含水量适宜（60%左右），松紧适中，透气性能好，草质的应柔软并富有弹性和韧性，色泽呈深咖啡色到褐色。

5. 菇棚建造

建造菇棚拱棚设计要求：交通便利、背风向阳、水源充足，用水符合国家生活饮用水标准，棚内通风方便，保温性能好。远离有污染的工矿厂区及养殖区。要有足够大的发酵场地（水泥场地最好）。基地良好，土质肥沃，资源丰富，排灌良好（图 2.17）。

双孢菇棚室对场地要求不高，房前屋后、村边地头均可建棚，棚的大小可视场地条件而定，一般棚坐北面南为宜。

图 2.17　标准化双孢菇栽培架

（1）半地下出菇棚　地下深挖 80~100 cm，墙高 100 cm，棚内用木棍或竹片搭起 3~4 层菇床架（每层床架上下间距 50 cm）。菇床共设 3 排，两侧床宽为 100 cm，中间床宽 200 cm，两边各留一个 50 cm 宽的走道。用竹片搭起棚架后盖上塑料薄膜，膜上加盖麦秸或玉米秸等以免阳光直射。棚室两头一端留通风口，一端留门，两走道上方每隔 3 ~ 3.5 m 设一排气孔，能够随时开关，这样既利于保温、保湿，又可灵活通风换气。

（2）钢架中拱棚　棚体宽 8 ~ 9 m，长 15 m 左右，肩高 4.5 m，棚内用水泥柱搭制，竹竿搭 6 层菇床架，床架宽 1 m，层间距 50 cm，采用两侧卷帘机，棚顶通风，同时搭建距离棚顶 50 cm 的双层遮阳网，棚与棚之间留排水沟。

6. 堆制发酵

（1）一次发酵　即培养料的前发酵，堆制时间一般掌握在 8 月上旬为宜。①预堆。先将麦秸用清水充分浸湿后捞出，堆成一个宽 2 ~ 2.5 m，高 1.3 ~ 1.5 m，长度不限的大堆，预堆 2 ~ 3 d，同时将牛粪加入适量的水调湿后碾碎堆起备用。②建堆。先在料场上铺一层厚 1.5 ~ 20 cm，宽 1.8 ~ 2 m，长度不限的麦秸，然后撒上 1 层 3 ~ 4 cm 厚的牛粪，再按上述的准备量按比例撒入磷肥和尿素，依次逐层堆高到 1.3 ~ 1.5 m。但从第 2 层开始要适量加水，而且每层麦秸铺上后均要踏实，同时要用粗木棍或竹竿横向、纵向预埋在堆中，堆好后拔出，增加透气性，以便发酵彻底。③翻堆。翻堆一般应进行 4 次。在建堆后 6 ~ 7 d，即温度达到 60 ~ 65℃进行第一次翻堆，此后隔 5 ~ 6 d、4 ~ 5 d、3 ~ 4 d 各翻堆 1 次。每次翻堆应注意上下、里外对调位置，堆起后要加盖草帘或塑料膜，防止料堆直接受日晒、雨淋。

堆制全过程大约需 25 d。发酵应达到如下标准：培养料的水分控制在 65% ~ 70%，手紧握麦秸有水滴浸出而不下落，外观呈深咖啡色，无粪臭和氨气味，麦秸平扁柔软易折断，草粪混合均匀，松散、细碎、无结块。

采用食用菌废料生产，发酵方法和麦草等相同。

（2）二次发酵　即培养料的后发酵。一般在室内床面上进行也叫室内发酵，其作用是清除氨味，使大部分游离氨，最后转化为菌体蛋白质。后发酵是在控温条件下，利用好气嗜热微生物，在 50 ~ 55℃温度下活动，进一步分解，利用简单的糖类和速效氨，转变为菌体蛋白质，最后为菇利用，同时消除了培养料中游离氨和易引起杂菌发生的糖类。在后发酵过程中采用巴氏灭菌原理，进一步将不利于双孢菇生长的杂菌、害虫杀死。同时，培养了大量对双孢菇生长有益的微生物（放线菌、高温菌、链霉菌），最终使后发酵的培养料成为只适合双孢菇生长的有选择性的培养基质。后发酵的温度控制在55℃，时间7~10 d。

生产上通常把一次发酵好的堆肥趁热迅速进料，把培养料铺放在床架上，让培养料本身先升温（自然热）5~6 d后，当料温不再继续上升时关闭所有通风孔及门，开始向室内通蒸汽加温，使温度升到62℃，维持6~8 d，将料内潜伏的杂菌、害虫杀死。随后进行通风降温，使料温维持50~55℃，7~10 d，当有益微生物大量繁殖，开始慢慢降低料内温度，直至降到45℃时，迅速降温，后发酵结束。在发酵过程中，菇房的通风很重要，每隔3~4 d通风一次，这时杂菌被杀死，高温有益菌休眠。而双孢菇菌丝含有分解死亡或休眠的细菌的酶，使之被作为营养吸收。

二次发酵培养料最终要达到的质量要求：暗褐色的培养料因出现放线菌的菌落而呈霜状，其表面变成灰色；秸秆的抗拉力减弱，有弹性，色泽黄亮；用手握紧堆肥不会粘手，感觉不到黏性；含水量65%~68%；气味变为甜香味或湿玉米味、烤焦面包气味；游离氨气味消失；含氮量2%~2.4%，碳氮比（16~17）：1，pH值6.8~7.4，氨在0.04%以下。

7. 播种及播种后管理

（1）品种简介及选择　要根据市场需求和加工企业的要求，选用优质、高产，适应性广，抗逆性强，商品性好的大叶型或小叶型品种，如2796、2000、2799、196等品种。菌种选择无病虫、无杂菌、绒毛菌丝多，线状菌丝少，菌丝粗壮，不吐黄水，生命力旺盛的菌种。

2796：子实体单生、个大，菌盖直径3~6 cm、圆正、白色、无鳞片、菌盖厚、不易开伞；菌柄中粗较直短，菌肉白色、紧实；菌柄上有半膜状菌环；孢子银褐色；菌丝银白色，生长速度较快，不易结菌被，菌丝最适生长温度20~25℃，子实体最适生长温度10~23℃；平均每平方米产15 kg左右。

W2000：子实体单生、个大，菌盖半球形，直径3~5.5 cm、圆正、白色、无鳞片、菌盖厚、不易开伞；菌柄近圆柱形、直径1.3~1.6 cm；菌肉白色、紧实；播种后菌丝萌发快、吃料较快，抗逆性强，爬土速度较快，扭结能力强，子实体生长速度快，转潮快；菌丝最适生长温度24~28℃，子实体最适生长温度16~22℃；平均每平方米产15 kg左右。

W192：子实体单生，菌盖半球形直径 3~5 cm、圆正、白色、菌盖厚、不易开伞；菌柄中粗较直短，菌肉白色、紧实；孢子银褐色；菌丝白色，萌发早，生长速度较快，爬土能力强，菌丝最适生长温度 24~28℃，子实体最适生长温度 10~20℃；平均每平方米产 16 kg 左右。

（2）播种　播种分为点播和混播。①点播。将料按要求铺 15~20 cm，床面呈龟背状，整平料面，点播密度为 10 cm×10 cm，用手的拇指、食指和中指捏一撮菌种塞于料下，整平料面，盖住菌种，每平方米用种 3~4 瓶（袋）。②混播。层架栽培和拱棚地面栽培，将料按要求铺至 15~20 cm，床面呈龟背状，整平料面，将所用菌种掰碎均匀撒于料面，然后用铁叉抖松培养料让菌种漏于料下，拍实即可。

（3）播后管理　播种需要注意保湿，调节好温度和通风，以促进菌种萌发定植生长，同时防止杂菌污染，特别是头 3 d，适当关闭门窗，保持空气湿度在 80% 左右，棚内温度不能超过 30℃，超过 30℃ 应在夜间通风降温，3 d 后，根据菌丝生长情况，每天夜间通风 30 min。10 d 后，菌丝已开始深入料内部，及时用铁叉松料一次，拉断菌丝，促进更多菌丝生长，另外，增加通气量，促进菌丝向下部料层发展。

8. 覆土管理

（1）覆土准备　选择富含腐殖质的菜园土、草炭土、透气性好的沙壤土，其吸水性好，具有团粒结构、孔隙多、湿而黏、干而不散的土壤，每 100 m³ 菇床约需 2.5 m³ 的土，土内拌入占总量 1.5%~2% 的石灰粉，均匀喷洒多菌灵等杀虫剂，搅拌均匀堆积发酵处理。湿度以手抓不黏、成团、落地就散即可。

（2）覆土时间　当菌丝基本生长到菌床底部时进行覆土，促进生理转化，诱导原基形成。

（3）覆土方法　腐殖质土粗、细一次性覆土；菜园土多分为粗、细分次覆土法，粗土粒直径 25 mm，细土直径 10 mm，先覆粗土，待菌丝开始延伸至土层后，一般 7 d 左右，再覆细土，覆土厚度为 40 mm 左右，即粗土 30 mm、细土 10 mm。覆土厚通气性差，覆土过薄保水能力差。

（4）覆土后管理　覆土后要进行水分调节。粗土含水量在 20%，覆土后 2~3 d 多喷雾状水（安装微喷或用喷雾器）。原则是轻喷、勤喷、均匀，调至要求即可，水分不能进入料内。覆细土后要停水 1 天，第 2 天就开始喷水，第 1 次用水量约 0.5 kg/m²，第 2 次约 0.6 kg/m²，第 3 次约 1 kg/m²。4~5 d 菌丝就可长到细土内，此时要加大通风量，抑制菌丝生长，促进原基形成。这时可适当补一些细土，将表面菌丝和原基覆盖，开始重喷结菇水，每天 2~3 次，每次 1 kg/m²，在 2~3 d 内调足水分，一般夜间喷较好。

喷重结菇水后仍应大通风 2~3 d，以后逐渐减少通风，促进子实体形成与生长。在喷重结菇水之后，菌丝很快吸收营养，原基不断形成。当匍匐型菌丝在喷重结菇水的第 2 天或第 3 天就有大批的菇蕾出现，这时就可以喷重出菇水，出菇重水的用量每平方米 2.5~2.8 kg，当结菇重水喷得足，粗土湿度大，出菇重水用量就要适当减少，反之可适当增加，出菇重水一般 2~3 d 调足为宜。出菇重水一般在菇蕾普遍长至黄豆粒大小时喷，过早出现死菇，过迟子实体得不到营养，生长缓慢，产量受到影响。同时保持菇房或菇棚内温度在 15~18℃，空气相对湿度在 85%~90% 为宜。

一般从覆土到出菇需要 18~21 d，有时会更长一些。从黄豆粒大小到可以采收，在 15~18℃ 时，需要 5~7 d。由于双孢菇子实体是成批出现，每批采收后，要及时清理床面和补土，再进行喷水管理及适当的通风换气，一般在 7 d 后就可见第 2 批菇出现。

9. 出菇管理

出菇管理的关键是处理好水分、空气、温度和湿度的关系。

（1）水分、温度、湿度管理　水分管理是一项极为细致的工作，除看菇、看土喷水外，还须与当地的气候、菇房（棚）的保湿性能、菌株特性、菌丝生长情况、床架布局及土层厚度综合考虑，灵活掌握。一般出菇以后喷水原则是：菇长得多多喷，长得少少喷，前期多喷，后期少喷。当每批菇采收到 80% 时，需喷 1 次下茬菇的结菇水，空气相对湿度保持在 85%~90%，温度控制在 15~18℃。

（2）通风换气　通风换气应在保持菇房（棚）温度的前提下采取白天或夜间通风，使菇生长有充足的氧气，排出二氧化碳和氨等有害气体。

（3）挑根补土　每次采菇之后，应及时清除死菇、菇根。同时补土覆盖裸露的培养料。

（4）越冬和春菇管理　双孢菇栽培大多以秋天为主，但进入冬季菇由于气温低，出 2~3 茬后，当温度低于 5℃ 不再现蕾。3℃ 以下停止生长。因此冬季以保持和恢复菌丝活力为主，为来年的春菇打基础。技术措施以土层含水量保持在 15%，进行通风管理，并保持温度在 3~4℃。冬末松土除老根，当温度升到 5℃ 以上对土层进行一次全面松土，除去老根使菌丝得到恢复。进入春季大气温度回升后，补充水分，用好发菌水，用水量 3 kg/m²，并在调水前补上一层半湿半干的细土，将裸露的菌丝保护好。另外在春菇管理中同样要协调好温、湿、气三者关系，并注意防低湿和高温，以保证春菇生产。

10. 采收

双孢菇要适时采收，才能保证品质和产量（图 2.18）。如果采收过早，会影响产量，采收过迟，双孢菇菌褶发黑或开伞形成薄皮菇，则品质下降。采收迟，菇床上消耗的养分多，对以后产菇也有一定影响，因此一般在菌膜未破，菌伞未开，菌盖长至 3~4 cm 时，就应该按收购规格采摘。

图 2.18　双孢菇初加工

双孢菇产品分外销和内销两种，内销以鲜菇销售为主，上市鲜菇对规格要求不严，只要不开伞即可。外销主要以制罐头以及盐渍菇出口为主，对产品的规格有严格要求，因此采收时必须按收购规格来适时采摘。

双孢菇一般都是单生的，可以熟一采一，采大留小。采摘时，动作要轻快，中指、食指、拇指轻捏菇，稍加旋转，拔起即可。轻采轻放，防止指甲划伤，削根要平整，一刀切下，尽量做到菇柄长短一致，避免斜根、裂根、短根及长根。

采收后及时清理床面、补土、喷水及追肥，促进下一潮菇的生长，整个生长周期一般 70~120 d 就可完成。

三、病虫害防治

1. 褐腐病

褐腐病又称白腐病、湿泡病、水泡病、疣孢霉病、褐豆病等，是菇棚

（房）发生最普遍、为害较重的真菌病害。

（1）症状 褐腐病只侵染子实体，不感染菌丝体。子实体受到轻度感染时，菌柄肿大成泡状，重时子实体变畸形，分化受阻。双孢菇的发育阶段不同，病症也不同。子实体分化期被感染，会形成硬皮马勃状的不规则组织块，上覆盖一层白色绒毛状菌丝，逐渐变为暗褐色，常从病变组织中渗出具腐败臭味的暗黑色液滴。菌盖和菌柄分化后染病，菌柄变为褐色，子实体发育后期菌柄基部感染，会产生淡褐色病斑，无明显的病原菌生长物。残留在菌棒或菇床上的带病菌柄逐渐长出一团白色的菌丝，最后变为暗褐色。

（2）传播途径 双孢菇从开始感染到发病约10 d，疣孢霉孢子一般不进入土层，只有当孢子落在发育中的双孢菇附近才会发生感染。第一潮菇发病，覆土常是主要的初侵染源，厚垣孢子可在土壤中休眠数年，以后发病常由工具、采菇人员、残留带病的菇体等传播。

（3）发病因素 当菇棚（房）内空气不流通，温度高、湿度大时极易暴发，温度在10℃以下很少发生，疣孢霉的孢子50℃经48 h、52℃经12 h、65℃经1 h即死亡。

（4）预防措施 菇棚（房）和菇床应按要求严格消毒，并保持清洁卫生，覆土应经过消毒处理；栽培期间，开始发病时应立即停止喷水，加大菇棚（房）通风，以降低空气相对湿度，将温度降至15℃以下，每立方米采用噻菌灵或咪鲜胺0.4~0.6g喷淋；发病严重时，将病菇及10 cm深处的培养料一起挖除，更换新土，将病菇烧毁。

2. 褐斑病

褐斑病又称干泡病、轮枝霉病。为害双孢菇子实体。

（1）症状 双孢菇染病后，先在菌盖上产生许多针头大小的、不规则的褐色斑点，逐渐扩大，病斑中部发生凹陷，凹部成灰白色，充满轮枝霉的分生孢子，菌柄上有时出现纵向褐色条斑，菌盖、菌柄和菌褶上常有一层白色霉状斑块。子实体染病后，菌盖分化不明显，菌柄过度粗大或弯曲，最后病菇干枯。与褐腐病不同的是：菇体不腐烂，不分泌褐色液汁，无特殊臭味。

（2）传播途径 轮枝菌的初传染源于覆土材料，而分生孢子是再次传染源，病原菌的孢子主要通过喷水传播。孢子常黏成一堆，通过菇蚊、菇蝇、螨类、手、工具等传播。孢子散开时，也可随气流或土进入菇棚（房）。

（3）发病因素　轮枝菌孢子萌发温度为 15～30℃，发病最适温度为 20℃。菇棚（房）通风不良，潮湿以及出菇前覆土过湿等都是此病发生的有利条件。

（4）防治措施　防止带病菌的覆土和菌种进入菇棚（房），注意环境清洁卫生；菇棚（房）应经常按要求通风换气，防止湿度过大；将染病子实体小心清除或用盆钵覆盖住染病子实体，防止病菌孢子的扩散；及时做好菇蝇、螨虫等的防治。

3. 枯萎病

枯萎病又名猝倒病。

（1）症状　此病主要侵害蘑菇菌柄。染病后，菌柄的髓部萎缩成褐色，感染早期在外形上与健康蘑菇难以区别，只是菌盖色泽逐渐变暗，菇体不再长大，最后变成"僵菇"。枯萎病只能侵染幼菇的子实体，菌盖直径超过 2 cm 以上则不易发生。染病的幼菇初期软绵，渐呈失水状，以后变成软革质状，菇体变褐而枯萎，初期仅是表层变褐，以后从外到内全变褐，有的菌柄基部色更深，呈干腐状，湿润时菌柄基部可见绒白色菌丝，偶尔可见浅红色的分生孢子。

（2）传播途径　主要由带菌的土壤和培养料传染。菇棚（房）附近的病原菌也可随风进入栽培间。

（3）发病因素　通风不良，高温、高湿易发生此病，大量浇水有利于流行。

（4）防治措施　覆土应消毒，培养料的堆制和处理应严格按要求进行；发病后可用 11 份硫酸铵与 1 份硫酸铜混合，每 56 g 加 18 kg 水溶解后喷洒；注意菇棚（房）的通风换气，防止菇棚（房）内高温高湿，应用少量多次的雾状喷水法。

4. 软腐病

软腐病又叫树枝状轮孢霉病。

（1）症状　发病料床面覆土周围出现白色病原菌菌丝，蔓延接触子实体后产生棉毛状白色菌丝，可覆盖数个子实体，逐渐变成褐色，呈湿润状软腐。蘑菇整个发育阶段都会受到侵染。

（2）传播途径　可随覆土进入菇棚（房）。孢子能借气流传播，也能由溅起的水滴或菇体渗出的汁液传播，常是小面积发生。

（3）发病因素　分生孢子 20℃时萌发率最高，25~30℃时对萌发不利。菇床上的覆土过于潮湿以及中温高湿的环境易发病。

（4）防治措施　长菇阶段的菌床要采用干湿交替的水分管理方法，并保持良好的通风换气环境。转潮期间除做好床面清理外，还应定期用 1%~2% 石灰清液喷洒，防止菌床酸化过重。减少床面喷水，加快通风换气，降低覆土含水量和空气相对湿度。局部发生时，对患病部位撒石灰粉，防止扩散蔓延。

5. 褐霉病

褐霉病又叫菌盖斑点病。

（1）症状　染病初期，子实体菌褶上出现少量的白色菌丝，以后蔓延成团，覆盖于整个菌褶上，使菌褶相互粘连，菇体渐变软，最后腐烂。

（2）传播途径　土壤带菌是初侵染源，病孢子随水、空气、昆虫及人为操作传播。

（3）发病因素　菇棚（房）湿度过高有利于病害的发生。

（4）防治措施　加强菇棚（房）通风，降低空气相对湿度；将病菇拔除烧毁。

6. 菇脚粗糙病

（1）症状　染病双孢菇的菌柄表层粗糙、裂开，菌柄和菌盖明显变色，后期变成褐色，菌柄和菌褶上，可看到粗糙、灰色的菌丝生长物，病菇发育不良而成畸形。生长后期染病时，菌柄稍有变色，菌盖褶面有褶斑，有时有黄色晕圈。

（2）传播途径　病菌产生的孢囊孢子很容易由风和水传播，也能由覆土带入菇棚（房）。

（3）防治措施　对覆土进行消毒，严防病原菌带入菇棚（房）；管理勿忽干忽湿、忽热忽冷；及时处理病菇，严防污染覆土。

7. 鬼伞

有墨汁鬼伞、毛头鬼伞、粪鬼伞等，鬼伞常发生在双孢菇菌床上，一般在进行发酵料和生料栽培时发生，是由于在堆制发酵过程中，堆温过低，料堆过湿，氨气较多而易发生鬼伞。鬼伞与双孢菇争夺养分，影响产量，有的抑制双孢菇菌丝的生长。

（1）症状　菌盖初呈弹头形或卵形，玉白、灰白，表面上多有鳞片毛。菌柄细长，中空。后期菌盖展开，菌褶逐渐变色，由白变黑，最后与菌盖自溶成墨汁状。发生初期，其菌丝白色，易与双孢菇菌丝混淆，但鬼伞的菌丝生长速度快，且颜色较白，并很快形成子实体。

（2）传播途径　空气中的担孢子沉降到发酵培养料，土壤或粪肥带菌。

（3）防治措施　选用新鲜、干燥、无霉变的草料及畜粪，在堆制培养料时，合理掌握含水量，如果在早春发酵，应在料堆上加盖草帘、农膜来提高堆温，降低氨气浓度；控制合理的碳氮比，防止氮素过多，适当增加石灰用量，调节 pH 值；如发生应及时摘除，防止孢子扩散，降低温度。

8. 细菌斑点病

细菌斑点病又称褐斑病、斑病。

（1）症状　病斑只局限于菌盖表面，开始菌盖出现 1～2 处小的黄色或黄褐色的变色区，然后变成暗褐色凹陷的斑点，并分泌黏液。当斑点干后，菌盖开裂，形成不对称的子实体，菌褶很少感染，菌肉变色部分不超过3 mm。

（2）传播途径　该细菌在自然界中分布很广，主要通过覆土、气流、病菇、菇蝇、工具、工作人员等传播，高温、高湿、通风不良条件下感染后，几小时就能使菇产生斑病。

（3）防治措施　防止菇盖表面过湿和积水；减少温度波动，防止高温高湿，空气相对湿度控制在 85% 以下；用 600 倍漂白粉溶液喷洒，或用二氯异氰尿酸钠 500 倍液喷洒，隔日喷洒一次，可防止病害发生。

9. 细菌性软腐病

（1）症状　初期在菌盖边缘出现水渍状，后期水渍状遍及整个菌盖乃至菌柄，子实体渐变褐，有时菌盖边缘向内翻卷，整个子实体软腐，有黏性，湿度大时菌盖上可见乳白色菌脓。

（2）传播途径和防治措施　与细菌性斑点病相同。

10. 菌褶滴水病

（1）症状　在蘑菇开伞前没有明显的病症。菌膜破裂，就可发现菌褶已被感染，被感染的菌褶上可以看见奶油色小液滴，最后大多数菌褶烂掉而成褐色黏液团。

（2）传播途径　病菌多由昆虫或操作人员带入，奶油色的细胞渗出物干后，也可由空气传播。

（3）防治措施　与细菌性斑点病相同。

11. 病毒病

（1）症状　双孢菇病毒的症状复杂，变化无常，常见的有：菇柄细长，菇盖小，歪斜，有的菇体水浸状，挤压菇柄有液体渗出；有的产生褐色小菇；有的菇体矮化，盖厚、柄粗短；病菇早开伞等；菌丝退化，菌丝较短而膨胀，浅黄色，患病菌丝覆土后生长衰弱，或从覆土中消失；秃斑，料面上出现不出菇的秃斑，蘑菇菌丝并不死亡，也无异样，但菌丝不长入覆土层内，不出菇；菌褶硬脆或成革质，湿软腐，数日内完全腐败，菌盖及菌柄往往有水湿状黏液；病菇的孢子平均比正常孢子小一半以上，细胞壁薄，萌发速度比健康孢子快。无典型症状，但产量逐渐下降。

（2）传播途径　双孢菇病毒主要是通过孢子、病菌、害虫和人工接触携带传播的，也可在活的菌丝体中生存，借菌丝的联结而传播。

（3）防治措施　老菇棚（房）的床架材料要彻底消毒，杀死材料中的蘑菇残存菌丝，以杜绝病毒传染；采菇要及时，以防止开伞后带病毒的孢子散落在菇床上；培养室通过后发酵进行巴氏消毒；保持用具、采菇人员手清洁，并进行消毒；各种材料可用0.1%高锰酸钾、10%磷酸三钠消毒或甲醛熏蒸消毒；选用抗病毒力强的品种。

12. 菌丝徒长

（1）症状　覆土以后，双孢菇的绒毛状菌丝持续不断向覆土表面生长，产生"冒菌丝"而不结菇，菌丝徒长严重时，浓密成团，结成菌痂（菌被）。

（2）防治措施　双孢菇覆土调水后，加强菇棚（房）通风换气或经常掀动塑料薄膜，增强透气，降低表面温度和菇棚（房）温度。配料时应注意合适的碳氮比，以抑制菌丝生长，促进子实体形成。已结成菌被后，用刀划破，重喷水，加大通风，仍可形成子实体。

13. 子实体畸形

（1）症状　子实体形状不规则。如盖小柄大、歪斜等。子实体不分化，形成一个不分化的组织块。

（2）防治措施 针对以上原因，采取相应措施。

14. 硬开伞

（1）症状 双孢菇未成熟的幼嫩子实体提早开伞。

（2）防治措施 注意减小菇棚（房）的温差，喷水增加菇棚（房）内的空气相对湿度。

15. 死菇

（1）症状 出菇期间，在无病虫害情况下，幼菇变黄、萎缩、停止生长直至死亡。

（2）防治措施 针对上述原因，采取相应措施。

16. 水锈斑

（1）症状 菇棚（房）通风差，空气相对湿度过高（95%以上），菇面水分蒸发慢，菌盖表面有积水或覆土带有铁锈等，会使双孢菇菌盖表面产生铁锈色斑点，水锈斑只限于表皮，不深入菇肉内。

（2）防治措施 可加强菇棚（房）通风，及时蒸发掉菇体表面的水滴和不使用含铁锈的覆土等，可防止蘑菇水锈斑的发生。

17. 眼菌蚊

眼菌蚊又名菇蚊、尖眼菌蚊。眼菌蚊的成虫体长 2~3 mm，褐色或灰褐色；翅膜质，后翅化为平衡棒，复眼发达，形成"眼桥"；触角丝状，共 16 节；产后卵 3~4 d 即可孵化。幼虫细长，白色，头黑亮，无足，老熟的幼虫长 5 mm。蛹黄褐色。

眼菌蚊的小龄幼虫在培养料内取食，大龄幼虫咬食子实体，特别是对小菇蕾为害严重。成虫不直接为害，但它们常将螨类、线虫和病原菌带入菇床。

防治方法 经常保持菇棚（房）内外清洁卫生。垃圾、废弃的培养料，虫菇、烂菇、老菌块等要清除干净。易发生虫害的季节，菇棚（房）内外要定期喷洒杀虫药物，并在门、窗加纱窗，防止成虫进入。栽培前，每立方米菇棚（房）用 6~15 g 磷化铝片剂熏蒸，闷 72 h，然后充分通风。也可用 2.5% 的溴氰菊脂或 4.3% 氯氟·甲维盐甲维 2 000~3 000 倍液，喷洒菇床、墙壁、门窗和地面等处。培养料应按要求严格处理。一次发酵保持 62℃

2 h，或后发酵维持 5~7 d，都能杀灭害虫。在发菌和出菇期间如有眼菌蚊成虫爬行，应立即用药防治或驱赶成虫，可用蚊香熏蒸和用菇虫净 1 000 倍液喷雾在成虫羽化期内 3~4 d 用药 1 次。

18. 瘿蚊

瘿蚊又称菇蚋，成虫体微小，长 0.9~1.3 mm，淡褐、淡黄或橘红色，复眼大，触角 8 节，呈念珠状，鞭节上有环生的毛。翅宽大有毛，翅脉简单，后翅化为平衡棒，足细长。幼虫长 3 mm，无足，尖头，常为橘黄、淡黄色或白色，体为 13 节，老熟幼虫在化蛹前中胸腹面有一凸起剑骨，端部大而分叉。幼虫主要为害双孢菇的子实体和菌丝体，还能以腐烂植物、粪便、垃圾等为食。

防治方法同眼菌蚊。

19. 线虫

为害严重的有尖线虫，又称丝线虫，滑刃线虫又称堆肥线虫。

线虫是一种无色的小蠕虫，体形极小，长 1 mm 左右。一类有枪尖口针，能穿过真菌细胞壁吸吮细胞内含物；另一类无口针，摄食细菌和腐烂有机碎片，通过排泄毒素或其他复杂过程，为害双孢菇。线虫在菇体内繁殖很快，幼虫经 2~3 d 可发育成熟。

受线虫为害的培养料表层或全部变湿、变黑、发黏，菌丝萎缩或消失，幼菇死亡。死菇呈淡黄色至咖啡色，表面黏，有腥臭味。

线虫普遍存在于堆肥、覆土中。菇棚（房）潮湿、闷热、不通风，易发生线虫。

防治方法　将培养料进行后发酵，可杀死休眠阶段的线虫。老菇棚（房）进料前要熏蒸，每平方米用甲醛 10 ml 加 5 g 高锰酸钾，熏蒸 48 h 然后再通风，磷化铝熏蒸每立方米用药片 6~15 g，焖 72 h 然后充分通风换气，兼治菇蚊。局部培养料发生线虫后，应将周围的培养料一齐挖掉。

20. 蛞蝓

又名水蜒蚰、无壳延螺、鼻涕虫。常见有的野蛞蝓、双线嗜菌蛞蝓、黄蛞蝓、双线嗜粘蛞蝓等。蛞蝓为软体动物，无外壳、身体裸露，畏光怕热，白天潜伏在阴暗潮湿处，夜晚活动，咬食菇原基和子实体，3—5 月为为害期。

防治方法 可在夜间 21—22 时进行人工捕捉或在其游动场所喷 5% 的食盐水防治，也可用螺灭粉剂 250 倍液、3% 的甲酚皂和芳香灭害灵喷杀。

第十九章 草菇栽培技术

草菇，又名兰花菇、美味草菇、苞脚菇、麻菇、中国蘑菇等。在分类学上属担子菌纲伞菌目光柄菇科草菇属。草菇人工栽培起源于我国，《广东通志》中记述，200 年前广东南华寺和尚已栽培和食用草菇，20 世纪 30 年代华侨逐渐将草菇栽培技术传到马来西亚、缅甸、菲律宾等国，欧美目前也栽培草菇（图 2.19）。

草菇原产热带和亚热带地区，人工栽培起源于我国，目前除了我国外，日本和东南亚各国都有栽培。草菇肉质肥嫩，味道鲜美，营养丰富，每 100 g 鲜草菇中维生素 C 含量高达 206.28 mg，比蔬菜和水果高出好几倍，又称维生素 C 之王，草菇还能增强体质，治疗创伤，提高人体免疫力及防癌、抗癌。培养料来源广，如麦秸、稻草在农村随处可见，栽培方法

图 2.19 草菇

简单，生长快，周期短，收益高，是菇类淡季夏季生产的一种营养胜过绝大多数蔬菜和水果的美味佳肴，深受人们欢迎。

草菇是食用菌中收获最快的一种，从播种到采收只需 2 周左右（10~12 d），一个栽培周期只要 20~30 d，1 年可种 4~6 批。室内室外都可以栽培，发展草菇可以利用农副产品农作物秸秆，例如稻草、棉籽壳、麦草、玉米秸、甘蔗渣等栽培原料，其产品不论是鲜菇、干制品或罐头，在国内外市场上都深受广大消费者的喜爱和青睐。

一、生物学特性

1. 形态特征

草菇由菌丝体和子实体两大部分组成。

（1）菌丝体　草菇菌丝分初生菌丝和次生菌丝两种，初生菌丝由担孢子萌发形成，菌丝透明，呈辐射状生长，气生菌丝旺盛，菌丝有横隔和内含物，并且分枝。初生菌丝发育和菌丝融合可形成次生菌丝。次生菌丝更粗，生长快而茂盛，菌丝浅白色，半透明，不具锁状联合，老龄气生菌丝略带黄色。大多数次生菌丝能形成厚坦孢子，孢子多核，呈红褐色或棕色。

（2）子实体　子实体单生或丛生，单个子实体由菌盖、菌褶、菌柄和菌托等部分组成。菌盖似钟形，完全成熟后伸展成圆形，盖边缘完整，中部稍凸起，表面有明显的纤毛，呈鼠灰色、灰黑色或灰白色，菌肉白色细嫩。菌褶着生于菌盖腹面呈辐射状排列，离生，初为白色，后期为淡红色，最后为红棕色，孢子印褐色，担孢子椭圆形，表面光滑，厚壁，有孢脐，颜色随子实体成熟渐由无色、淡黄色变为粉红、红褐色。菌柄中生，近圆柱形，上细下粗，长 60~18 mm，直径 8~15 mm，柄的大小与菌盖成正比。白色、内实，由紧密条状细胞组成，内稍带纤维质。菌托位于菌柄下端，与菌柄相连，前期是一层柔软的膜，包裹着菌盖和菌柄；蛋期后由于菌柄伸长，被菌盖顶端突破而残留于茎部。

（3）子实体生长过程中形态变化　①针头期。菌丝刚扭结，呈针头状突起的白色小点。②细扭期。子实体开始分化如绿豆状。③扭期。长大成卵形，鼠灰色或灰黑色，表面被纤毛，菌褶的子实层还未分化。④蛋期。呈长卵形，外包被未破裂，担子处于形成小梗阶段，未产生担孢子。⑤伸长期。包被破裂，菌盖、菌柄外露，出现菌托，菌核呈水红色，子实层的担孢子已形成。⑥成熟期。担孢子发育成熟，并脱离担子释放到环境中去，菌盖平展，菌褶由粉红色变为红棕色。

2. 生长发育所需的条件

（1）营养　草菇是一种腐生性真菌。它所需要的营养物质主要是碳水化合物，氮素和无机盐等，能利用多种碳源和氮源。稻草、麦秸、棉籽壳、废棉絮、甘蔗渣、麦麸等均可作为栽培草菇的培养料，为了增加营养，在栽培草菇时，有时还加一些辅助材料，如无机肥料、有机肥料、矿质元素、维生素 B_1 等。

（2）温度　草菇属高温型菌类。菌丝体生长的温度范围是 20~40℃，最适温度为 30~34℃，低于 5℃ 或高于 45℃ 时菌丝死亡，子实体形成的适宜温度是 32~38℃；孢子萌发以 40℃ 最好。

（3）湿度　菌丝体生长要求培养料水量为 70%，空气相对湿度为 80% 左右。子实体发育时要求空气的相对湿度为 85%~90%。

（4）空气　草菇生长需要充足的氧气，当 CO_2 浓度为 1% 时，会抑制子实体形成。

（5）pH 值　草菇喜欢偏碱性的环境，pH 值 5~8 均能生长，但以 pH 值 7.2~7.5 生长最好。

（6）光线　子实体形成需要散射光，直射光对子实体有抑制作用，但在黑暗条件下子实体也难以形成。

二、栽培技术

1. 栽培场地与设施

栽培草菇的场地既可是温室大棚，也可在闲置的室内、室外、林下、阳畦、大田与玉米间作、果园等场地。要靠近水源，地势稍高，便于稻草浸水和管理时用水及防止雨季积水。春末秋初，应选择向阳的场地、夏季，应选择林荫或瓜棚底下或室内栽培，也可利用牛舍、山洞、地下室作为栽培场所。在所选择的场地上，先开好畦面的排水沟，然后整理菇床，翻土 15~20 cm 深，经 1~2 d 暴晒后，打碎土粒，除去杂草。把畦面整理成龟背状，高约 15 cm，中央略压实，两旁稍松，菇床宽 1~1.2 m，长 5~7 m，床距 70 cm。整好菇床后，可灌水使土壤湿润，并喷洒农药或浓石灰水，驱杀蝼蛄、跳甲虫等地下害虫。畦上用竹片搭拱棚，棚高 0.7~0.8 m，棚上覆盖塑料薄膜，四周用土将塑料薄膜压实。温室、塑料大棚要加覆盖物以遮阴控温，新栽培室在使用前撒石灰粉消毒，老菇棚可用烟熏剂进行熏蒸杀虫灭菌。

2. 栽培季节

草菇是高温型菇类，适宜于在夏季栽培，草菇菌丝体生长的适温范围为

15~40℃，最适宜温度为30~35℃，子实体生长的温度为26~34℃，最适宜的温度为28~30℃。为了使草菇在播种后能正常发菌出菇，栽培季节应选择在日平均温度23℃（25℃）以上进行，这样有利于菌丝的生长和子实体的发育。南方利用自然气温栽培的时间是5月下旬至9月中旬。以6月上旬至7月初栽培最为有利，因此时温度适宜，又值梅雨季节，湿度大，温湿度容易控制，产量高，菇的质量好。盛夏季节（7月中旬至8月下旬）气温偏高，干燥，水分蒸发量大。管理比较困难，获得草菇高产优质难度较大。北方地区以6—7月栽培为宜。利用温室、塑料大棚栽培，可以酌情提早或推迟。若采用泡沫菇房并有加温设备（有温室菇房的则可一年四季栽培），可周年生产。

3. 栽培品种（菌株）选择与优良菌种制备

（1）栽培品种（菌株）选择　依颜色分，有两大品系，一类叫黑草菇，主要特征是未开伞的子实体包皮为鼠灰色或黑色，呈卵圆形，不易开伞，草菇基部较小，容易采摘，但抗逆性较差，对温度变化特别敏感。另一类叫白草菇，主要特征是子实体包皮灰白色或白色，包皮薄，易开伞，菇体基部较大，采摘比较困难，但出菇快，产量高，抗逆性较强。依照草菇个体的大小，可分为大型种、中型种和小型种。由于用途不同，对草菇品种的要求也不同。制干草菇，喜欢包皮厚的大型种，制罐头用的，则需包皮厚的中、小型种，鲜售草菇，对包皮和个体大小要求不严格。各地可根据需要选择适合的品种栽培。

根据各地的实际情况因地制宜地选择优质高产的品种非常重要。品种的选择标准是高产、优质、抗逆能力强。优质草菇应该是包皮厚、有韧性、不易开伞，菇形好，有光泽，食用时口感好，有风味。目前生产上可选用V23（大粒）、农科42（大粒）、V37（中粒）、V20（小粒）、V35（中粒）等优良菌种。以破籽棉为栽培主料的，可选用泰国的白色菇种，或广东省微生物所选育的V20种或华南农业大学植保系微生物组选育的VT种。这类菇种适应性强，生长快速，生产周期短，产量高。但菇色较淡，多为白色或灰白色，包皮薄，易开伞，马蹄形，菇味较淡。适宜就地鲜食，不宜长时间贮运。

以稻草为栽培主料的，可选用广东省微生物所选育的V23种。这个菇种抗性较弱，对温度、水分等环境条件反应敏感，而且生长周期长 2~3 d，产量也较高。菇的个头较大，包皮厚，不易开伞，包皮有黑色绒毛，色泽好，菇色为深灰黑色至黑色，卵形，菇肉脆嫩，菇味香浓。适宜罐头加工或长途贮运，鲜销市场价格好。

（2）优良菌种制备 ①自然留种。在一些边远的、没有现代制种设备和技术的地方仍有采用此方法。旧草种，菇畦采完第一批菇后，第 2 批菇要长出时，选择产菇多，幼菇生长一致，菌丝旺盛，无病虫害的部位，把稻草抽出，在通风处阴干后，存入清洁干燥的瓦缸内，用土封口保存。第 2 年种菇前一个月，把草种取出，撒上米糠和水，堆沤 3 d，即可作菌种用。菌盖种，选肥大的，开伞后，菌褶变红色的菇，采下：剪去菇柄串好，在通风处阴干，用干净纸包好，放入缸中保存。第 2 年种菇前把干菇取出在水中泡 1~2 h，用浸过菇的水作菌种淋在种菇的稻草上，即可通过孢子产生新菌丝体。②纯种制备。只有通过纯种制备才能获得优良菌种。母种制备：用孢子分离法或组织分离法。选取七八成熟，外形好，色泽好，无病虫害，单生或 2~3 个群生的菇体进行分离。培养基可用马铃薯葡萄糖培养基，即马铃薯 200 g、蔗糖 20 g、酵母膏 6 g、$(NH_4)_2SO_4$ 3 g、琼脂 20 g、水 1 000 ml，pH 值 7.2~7.4；土豆 200 g，麦麸 30 g，葡萄糖 20 g，KH_2PO_4 3 g，$MgSO_4$ 2 g，食母生 4 片，琼脂粉 12 g，水 1 000 ml。分离后在 30~35℃ 环境中培养 8~10 d，菌丝体从白色至微黄再到有红褐色厚垣孢子出现，即菌种成熟。原种和栽培种的制备：原种是从母种扩大移接得到，原种可扩大制作成栽培种，也可直接作栽培种用。原种和栽培种的培养基和种瓶相同，接种方法也基本相同。培养基可用稻草 80% 切成 3~4 cm 小段，米糠或麸皮 20%，水适量。做法是把稻草切碎，浸水 16~24 h，滤干水后加入米糠、拌匀，含水量以手握料指间微有水渗出为宜，分装于 750 ml 菌种瓶，每天以 121℃ 灭菌 30 min，连续灭菌 2d。麦粒 86%，谷壳 8.6%，牛粪粉 4.3%，碳酸钙 0.4%，KH_2PO_4 0.2%，石灰 0.5%。做法参照麦粒种制作方法。棉籽壳 90%、麦麸 8%、石膏粉 1%、过磷酸钙 1%。1 支斜面母种可接 4~6 瓶原种，1 瓶原种可接 40~50 瓶栽培种。母种应控制转管不超过 5 次，以保持菌丝活力。原种也不宜增加传代。否则，会因传代多而造成菌丝活力下降、菌种退化。原种、栽培种接种后可在 30~32℃ 中培养，菌线向瓶底生长，接近成熟时，把培养温度调在

28～30℃，有利于增强形成子实体的能力。成熟菌种可在瓶壁上看到内部红褐色的菌块。

菌种制作是草菇栽培的重要环节，采用人工培育的纯菌种栽培草菇，出菇快、产量高、品质好。菌种培养条件28～30℃，10～15 d。草菇原种生产主要有麦粒菌种。棉籽壳菌种和草料菌种3种。麦粒菌种的配方为麦粒87%、砻糠5%、稻草粉5%、石灰2%、石膏或CaCO₃1%；棉籽壳菌种配方为棉籽壳70%、干牛粪屑16%、砻糠5%、米糠（或麸皮）5%、石灰3%、石膏1%；草料菌种的配方为2～3 cm长的短稻草77%、麸皮（或米糠）20%、石膏或CaCO₃1%、石灰2%。培养基含水量65%左右，培养条件为28～30℃，750 ml的菌种瓶或12cm×25cm的塑料菌种袋培养20 d左右。

草菇菌种的保存应在15℃条件下，3个月左右转管1次，各不同菌株要严格标记、分开保存，菌株混杂会引起拮抗作用，不能形成子实体。

（3）栽培菌种的选择　①草菇菌种的鉴定方法。草菇栽培前要对菌种质量进行鉴定，尽量选用优质菌种。优质菌种外观表现为菌丝粗壮，上下菌丝发育一致，气生菌丝呈白色或半透明状。用来栽培的菌种，菌龄在30 d左右，菌丝粗壮浓白，菌丝上有浅褐色的厚垣孢子，拔掉棉塞后能闻到草菇的香味。这种菌种属优质菌种，播种后吃料快，长势旺。如果厚垣孢子很少，说明菌丝尚幼嫩，可让其继续生长一周再用。菌种菌龄超过40 d后，气生菌丝过度密集，开始出现菌被，表面呈现淡黄色。厚垣孢子浓密，呈现红褐色，菌丝活力有变弱趋势。这种菌种属中老龄菌种，不可再继续贮藏，要立即使用，否则会影响产量。如果培养基内的菌丝逐渐变得稀疏，且表面菌被变黄，厚垣孢子布满料面，菌龄超过50 d，菌丝开始萎缩，属老龄菌种，其生活力明显下降，不宜再作为菌种使用。凡是菌种或棉塞上发现有黄、绿、黑色斑点的，说明菌种已被杂菌污染。此类菌种属劣质菌种，绝对不能使用。②选购草菇菌种时注意事项。草菇菌丝为透明状，银灰色，分布均匀，菌丝较为稀疏，有红褐色的厚垣孢子为正常的菌种。草菇母种、原种、栽培种。如厚垣孢子较多，一般来说，出菇后子实体较小；反之，子实体则较大。若银灰色草菇菌丝间掺杂有洁白线状菌丝，随后出现鱼卵状颗粒，久之呈黄棕色，则可能混有小菌核杂菌；若瓶内菌丝过分浓密、洁白，也可能是混有杂菌，都应淘汰。如果菌瓶内菌丝逐渐消失，出现螨食斑块，说明染有螨虫，应淘汰。瓶内菌丝已萎缩，出现水渍状液体，有腥臭味者不能使用。草菇栽培种的菌龄以 18 d 左右为宜，超过 30 d 的最好不使用。

4. 栽培方法

（1）立体床栽　利用闲置房屋或大棚，进行床架式立体栽培草菇，具体操作要点为：首先，间距 0.8~1 m 设置床架，层高 0.6~1 m，长度不限，床架材料可用水泥板、竹、木、角钢等均可，负载重量达到 80 kg/m² 即可，一般可搭设 3 层。其次，连同工具等置于室内，对室内喷洒 100 倍蘑菇祛病王溶液，老菇房应间隔 2 d 再喷 1 次；注意要进行地毯式用药，不留任何死角；密闭 2~3 d，即可启用。或使用 $KMnO_4$、甲醛、DDV 熏蒸 1 次，具体用量可按每 100 m² 栽培面积 2.5 kg $KMnO_4$、5 kg 甲醛、0.5 kg DDV 的比例，密闭房间 48 h，以加强消杀效果。再次，将处理后的麦草或稻草（统称基料）铺在层架上并进行播种，方法是：床架上铺 1 层处理土，厚约 10 cm，上撒 1 层菌种，铺基料厚 10 cm 左右，上播 1 层菌种后，再铺 1 层基料，料面上再播 1 层菌种，使成"3 种 2 料"的夹心播种形式，料床总体厚度为 20 cm 左右，播完后，料面上均匀覆 1 层土，厚 2 cm 左右，上面再用 1 层塑膜覆盖整个床架，使内成为人工小气候区，温度计插入料内 10 cm 用于观测温度。适宜温度条件下，播种第 4 天即有小菇蕾现出，此后，应将塑膜揭去，加大室内空气湿度至 90% 左右，并打开门窗通风，通风处最好挂上草苫或棉纱布，并将之喷湿，以使通风时进入的空气保持较高湿度，并有一定降温作用。

（2）小拱棚栽培　首先，建 1.2~1.4 m 宽的畦床，翻深 0.2 m，畦床呈龟背形，两侧修建 10 cm 宽泅水沟，铺料播种同室内床架栽培；其次，播种后第 3 天，间隔 0.3~0.4 m 插入竹拱，现蕾后将料面上的塑料薄膜抽出搭于拱架上，露天棚应再覆 2 层草苫，荫棚下只覆 1 层即可。发菌期间，除掀膜通风外，应将水沟灌满水，一则降温，二则使床基土壤保持较高持水率。气温超过 35℃ 时，每天应将草苫多次喷湿。接种后第 4 天，最迟不超过第 7 天，草菇即可现蕾，此后管理应以通风、降温、保湿为重点，阴或小雨天气及夜间可将塑料薄膜揭去，只覆草苫，既利通风又有足够的散射光，并能有效保湿，但应注意大雨天气不可掀膜，晴好天气时，阳光直射，棚温升高很快，注意加厚覆盖物并喷水，夜间可将棚周塑料薄膜掀开约 10cm，将水沟灌满水，使之加强通风的同时保湿并降温。

（3）沟式平面栽培　浓密的树荫下，挖深20 cm、宽120 cm沟槽，灌透水；铺料播种后使料面与地面持平，地沟上方架设小拱棚，具体播种及管理同小拱棚栽培。该种方式的最大优势在于地温较低、土壤湿度较大，可为基料提供适宜的温度环境和水分条件，尤其水分管理方面，较之前述栽培方式，确有得天独厚的优势，但应注意防雨排涝，否则，极易形成积水涝渍，影响或损害生产。

（4）仿野生栽培　选一块栽培场地，要求尽量平坦，面积在1 000 m²以上，但也不可过大，以3 000 m²以下为宜。用竹木或水泥架杆均可，搭设2～2.5 m高的平棚，上架树枝、玉米秸秆均可，覆1层塑料薄膜后，再覆盖柴草、秸秆等，使之成为一大型荫棚，四周适当密植栽培丝瓜、南瓜、葫芦类植物，使秧蔓上架，形成郁闭度颇高的绿色荫棚。荫棚四周大于栽培场地2 m左右。地面按20 m×40 m见方划线，修建运输道；建长20 m、宽1.2 m的栽培畦，畦两边各留0.1 m水沟，两畦间距0.6 m为作业道，每个"栽培方"内建20个栽培畦，栽培方四周均留置4～6 m宽运输道，以利车辆进出。荫棚四周拉设遮阳网至地面位置，其顶层位置架设输水管线及单向（向内）喷雾头，每个栽培方内纵向架设二排双向喷雾头。正常管理时，喷雾头全部工作，增加水分及湿度，有风时，可将上风方向喷雾头打开；中午时分气温太高，可打开南面喷雾头；下午"西晒"时，可将西面喷雾头打开；阴雨天时任其自然即可。

（5）大棚栽培　该种栽培方式又可分为平面式栽培、立体式栽培两种方式，各有特点，随生产者意愿而自由设定。由于立体栽培需搭设床架，成本较高，故实际生产中大多采用平面栽培方式。具体播种及管理可参考前述有关内容。

（6）草菇两段栽培技术　实践证明草菇传统的堆式栽培、畦（厢）栽和床式栽培法均难获得高产。其原因是温、湿环境难达其要求。而采用袋栽发菌，然后脱袋在塑料小拱棚或蔬菜塑料大棚内覆土出菇的"两段栽培法"，能明显提高产量。采用此法一是可使秸秆类原料能装紧压实，原料紧密相连，有利发菌，解决了因原料泡松，在采菇时常牵动草料损伤菌丝而死菇的弊端；二是发菌阶段可从码堆层数增减去调节料温平衡，灵活掌握料温变化，促进菌丝正常生长；三是通过覆土改善了出菇场内的小气候环境和物理结构，使草菇子实体从原基形成到生长发育始终处在一个较为稳定的环境条件下，少受外界不良因素的干扰，有利于提高产量；四是覆土后可充分利用土壤中的营养元素，特别是通过土层含水量的渗透与输送，去满足草菇生长对水分的需求，从而达到优质高产之目的。草菇栽培一般均处于高温季节，在管理中应特别注意灵活处理好温、湿、气的关系，降温、增湿、透气、遮阳应相互协调，避免因处理不当而引起死菇。覆土时袋应平放，袋间相距 5~50 cm，空隙填土，表层土厚 1.5~2 cm，覆土后应一次淋足水分，使料内菌丝能充分利用土层水分供菇生长。在水分管理中，一是切忌在子实体形成时补水；二是切忌直接补充自来水或地下井水，避免造成大的温差而成批死菇。

（7）大面积栽培草菇比较理想的方式　①波峰形料垄栽培法。将培养料在畦床表面横铺成波浪形的料垄，一般垄中央 15~20 cm（气温高可以铺薄一些，气温低可以增厚一些），垄沟料厚 8~10 cm，在料表面撒上菌种封住料面，用木板轻轻按压，使菌种与料紧密接触。菌种用量，一般为培养料的 10% 左右，波浪形料垄栽培，可充分发挥表层菌种优势，防止杂菌污染，发菌快，出菇整齐，提高出菇面积和成菇率。②畦栽法。做床时，先将畦床挖 10 cm 左右深，把土围四周做埂，做成龟背形床面。畦床宽 80~100 cm，长度不限，埂高 30 cm 左右，周围开小排水沟。播种前 2 d，将畦床灌水浸透，播种前 1 d，畦床及四周撒石灰粉消毒，播种时，将发酵好的培养料铺入畦内（按 20 kg/m² 下料），铺平后用木板轻轻按压，麦秸料铺平后要踩踏一遍，再在料面上均匀地捅些通气孔，然后把菌种撒在料面上。菌种用量为 10%~15%。③压块式栽培。栽培时，将长 70 cm、宽 20 cm、高 35 cm 的木模放在畦床上，先在木模框铺一层发酵好的培养料，适当压平，沿木模四周撒一层菌种，接着上面再铺一层培养料。菌种用量为培养料干重的 5%。培养料铺完后，去掉木横，就成了一个立式料块，料块与料块之间应有 20 cm 以上的距离，以利于通风透光和子实体生长、料块大小，可根据其营养、温度和有效出菇面积而定。麦秸料块，以干重 5 kg 为宜，棉籽壳和废棉渣为 3~4 kg。在压制麦秸料块时，要用力压实，用脚踩踏，使料块坚实，空隙缩小，有利于草菇菌丝吃料、蔓延和扭结。

5. 培养料的配方与配制

栽培草菇的原料广，主要是利用富含纤维素和半纤维素的原料来栽培。例如，废棉渣、棉籽壳、稻草、麦草、花生秧、花生壳、甘蔗渣、玉米芯或玉米秸秆，以废棉渣产量最高，稻草次之，甘蔗渣较差。草菇栽培料要求新鲜、干燥、无霉烂、无变质、无病虫害感染，并在生产前暴晒 2~3 d。以麦麸、米糠、玉米粉等作氮源辅料，要求无霉变、无结块。几种常用的培养料的配制如下。

（1）废棉渣培养料的配制　废棉渣又称废棉，破籽棉、落地棉、地脚棉，废棉是棉纺厂和棉油厂的下脚料，富含纤维素。废棉渣发热时间长，保温保湿性能好，非常适合草菇菌丝的生长特性，是目前最理想的草菇栽培材料。每平方米需废棉渣 12 kg 左右。常用配方：一是废棉渣 95%，石灰 5%；二是废棉渣 85%，麸皮（或米糠）10%，石灰粉 5%；三是废棉渣 95%，石灰 4%，多菌灵 1%；四是棉籽壳 94%，石灰 5%，过磷酸钙 1%。

培养料制备方法：砌一个池子，将废棉渣浸入石灰水中，每 100 kg 废棉渣加石灰粉 5 kg，浸 5~6 h，然后捞起做堆，堆宽 1.2 m，堆高 70 cm 左右，长度不限，发酵 3 d，中间翻堆 1 次。控制含水量 70% 左右（用手抓料，指缝有少量水滴出），pH 值加适量石灰调至 8.5 左右。做 1 个木框，长 3 m，宽 1.8 m，高 0.5 m，放置在水泥地上。随后在木框中铺 1 层废棉渣，厚 10~15 cm，撒 1 薄层石灰粉，洒水压踏使废棉渣吸足水分，然后撒 1 层麸皮或米糠，再铺 1 层废棉渣，如此一层层压踏到满框时，把木框向上提，再继续加料压踏，直到堆高 1.5 m 左右，发酵 3 d。

（2）棉籽壳培养料的配制　棉籽壳又称棉籽皮。棉籽壳营养丰富，质地疏松，保温保湿性能强，透气性能好，是栽培草菇的理想原料，但保温、保湿和发热量不如废棉渣。其培养料的配方与废棉渣相同，除上述两种处理方法外，还可将棉籽壳摊放在水泥地上，加上石灰粉或辅料，充分拌湿，然后堆起来，盖上薄膜，发酵 3 d，中间翻堆 1 次，翻堆时，如堆内过干，需加石灰水调节，上床时料的含水量为 70% 左右，pH 值为 8~9。也可在棉籽壳中加入碎麦 30%~40%，麸皮 3%~5%，然后进行堆积发酵，堆成高 1 m、宽 1 m、长度不限的长方形。用木棍自料表面向下打洞通气。料堆用双层塑料薄膜覆盖，四周压实，为防止苍蝇等害虫侵入，可喷洒 DDV 和乐果。待料堆中心温度上升至 60℃ 时，维持 24 h 后进行翻堆，使上下、里外发酵均匀。当培养料颜色呈红褐色，含水量 70% 左右，pH 值 9~10，长有白色菌丝，有发酵香味时，发酵即可结束。发酵时间一般为 3~5 d。

（3）稻草或麦草培养料的配制 稻草和麦草原料丰富，是传统的草菇栽培原料，其配方及栽培模式也多种多样，可生料栽培，也可进行发酵料栽培，用它做原料，发菌快，技术易掌握，病害相对较少。由于稻草和麦草的物理性状较差，且营养缺乏，只要进行适当处理，增加辅料，也可获得较好的产量。每平方米需要干稻草 10~15 kg。

常用配方：一是稻草或麦草 87%，草木灰 5%，复合肥 1%，石膏粉 2%，石灰 5%；二是稻草或麦草 88%，麸皮或米糠 5%，石膏粉 2%，石灰 5%；三是稻草或麦草 73%，干牛粪 5%，肥泥 15%，石膏粉 2%，石灰 5%；四是稻草或麦草 83%，麸皮 5%，干牛粪 5%，石膏粉 2%，石灰 5%；五是麦草 100 kg，麸皮 10 kg，石灰 4 kg。

培养料制备方法：① 稻草或麦草不切碎，用长稻草或联合收割机抛出的整秆麦秸栽培。将稻草浸泡 12 h 左右，稻草上面要用重物压住，以便充分吸水。浸透后捞出堆制，堆宽 2 m，堆高 1.5 m，盖薄膜保湿，堆制发酵 3~5 d，中间翻堆一次，栽培时，长稻草要拧成"8"字形草把扎紧，逐把紧密排列，按"品"字形叠两层，厚度 20 cm。② 将稻草或麦草切成 5~10 cm 长或用粉碎机粉碎，麦秸可用石碾或车轮滚压，使之破碎，浸泡或直接加石灰水拌料，并添加辅料，堆 3~5 d，中间翻堆一次。铺 1 层麦草撒 1 层石灰，边喷水边踩，做成宽 1.5 m、高 1 m、长度不限的料堆，建堆后覆盖塑料薄膜保温、保湿，进行预湿发酵，当堆温升到 60℃ 时，保持 24 h，翻堆并搬入菇棚内。将发酵的麦草搬入菇棚内再建堆，堆高 1 m、宽 1 m、长不限。建堆时要踩压紧密以利提温，建堆后补足水，关闭门窗，利用太阳的辐射热和堆温使菇棚温度上升到 60℃，并维持 10 h，然后在菇棚顶上覆盖遮阳物并加强通风，使棚内堆温降到 48~52℃，维持 24 h，没有氨味时铺床。堆制发酵后最好经二次发酵，特别是添加了米糠或麦麸、干牛粪的原料，一定要进行二次发酵。

（4）混合培养料的配制 为降低生产成本，可采用废棉渣或棉籽壳加稻草或麦草的栽培方法，也可取得较理想的效果。混合比例通常是废棉渣或棉籽壳 1/3~2/3，稻草可切段或粉碎，加石灰和辅料堆制后使用。

选用麦秸 40%，玉米芯 30%，棉籽壳 30%；或麦秸 88%，棉籽壳 9%，麦麸 2%，过磷酸钙 1% 等适宜配方。将麦秸碾碎并用 3% 石灰水浸泡过夜后加适量水与其他原料混合堆制。当料温上升到 60℃，再维持 1 d 后即可散堆铺料。培养料含水量约 70%，pH 值 8。

（5）油菜籽壳培养料的配制　用作物的秸秆作为原料生产草菇，产量不稳定且质量差。而用油菜壳作为原料栽培草菇不但可以弥补上述缺点，而且具有产量高、出菇快、周期短、杂菌少等优点。将新鲜的油菜籽壳晒 3~4 d，然后按以下配方配料：油菜籽壳 90%、石灰 3%、草木灰 5%、麦麸 2%。配好料后每 50 kg 培养料中添加 DDV 20 g、多菌灵 50 g，然后将其混匀、加水，使其含水量达到 20%。

（6）玉米秸秆或玉米芯培养料的配制　这种原料在农村一般当柴烧或沤肥用，利用价值很低，若用它来栽培草菇，其经济价值则会大大提高。但使用这种原料栽培草菇需要注意，应在配方中添加一部分营养物质或与其他培养料混合使用，提高草菇产量。

（7）废菌糠培养料的配制　种植木耳、平菇、香菇、金针菇、白灵菇、杏鲍菇、双孢菇等食用菌的废料，其中的营养物质并没有消耗殆尽，还有充分的利用价值，可用来栽培草菇，因草菇的生产周期较短，草菇菌丝所需的营养在这些废料中可得到充分的补充。选择没有杂菌生长、无霉变腐烂的食用菌废料粉碎、晒干，掺入 30% 左右与其他栽培料一同建堆发酵后即可进行草菇的播种。

6. 铺料播种

（1）铺床　栽培原料建堆发酵，翻堆时应检查调整料内水分，需补水时补充石灰水。发酵结束后，料呈深褐色，松软有弹性，无杂菌虫害，无氨味和酸、臭等异味，料内有大量高温白色放线菌，闻有酒香味，原料呈现咖啡色时，调整栽培料，使 pH 值 8~9，含水量 65%~70%（用手使劲握能挤出少量水滴为宜），即可入棚播种。

播种前 1 d，畦内要灌透水，先喷 5% 的石灰水，再喷 500 倍辛硫磷，以消毒杀虫。

将发酵好的栽培料铺于床面或畦面。床面呈平面龟背形或波浪式。前者培养料要铺均匀，料面修整成中间稍高、料厚 20 cm，周边料厚 15 cm 左右的缓坡；后者排成约 30 cm 宽一个波浪，波高 12~14 cm，波谷深 1~1.5 cm。需要二次发酵的培养料先将料搬入已消毒好的菇房铺在床架上，底下垫薄膜，料厚 5~7 cm，铺好后加温消毒，等菇房内培养料温度达 65℃左右时维持 4~6 h，然后让其自然降温。再进行铺料与播种的操作。

（2）播种 播种前再一次检查培养料的温度、含水量、pH 值等环境指标。当料温降至 36~40℃、无氨味时，即可播种，播种方法可用层播、穴播或混播，播种动作要轻巧快速，用种量为培养料的 10%，最上一层播种量宜大，最好占播种量的 50%。适当加大播种量，可加速菌丝生长，抑制杂菌发生。播种结束后，在畦床上覆盖薄膜，再在小拱棚上的塑料薄膜上盖草帘保温、保湿。①采用层播法播种。第 1 层床面占 50% 的培养料，第 2 层和第 3 层分别占 30% 和 20% 的培养料，中间层播菌种。播种完毕后将培养料适当压紧，上面覆盖一层细土，并在床的四周培土，然后在床面盖一层消过毒的报纸，最后盖上薄膜。播种 2d 后，若薄膜内温度上升至 30~35℃，则不需要管理；若温度达 40℃，则需揭膜降温；若温度在 30℃ 以下，则需设法加温。用层播法播种，接种量 15%。接种后床面用厚约 1 cm 的湿麦秸覆盖，压实，上面再加盖薄膜。料温超过 40℃ 时应及时揭膜通风，料面需经常保持湿润。②采用撒播法播种。平面畦式的播种，可以把菌种直接均匀撒布于畦面即可。每平方米料面大约用 750 ml 菌种瓶的菌种 1/3~1/2 瓶。天气热时用种少些，天气冷时用种多些。波浪畦式的播种，可把菌种均匀撒布在沟底及两个峰的两侧，峰顶不用播种。无论哪种方式的畦面，播种后都要用手掌把菌种轻轻按下，使菌种与培养料结合。播种后畦面用塑料膜盖上，保温保湿，促进菌种定植。播种后也可用肥熟土在培养料表层覆盖。一般上午进料、下午播种，高温下播种有利于发菌，室温 36~38℃、培养料表面温度 39~40℃时播种最佳。若用 17 cm×33 cm 规格的塑料袋菌种，则菌种用量为 2 袋/m²。③采用穴播加撒播法播种。采用穴播播种时，菌种掰成胡桃大小为宜，穴深 3~5 cm，穴距 8~10 cm。每平方米用菌种 500 g，采用穴播法播入菌种的 50%，剩下的菌种撒播到菌床培养料的表面，并用木板压实，使菌种与培养料紧贴。播种量以 3 袋/ m²为宜，播后可覆土也可不覆土。④垄式条播是草菇高产的一种新方法，播种采用三层垄式栽培。先在地面铺培养料，宽 30~

40 cm，厚 10 cm，沿四周播一层菌种。麦麸用 3% 的石灰水拌湿后放在菇房内进行二次发酵。在播种中心撒一层 10 cm 宽的麦麸带，按上述方法铺第 2 层培养料、播种、撒麦麸，最上面铺 1 层培养料，料面播 1 层菌种，并覆膜。⑤将稻草段或麦草段均匀地铺在挖好的菇床里，铺 1 层草段则铺 1 层麸皮及 1 层菌种，麸皮用量为总干草量的 5%，菌种的用量为 10%，最上面的 1 层菌种稍多些，然后将小土垄上的土撒在料面上，高 10~12 cm，用木板将培养料压紧。培养料上床后，沿菇畦长度方向架小型拱棚，拱棚高度 50 cm 左右，覆盖薄膜保温。畦间蓄水沟装满水。保持大棚里的空气相对湿度不低于 80%，气温不可低于 28℃，过 48 h 以后可揭开小拱棚上的薄膜透气通风，每天早晚各 1 次，每次 0.5~1 h。⑥先在畦面铺 1 层稻草或棉籽壳，压实，四周边缘撒播一圈菌种，稻草培养料宜在四周同时添加一些营养料，如圈肥、牛粪、鸡粪、饼粉等。第 2 层以后每增加一层均应比下层的边缘内缩 4~6 cm，再将菌种撒播于四周。一般一层培养料一层菌种，可堆集培养料 3~5 层。气温较低时培养料可厚些，反之可薄些。播种完毕及时在畦面覆盖塑料薄膜和草帘，并注意温湿度变化，加强管理。⑦先在畦面四周撒一圈草菇栽培种，宽 5 cm 左右，将浸泡过的草把基部朝外，穗部朝内，一把接一把地紧密排列在畦面上。然后按比例均匀撒 1 层米糠或麸皮。铺好第 1 层后，在草把面上向内缩进 3~4cm，沿周围撒一圈菌种，菌种撒的宽度为 5 cm 左右，按第 1 层铺草把的方法内缩 3~4 cm 排放第 2 层草把，并按第一层撒菌种的方法撒菌种。第 3~4 层撒种铺草的方法同第 1~2 层，每层都必须浇水、压实，一般堆 4 层左右即可。草堆顶上要覆盖草被。一般每堆草堆用草 100~200 kg，每 100 kg 草用菌种 5~6 瓶。⑧栽培时，在菇床距畦边 7 cm 的地方，撒上一圈土肥（稻草连土烧成的火烧土，或山上草皮烧成的火烧土），宽 10 cm 左右。然后沿着土肥圈土，堆放第一层浸水后的草把，堆放时，草把的弯曲部向外，穗头蒂朝内，一把一把地紧靠，并压实，使外缘整齐，堆放完第一层后，就在这层草把距边缘 6 cm 处，按上述方法，撒一层土肥。并把草菇种播于土肥圈上面。接着进行第 2 层草把堆叠，同时进行施肥，按照同法连续叠 5~6 层，建成草堆。草堆用草数量，一般夏季每堆 100~150 kg 稻草为好，春秋季节每堆 150~200 kg 为宜。每 100 kg 稻草需要播草菇菌种 4~6 瓶。

7. 发菌管理

播种后床面覆盖薄膜，一般 2 d 内不揭膜，以保温保湿少通风为原则，维持料温 36℃左右，不要低于 30℃，也不要超过 40℃。

播种 2 d 后，若薄膜内料温上升至 30~35℃，则不需要管理；若料温达 40℃，则需揭膜降温；若料温在 30℃以下，则需设法加温。当播种后 4 d，当料温度达到 35℃（室温在 30℃）以上时，要掀膜通风降温，控制料温在 30℃左右，并用锥形棒在培养料上扎通气孔。薄膜白天揭开夜间覆盖，或用竹弓将薄膜架起，直至出现菇蕾再揭去薄膜。草菇的栽培中也可适时覆土。播种后应于床面覆盖一薄层（10 cm 左右），火烧土或肥沃的沙壤土，并在土层上适量喷些 1%的石灰水，保持土层湿润，再盖上塑料薄膜，以保温。覆土后，室温控制在 30℃左右，料温保持 35℃。如果白天温度高，可将塑料薄膜掀开，并喷些水保持料面湿润、降温，晚上温度低时，再重新盖上薄膜，待菌丝长到土层上后再将薄膜掀开。①检查菌丝定植情况。正常情况下，播种后 2 d，料温上升，菌丝萌发，3 d 后菌丝向四周蔓延，5 d 左右菌丝布满料面并向料层深处扩展。若播种后 3 d 菌丝不萌发，但料温正常，说明菌种老化，应及时补种。②加强通风。在保证料温的情况下，适当通风。菌丝定植前，每天早、晚通风，每次通风 20~30 min。菌丝定植后，揭开覆盖物以增加散射光照，要加大通风量（每天通风 3 次），并延长通风时间。③调节水分。播种后第 4~5 d，当菌丝布满料面时，要喷催菇水 1 次，水温要与料温相同，喷水后要适当通换气，避免喷水后即关闭门窗，否则菌丝会徒长。

刚建的草堆较松散，对草菇菌丝生长发育不利。因此，在堆草中播种后的 3~4 d，每天上午要在草堆上踩踏一次，使草堆更紧实，有利于保温、保湿和草菇菌丝生长。同时应注意控制堆温，若堆温过高，应掀开草被通风散热。若堆温过低，白天可揭开草被晒太阳增温，早晚和夜间可加厚草被或覆盖塑料薄膜保温。要注意料中的温度一般不能超过 40℃，料表的温度一般不能超过 36℃；料温低时要尽量保温，料温不要低于 30℃。

8. 出菇期管理

一般情况下，播种 7 d 后培养料表面长满网状的气生菌丝，并开始有菇蕾形成。此时应注意保温、保湿，并适当通风换气。

调控菇房温度。现蕾后生长很快,子实体生长的适宜温度为32~34℃。若料温过高,应揭薄膜降温,或在棚顶加遮阳物。当料温低时,要减少通风次数,盖实薄膜保温。随着菇蕾的长大,料温要降至29~31℃,维持料温在33~35℃,减缓子实体开伞。此时,菇房内温度不能变化太大,也不宜强风直吹床面,否则,幼菇会大量死亡。

勤喷水保持空气湿润。子实体生长要求空气湿度保持在85%~95%,地面和空间要勤喷水,在过道内灌水保湿或降温;料面湿度一般在70%左右,如湿度不够应在草堆喷1%的尿素水或在栽培畦内喷水。幼菇时期不能直接向菇体上喷水,以防幼菇腐烂。阴天少喷水,早、中、晚都要通风,雨天不喷水,风天适当通风。随着子实体长大,要增加喷水次数。如见畦床过干,不可用凉水直接喷洒原料或菇蕾,而要在棚边挖一小坑,铺上薄膜,放入凉水预热后使用,或用30℃左右的水喷雾。水分含量偏低时,适当喷水调湿。若水分含量高,应揭薄膜排湿。菇蕾陆续发生,这时向地沟灌一次大水,但不要浸湿料块,每天向空中喷雾2~3次,以空气保湿为主。喷水后要通风,待不见水汽再关闭通风口。当菇蕾有纽扣大小时及时补充水分,喷头要朝上,雾点要细,以免冲伤幼菇。注意控温保湿,一般不能直接浇水,主要通过向沟内灌水使土壤湿润、培养料吸水,以供菇蕾生长发育的需要。

揭薄膜增加通风量。当子实体原基形成时,立即将薄膜抬高撑起。如温、湿度适宜要撤膜通风换气,保持菇床空气新鲜,温度不宜超过36℃,以防止高温使菇蕾死亡。

保持一定的散射光。在菌丝体生长阶段应避免光线直接照射料面,光照宜弱不宜强,但出菇期需较强的光照,要揭帘透散光,以利于菇体发育。如果培养料的pH值低于7,应向料内喷洒1%澄清的石灰水进行调整。通常播种后10 d左右有菇采收。用麦秸、稻草作原料的12~14 d出菇,用棉壳、棉渣作原料的5~7 d出菇,4~5 d后采收第一潮菇。

9. 采收与加工

(1) 适时采收 草菇从菌丝体扭结发育成为子实体到死亡,仅仅生存10 d左右的时间,由此可见它的生长周期短,生长速度快。子实体刚形成白色小点,1~2 d就能长到手指大小的菌蕾,再过3~4 d便形成蛋形的菌体,再经1~2 d后,由于菌柄的继续冲长,菌盖突破外围菌膜而伸展出来,便是成熟的草菇。

一般播种后 10~12 d，当子实体长至鹌鹑蛋大小，色泽由深变浅，菌幕紧包菌盖或菌幕稍脱离菌柄时应及时采收。采收过迟易造成菇体开伞，降低商品价值。草菇子实体生长速度很快，一般每天应于早晚各采收 1 次，生产周期 30 d 左右。

（2）采收后管理　草菇每茬采收结束后及时清理床面并消毒。用 5%~10% 石灰水涂刷墙壁和栽培架，甲醛用量 10 ml/m²、KMnO₄ 5 g 密闭熏蒸消毒。向床南面和室内四周喷 4.3% 甲维·高氯氟和多菌灵后通气半天，再覆薄膜。

每采完 1 次菇，要进行 1 次压草，使草堆保持一定的温湿度。同时，每茬采后可在料面上喷洒各种营养液，如用 30% 人粪尿和 70% 清水，喷洒于草堆和畦旁的土面；也可用 0.3%~0.5% 的尿素溶液喷施，以延长采收期和提高产量。采完 1 潮菇后，用 pH 值 12~14 的 2% 石灰清液喷洒床面，水温与棚温相同。保持温度在 30~32℃，5~7 d 后可出第 2 潮菇，出菇 4~5 d 后采收。

（3）加工与销售　采收后的草菇很难保鲜，采下的菇还会继续发育，在 30℃ 以上的高温季节，菌蛋采收后 4~5 h，开伞率可达 50% 左右，故应及时处理。鲜销的要尽快上市，制罐头的要及时加工处理。加工处理的方法：先将草菇基部杂质用小刀剔除，分好等级，然后再按要求加工。

三、病虫害防治

1. 杂菌病害防治

草菇栽培一般采用生料栽培或二次发酵栽培，培养料没有彻底灭菌，栽培的全过程均处在高温高湿环境中，杂菌为害较多。常见的杂菌主要有鬼伞菌、木霉、青霉、毛霉、曲霉和链孢霉等。

（1）木霉　木霉在 4~42℃ 范围内都能生长，孢子萌发喜高湿环境，侵害草菇培养基时，初期白色棉絮状，后期变为绿色，菌种如果被木霉为害，必须报废，即使轻度感病的菌种也应弃之不惜。木霉至今没有理想的根治性药物，常用的杀菌药，对木霉只是抑制，而不是杀死，加大药量，只能同时杀死木霉和草菇菌丝。因此，创造适合草菇菌丝生长而不利于木霉繁殖和生态环境，是控制为害的根本措施。一旦发生木霉为害，要立即通风降温，以抑制木霉的扩张，处于发菌阶段的培养料染病以后，可采用注射药液的方法抑制木霉扩张，常用的药液有5%的石碳酸、2%的甲醛、1：200倍的50%多菌灵、75%甲基硫菌灵、pH值为10的石灰水，此外，往污染处撒石灰，防治效果也很好。

（2）链孢霉　生长初期呈绒毛状，白色或灰色，生长后期呈粉红色、黄色。大量分生孢子堆集成团时，外观与猴头菌子实体相似，链孢霉主要以分生孢子传播，是高温季节最易发生的杂菌。链孢霉菌丝顽强有力，有快速繁殖的特性，一旦大发生，便是灭顶之灾，其后果是菌种、培养袋或培养块成批报废。链孢霉的药物防治可参照木霉的防治。菌袋生产时，如果发现链孢霉，在分生孢子团上滴上柴油，可防止链孢霉的扩散。菌袋发菌后期受害，一般不要轻易报废，可将受害菌袋埋入深30~40 cm透气性差的土壤中，经10~20 d缺氧处理，可有效减轻病害，菌袋仍可出菇。

（3）毛霉　又叫黑霉、长毛霉。菌丝初期白色，后灰白色至黑色，说明孢子囊大量成熟，该菌在土壤、粪便、禾草及空气中到处存在。在温度较高、湿度大、通风不良的条件下发生率高。发生的主要原因是基质中使用了霉变的原料，接种环境含毛霉孢子多，在闷湿环境中进行菌丝培养等。防治方法同木霉。

（4）白绢病　又称罗氏菌核病。该病为害子实体，使整个菇软腐。病菌常见于覆土表面。菌丝为白色、棉絮状，稀疏有光泽，比草菇菌丝粗壮。子实体顶出土面时为害菇体的基部，表面潮湿，有黏性，最后菇体腐烂。

防治方法：用石灰水浸泡。结合原料浸水，用5%~7%的石灰水浸泡稻草、麦秸1~2 d，再用清水冲洗，使原料pH值不超过9。若在菇床局部发生，可在发病草菇上撒生石灰粉抑制病菌发生。

（5）鬼伞　鬼伞为草生类腐生菌，是一种营养竞争性杂菌。由于鬼伞的生活周期比草菇短2~3 d，其生长快，一般在播种后一周或出菇后出现，一旦发生，与草菇争夺养分和水分，从而影响草菇菌丝的正常生长和发育，致使草菇减产或绝收。鬼伞类杂菌包括黑汁鬼伞、粪污鬼伞、长根鬼伞等。子实体呈伞状。幼菇呈卵形或弹头形，表面有鳞片，伸展后呈钟形或圆锥形，初为白色、黄白色或灰白色，后变为铅灰色或黑色，成熟后开伞，菌褶与菌盖自溶成墨汁状液体。鬼伞腐烂时，菇房气味难闻，由此常常会导致霉菌的产生。鬼伞主要靠空气及堆肥的传播，培养料发酵时过湿、过干或含氮过多均有利于鬼伞的发生，特别是培养料中添加禽畜粪或尿素等发酵不充分时、常常会导致鬼伞的大量发生。因此，控制鬼伞的发生及发生后如何防治，是提高草菇产量的关键技术措施。鬼伞发生的原因及防治措施如下：
①栽培原料质量不好。在栽培草菇时利用陈旧、霉变的原料做栽培料，容易发生病虫害。因此，在栽培时，必须选用无霉变的原料，使用前应先将新鲜、干燥、无霉变的稻草、麦秸、棉籽壳等栽培料在太阳下翻晒 2~3 d，利用太阳光中的紫外线杀死原料内的鬼伞孢子和其他杂菌孢子，或播种前用 1%~2% 石灰水浸泡原料。②培养料的配方不合理。栽培料的配方及处理与鬼伞的发生也有很大关系。鬼伞类杂菌对氮源的需要量高于草菇氮源的需要量，鬼伞约比草菇高 4 倍，因此氮含量高的培养料更适于鬼伞生长。所以在配制培养料时要控制料中氮元素的比例，如添加牛粪、尿素过多，使 C/N 降低，培养料堆制中氨量增加，可导致鬼伞的大量发生。因此在培养料中添加尿素、牛粪等作为补充氮源时，尿素应控制在 1% 左右，牛粪 10% 左右，麦麸或米糠添加量不要超过 5%，禽畜粪以 3%~5% 为宜，且充分发酵腐熟后方可使用。③培养料的 pH 值太小。培养料的 pH 值大小也是引起杂菌发生的重要原因之一。草菇喜欢碱性环境，而杂菌喜欢酸性环境。因此，在培养料配制时，适当增加石灰，一般为料的 5% 左右。提高 pH 值，使培养料的 pH 值达到 8~9；子实体生长时 pH 值不能低于 7；pH 值低于 6 时常常会导致鬼伞的大量发生。另外在草菇播种后随即在料表面撒一层薄薄的草木灰或在采菇后喷 3% 石灰水，来调整培养料的 pH 值，也可抑制鬼伞及其他杂菌的发生。④培养料发酵不彻底。培养料含水量过高，堆制过程中通气不够，堆制时发酵温度低，培养料进房后没有抖松，料内氨气多，均可引起鬼伞的发生。无论用何种材料栽培，最好二次发酵，培养料进行二次发酵可使培养料发酵彻底，是防止发生病虫害的重要措施，可大大减少鬼伞的污染，也是提高草菇产量的关键技术。发酵时控制培养料的含水量在 70% 以内，以保证高温发酵获得高质量的堆料。如果太湿，会造成腐烂和 pH 值降低，进而促生鬼伞。

栽培前场地要严格冲洗、消毒，用 pH 值 9 的石灰水清洗，用 50% 可湿性粉剂硫菌灵 1 000 倍液或 25% 可湿性粉剂多菌灵 300~500 倍液喷洒消毒；如果是室内，栽培前要用新洁尔灭消毒，用甲醛熏蒸 3 d（甲醛用量为 40 ml/m³，甲醛中需加入 KMnO₄ 20 g），也可喷石灰水或其他杀菌剂消毒；创造适宜环境条件，促使草菇健壮生长。草菇菌丝生长时温度维持在 28~32℃，子实体发育阶段温度维持在 25~30℃；草堆湿度在 60%~65%，菇场湿度在 85%~90% 最适合草菇菌丝生长，控制温湿度加快草菇菌丝生长速度，提高抗杂菌能力，可抑制鬼伞发生；适当加大菌种量，让草菇菌丝尽快长满菌床；改进接种方法，将 3/4 菌种和培养料混匀铺平，再将余下的 1/4 菌种覆盖在培养料表面，最后适当压紧，可控制鬼伞菌污染；及时拔除菇床上的鬼伞。菇床上一旦发生鬼伞要及时拔除，以防蔓延。并用 50% 石灰水进行局部消毒；用 5% 的明矾水拌料或喷洒能有效地控制或减少鬼伞的发生；产菇后期喷适量 0.1%~0.2% 的尿素，既可防止鬼伞发生，又可延长出菇期。

2. 虫害防治

在草菇栽培中，主要虫害有菇螨、线虫、菇蝇、蛞蝓等。这些害虫均会吞吃菌丝体，使菇枯萎死亡。害虫造成的为害经常比杂菌造成的为害更大，且更难防治。防治效果的好坏直接影草菇产量的高低，为害严重时，会导致绝收。

（1）菇螨　菇螨也称菌虱、菌蜘蛛、螨虫，为害多种食用菌。螨类取食菌丝，使菌丝萎缩，甚至消失，造成栽培失败。常见的螨类有蒲螨、粉螨。由于菇螨虫体小，肉眼不易看清，集中成团时呈粉状。培养料、老菇房、菌种等是螨类的重要传染源。

防治方法：以预防为主，菇房尽可能远离仓库、饲料间、禽畜舍等，栽培原料进行二次发酵，为害严重时，菇房在重新铺料前要用 4.3% 甲维·高氯氟 500 倍液喷雾或熏蒸 24 h，一旦发现体小呈扁平或椭圆形、白色或黄色、长有多根刚毛的菇螨时，要立即将其杀死。喷药杀螨可用 4.3% 甲维·高氯氟 1 000 倍液或甲基阿维菌素苯甲酸盐等喷雾杀螨。用洗衣粉 400 倍液连续喷雾 2~3 次，也有很好的杀螨效果。

（2）菇蝇　菇蝇以蛆形幼虫取食菌丝和子实体，并传播病原菌。为害严重时，使草菇菌丝迅速退化，子实体枯萎腐烂。

防治方法：床门窗应装纱门，以防害虫成虫飞入产卵；搞好菇床卫生，清除菇床周围垃圾，并在地面上撒施生石灰。在菇场四周设排水沟，排除积水，并定期用高效氯氟氰菊酯喷杀；培养料进行二次发酵，培养料堆制发酵时要用薄膜盖严，杀死料内幼虫和卵；用 4.3% 的菇净 1 500~2 000 倍液喷洒菇床，或用氰戊菊酯 2 000 倍液灭杀；用黑光灯诱杀。在场地或室内安装 1 盏 3W 黑光灯，下放糖水盆，盆内加几滴杀虫剂，可诱杀大量害虫成虫。

（3）菌蚊　幼虫取食菌丝和培养料，影响菌丝生长和菇蕾扭结，子实体被害后形成不规则的孔洞，在幼虫爬行和取食之处还留有无色透明的黏液，干后可见光亮的液迹，严重影响产量和品质。

防治方法：搞好菇房内外卫生，保持菇房干净，栽培场所应远离垃圾堆及腐烂物质；及时清除草菇废料，并彻底清扫菇房（场、床）中隐藏的残存虫源；跟踪幼虫爬过的痕迹，进行人工捕捉；虫口密度大的菇床，出菇前或采菇后喷晶体敌百虫 1 000 倍液进行防治。

（4）线虫　栽培草菇期间，偶有大量针头菇死亡的问题，其原因之一是线虫的为害。巴氏消毒不彻底时将发生大量的线虫。堆料时水分过高，发酵过程达不到足够的温度，堆料会腐烂。即使后来用了蒸汽，堆料也达不到巴氏消毒的目的。过高的水分使料床中心温度达不到足够杀死线虫的温度（50℃），因而使其中的线虫在巴氏消毒过程中残存下来，之后进行接种，料温逐渐下降。因为线虫繁殖的温度正好与子实体形成的温度（28~32℃）一致，所以造成培养料中大量的线虫滋生。线虫会吃草菇菌丝，当针头菇下面的菌丝被线虫啃食后，菇体便失去营养和水分的供应而死亡。线虫抗不适宜的温度湿度条件。菇房、生产工具、栽培料及堆料场所均可成为线虫的潜伏地点而造成以后对菇床的侵染。然而活跃期的线虫不能在 50℃ 高温下生存下来。了解了线虫的传播方式及其致死温度后，可采用下列办法进行防治：培养料含水量严格控制在 60%~70%，这样的含水量可使拌料时人为脚踏而生成的团块大大减少；加温消毒时，最好在铺床后 6~12 h 进行，其理由是要保持室温低于床温，料中心部位的线虫将爬到温度相对低的料面上来，当这时再给蒸汽时，线虫就很容易致死。如果不按上述程序操作，料上床后马上通蒸汽。则导致料表面温度高于料中心温度使线虫钻到料中心部位的干料团块中躲避高温而残存下来。当料温降低并接种后，线虫再度繁衍而严重为害菇床；二次发酵；栽培前，认真打扫卫生，通风干燥后，在墙面、地面、床架上喷晶体敌百虫 1 000 倍液。

（5）蛞蝓　即鼻涕虫，常在夜晚活动，啃食菇体组织，分泌许多黏液，损害草菇生长和产品质量。

防治办法：在场地周围和蛞蝓出没地撒一层石灰粉或喷洒5%浓盐水，防止蛞蝓入侵或在夜晚及阴雨天气人工捕捉。

四、栽培中常见问题与对策

1. 菌丝萎缩

一般情况下，草菇播种后12 h左右菌种块就开始萌发，并不断向料内生长。如果播种后24 h菌丝仍未萌发或仍不向料内生长，就可能是发生了菌丝萎缩。

（1）菌丝萎缩的原因　①栽培菌种的菌龄过长。草菇菌丝生长快，衰老也快，如果播种后菌丝不萌发，菌种块菌丝萎缩，往往是菌龄过长或过低的温度条件下存放的缘故。选用菌龄适当的菌种，一般选用栽培种的菌丝发到瓶底一周左右进行播种为最好。②培养料温度过高。如培养料铺得过厚，床温就会自发升高，如培养料内温度超过45℃，就会致使菌丝萎缩或死亡。播种后，要密切注意室内温度及料温，如温度过高时，应及时采取措施降温，如加强室内通风，拿掉料面覆盖的塑料薄膜，空间喷雾，料内撬松，地面洒水等。③培养料含水量过高。播种时，培养料含水量过高，超过75%，这样料内不透气，播种后塑料薄膜覆盖得过严且长时间不掀，加上菇房通风不好，使草菇菌丝因缺氧窒息而萎缩。④料内氨气为害。在培养料内添加尿素过多，加上播种后覆盖塑料薄膜，料内氨气挥发不出去，对草菇菌丝造成为害。⑤药物影响。草菇对农药十分敏感，播种后，有的菇农为了防病杀虫会喷洒农药，致使菌丝因药害而萎缩。⑥温差过大。草菇的菌丝对温差较敏感，如白天气温在32℃以上，夜间温度在28℃以下，喷水后即会发生菌丝萎缩。⑦发生虫害。培养料中出现害虫，由于害虫的咬食，致使菌丝萎缩。

（2）菌丝萎缩的预防措施　①防止温度过高。露地阳畦栽培时，最好搭简易的遮阳棚，防止中午高温时烧坏菌丝。堆制培养料的过程中，料温达到75℃左右时，翻堆2次。进床时铺料的厚度视季节而定，早春及晚秋温室栽培时铺料宜厚一些。②不用农药。防治病虫要在处理原料时就办妥，播种后不能再向料面施药。③水分要适宜。播种时培养料的含水量62%左右，以用手紧握料有 1~2 滴水珠从指缝中渗出为度。在培养料水分及气温偏高的情况下，应将覆盖在料面上的薄膜撑起，以利通气。④预防氨害。尿素的添加量不能超过 0.2%，而且要在堆料时加入。⑤选用优质菌种。草菇菌种以菌龄在 15~20 d，菌丝分布均匀，生长旺盛整齐，菌丝灰白有光泽，有红褐色厚垣孢子，无杂菌、无虫螨为好。菌龄超过 1 个月的菌种不宜使用。⑥依温度用水。培养料的含水量，要根据当时的气温灵活掌握，喷水的水温要与气温基本一致。⑦搞好环境卫生，注意防虫。栽培场地要远离畜禽圈舍，材料要干净无霉变，用前暴晒 2~3 d。菇房彻底消毒，以杜绝虫源。

2. 菌丝徒长

在发菌阶段，当料面出现大量白色绒毛状气生菌丝时即为菌丝徒长。菌丝徒长后，不能及时转入生殖生长，现蕾推迟，成菇少，产量低。菌丝徒长原因多由于通气不良致使料床内温度高、湿度大、CO_2 浓度高，刺激了菌丝徒长。

菌丝徒长的预防：料面覆盖塑料薄膜，2~3 d 后根据菌丝生长情况，白天定期揭膜，以适当通气和降温、降湿，促使草菇菌丝往料内生长。

高温高湿条件下，喷完出菇水后，打开门窗或揭膜通风换气，使料温适当降低，通风至料面不积水或无水珠时再适当关闭门窗或盖上薄膜，菇房内空气相对湿度不超过 95%。气温低时，棚内保温且湿度大，通风不够。培养料不能太湿，含水量不要超过 70%，气温低时选中午或午后适当通风。培养料含氮量过高。因此，用棉籽壳或废棉渣栽培时，无须添加含氮量高的辅料。

3. 菌种现蕾

即草菇接种 2~3d 后，裸露料面的菌种上出现白色菇蕾的现象。

菌种现蕾原因是菇棚光线过强，菌种受光刺激，使一部分菌丝扭结，过早形成菇蕾；用菌龄过长的菌种，也容易在菌种上过早产生菇蕾。

菌种现蕾的预防：选用菌龄合适的菌种；接种后菌种上覆盖一薄层培养料，不使其外露；棚上覆盖草帘，使棚内光线偏暗，有利于菌丝萌发和吃料。

4. 脐状菇

草菇在子实体形成过程中，外包膜顶部出现整齐的圆形缺口，形似肚脐状。此现象既影响产量，又影响品质。脐状菇主要发生在通风不良、CO_2浓度过高的出菇场地。

脐状菇的预防：草菇子实体形成期间，呼吸量增大，需氧量增高，管理上应定期进行通风，保持空气新鲜，即可有效地防止脐状菇的发生。

5. 子实体长白毛

在草菇子实体表面，长出白色浓密的绒毛。影响子实体成熟，甚至引起子实体萎缩死亡。子实体长白毛原因主要是通风不良、缺氧、CO_2浓度过高，抑制了草菇的生殖生长，激发了营养生长。

子实体长白毛的预防：加强通风换气，保持清新空气，白色绒毛可自行消退。

6. 草菇死菇

草菇在出菇期间，菇床上经常出现幼小菇蕾萎缩变黄，最后死亡的现象，给草菇产量带来严重的损失。幼菇大量死亡的原因及防治措施如下。

（1）通气不畅 草菇是高温型好气性真菌，生长发育过程需要足够的O_2。在栽培过程中，为了提高堆温，有时薄膜覆盖时间过长，使料堆中的CO_2过多而导致缺氧，小菇因通气不良，排气不畅，难以正常长大而萎蔫。加之菌丝呼吸旺盛，产出的热量不能很快散发，幼菇闷热而死。在播种4 d内，要注意每天通风0.5 h，4 d后揭去薄膜时，随着菌丝量的增大和针头菇的出现，要适当增大通气量。可用小竹棍向料堆均匀扎一些通气孔，促使菌丝正常结蕾，小菇正常生长。

（2）水分不足 草菇的生长需要大量的水分，若建堆播种时水分不足或采菇后没有及时补水，草被过薄，保湿性能差，均会导致小菇萎蔫。堆料播种时要大水保湿；播种后待菌丝长满形成针头菇前，如水分不够，可补1次重水；头潮菇结束后要补足水分，晴天草被要喷水防止料内水分蒸发。在高温条件下大量喷水，使幼菇蕾表面蒙上1层水膜，呼吸代谢受阻而萎蔫死菇。尤其在通风不良和二氧化碳过高的情况下更为严重。在菌丝生长过程中，空气相对湿度75%左右即可。出菇期间，在注意通风的同时，要确保菇房内空气相对湿度在90%左右。子实体较小时，喷水过重会导致幼菇死亡，培养料偏干、空气湿度低时，通常采用空间喷雾的方式增加湿度；当子实体长至指头大时，可直接向床面喷雾加湿。喷水时尽量让空气对流，加大通风换气，不宜立即盖严薄膜，以防闷死幼菇。

（3）培养料偏酸　草菇菌丝适宜在偏碱性的环境中生长，当 pH 值小于6 时，虽可结菇，但难长成菇。酸性环境更适合绿霉、黄霉等杂菌的生长，争夺营养引起草菇的死亡。因此，在培养料配制时，要适当调高培养基的pH 值，堆料前用 2%~3% 新鲜石灰水泡料，堆好的料 pH 值要在 9 左右。pH值下降一般出现在第 2 茬菇后。培养料变酸，菌丝生长很弱，造成菇蕾枯萎。防治方法：采完头潮菇后，可喷 1% 石灰水或 5% 草木灰水，以保持料内pH 值 8 左右。

（4）温度骤变　草菇菌丝生长和子实体发育对温度有不同要求，一般结菇温度在 30℃ 左右。但寒潮来临，气温急剧下降，或盛夏季节持续高温会致使小菇成批死亡。因此，遇寒流要尽量采取保温措施。遇持续高温时没能及早通风降温，或喷洒在地板上的水过多，降温太快，小菇承受不了温度骤变而成批死掉。故盛夏酷暑要选择阴凉场地堆料栽培，料上加盖草被并多喷水，堆上方须搭棚遮阴。

（5）水温不适　草菇对水温有一定的要求，一般要求水的温度与室温差不多。如在炎热的夏天喷 20℃ 左右的水或喷被阳光直射达 40℃ 以上的水，到第 2 天小菇会全部萎蔫死亡。喷水要在早晚进行，水温 30℃ 左右为好。

（6）采摘损伤　草菇菌丝比较稀疏，极易损伤，若采摘时动作过大，碰到了旁边正在生长的幼菇，或触动周围的培养料造成周围幼菇菌丝断裂而使水分、营养供应不上就会造成死亡。采摘草菇时动作要轻，一手按住菇的生长基部，保护好其他幼菇，另一手将成熟菇拧转摘起。如有密集簇生菇，则可一起摘下，以免由于个别菇的撞动造成多数未成熟菇死亡。

（7）菌种退化　草菇菌种无性繁殖的代数和转管培养的次数过多，栽培种菌龄过大、菌种老化、生活力下降，影响养分的积累，第二潮菇现蕾后因养分不足而萎缩死亡。为防止这种情况发生，可用草菇幼龄菌褶分离菌种，斜面扩大繁殖培养不要超过 3 代，栽培菌种的菌龄应控制在 1 个月以内。菌种须年年分离，适温保存。

（8）病虫为害　害虫、螨类啃食和伤害菇蕾而枯萎；残留菇脚引起的软腐病，导致下潮菇蕾枯萎等。用已霉变的稻草等原料作培养料，在不清洁的场地栽培，会导致害虫大量发生。防治病虫，原料要新鲜、充分干燥、未变质，并在阳光下暴晒，场地要干净卫生，可预防病、虫、杂菌的发生。堆料时加3%茶饼粉或0.2%敌百虫溶液，能起到防治害虫的效果。草菇对农药很敏感，在防治病虫杂菌时，使用方法不当，会因药害而造成死菇。所以应提前做好培养料的灭菌杀虫。用药剂量要准，喷雾要均匀，切忌重喷，当菇蕾出现时，切忌使用农药。

（9）料温偏低　草菇生长对温度非常敏感，出菇期间，棚内温度以28~32℃为宜，料温以33~35℃为宜，一般料温低于28℃时，草菇生长受到影响，甚至死亡。在草菇栽培过程中，要使料温在适宜范围内尽可能保持恒定，保持菇房温度在30℃左右。

（10）幼菇过密　播种量过大，通风换气过少，幼菇蕾又十分密集，其中大菇蕾吸收养分的能力强，部分小菇蕾因得不到充分的养分而死亡。补盖细土，防止菌丝长出土面，压低出菇部位，以免出菇过密。

第二十章　羊肚菌栽培技术

羊肚菌又叫羊蘑、羊肚菜，由于它的菌盖表面凹凸不平，形状与羊肚相似，所以被称为羊肚菌。羊肚菌是一种珍稀野生食药用菌，在我国广泛分布，目前我国已发现的羊肚菌有20多种，其中，常见的有梯棱羊肚菌、尖顶羊肚菌、粗柄羊肚菌、黑脉羊肚菌等，含有丰富的蛋白质、氨基酸和矿物质元素、维生素，具有较高的营养价值。研究发现，羊肚菌对咳嗽、消化不良、脾胃虚弱、肠胃炎症和饮食不振有良好的治疗作用。

一、生物学特性

羊肚菌隶属于子囊菌门盘菌纲盘菌目羊肚菌科羊肚菌属。子囊果卵形，菌盖中空肉质，褐色，表面有凹坑，似羊肚，菌柄中空肉质，接近白色（图2.20，图2.21）。

图 2.20 鲜羊肚菌

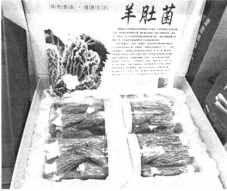

图 2.21 干羊肚菌

二、栽培技术

1. 栽培季节

羊肚菌是一种偏低温型菌类，一般在 11 月初播种栽培，翌年 3—4 月出菇，4 月底基本完成出菇。

2. 菌种选择

羊肚菌人工栽培成熟的菌种多为六妹系列、梯棱系列、七妹系列。购买菌种一定要多方对比，最好能实地考察，选择有资质的菌种厂家。

（1）六妹羊肚菌 子囊果高 4~10.5 cm，菌盖长 2.5~7.5 cm，最宽处 2~5 cm，圆锥形至宽圆锥形；竖直方向上有 12~20 条脊，很多是比较短的，具次生脊和下沉的横脊，菌柄与菌盖连接处凹陷深 2~4 mm、宽 2~4 mm，脊光滑无毛或具轻微绒毛，幼嫩时苍白色，随着子囊果成熟颜色加深呈棕灰色至近乎黑色，幼嫩时脊钝圆扁平状，成熟时变得锐利或侵蚀状；凹坑呈竖直方向延展，光滑，暗棕褐色至黄白色，粉红色或近黄色；菌柄长 2~5 cm，宽 1~2.2 cm，通常呈圆柱状或有时基部似棒状，光滑或有轻微的白色粉状颗粒物，菌柄白色，肉质白色，中空，厚 1~2 mm，基部有时有凹陷腔室；不育的内表层白色，具短绒毛；八孢子囊孢子（18~25）μm×（10~22）μm，椭圆形，表面光滑，同质；孢子印亮橙黄色；子囊（200~325）μm×（5~25）μm；圆柱形顶端钝圆，无色；侧丝（175~300）μm×（2~15）μm，圆柱形具圆形、尖、近棒状或近纺锤状的顶端，有隔，2% 的

KOH 呈无色状；不育脊上的刚毛（50~180）μm×（5~25）μm，有隔，紧密堆积在一起，2%的 KOH 棕色至棕褐色，顶端细胞圆柱状具圆形、近纺锤形或近棒状的顶端。

（2）梯棱羊肚菌　子囊果高 6~20 cm，菌盖高 3~15 cm，最宽处 2~9 cm，圆锥形至宽圆锥形，偶见卵圆形；12~20 条竖直方向的主脊，以及大量交错的横脊，呈现出梯子一样的阶梯状；菌柄与菌盖连接处有 2~5 mm深，2~5 mm 宽的凹陷；脊光滑或具轻微绒毛，幼嫩时苍白色至深灰色，随着成熟逐渐变为深灰棕色至近乎黑色；幼嫩时脊整体上钝圆状，成熟后变得锐利或侵蚀状；凹坑在各个发育阶段上呈竖直方向延展，光滑或具轻微绒毛，老熟后呈开裂状，从幼嫩时的灰色至深灰色随着成熟逐渐变为棕灰色、橄榄色或棕黄色；菌柄 3~10 cm 高，2~6 cm 宽，通常基部成棒状至近棒状，表面光滑或偶见白色粉状颗粒，成熟过程中逐渐发育有纵向的脊和腔室，特别是在菌柄基部的位置；菌柄白色至浅棕色，菌肉白色至水浸状棕色，中空，1~3 mm 厚，菌柄基部有时呈叠状腔室；不育的内层表面白色，具绒毛；八孢子囊孢子，（18~24）μm×（10~13）μm，椭圆形，光滑，同质；子囊（125~300）μm×（10~30）μm；圆柱形顶端钝圆，无色；侧丝（150~250）μm×（7~15）μm，圆柱形具圆形到近棒状、近锥形或近纺锤状的顶端有隔，2%的 KOH 呈无色至棕褐色；不育脊上的刚毛（125~300）μm×（10~35）μm，有隔，2%的 KOH 无色或棕色至棕褐色，顶端细胞圆柱状具圆形顶部，近头状、头状、近圆锥状或近纺锤状。

（3）七妹羊肚菌　子囊果高 7.5~20 cm，菌盖长 4~10 cm，最宽处 3~7 cm，圆锥形至近圆锥形；竖直方向上有 14~22 条脊，大多比较短，具次生脊和横脊，菌柄与菌盖连接处的凹陷深 1~3 mm、宽 1~3 mm，脊光滑无毛或具轻微绒毛，幼嫩时棕褐色至棕色，随着子囊果成熟颜色加深呈深棕色至黑色，幼嫩时脊钝圆扁平状，成熟时变得锐利或侵蚀状；凹坑呈竖直方向延展，光滑，颜色变化从幼嫩时的黄褐色至黄褐棕色、粉红色或棕褐色加深到成熟时的棕色至棕褐色；菌柄长 3.5~10 cm，宽 2~5 cm，通常基部似棒状，顶端略微扩张变大，具白色粉状颗粒，菌柄白色，随着菇体的老熟，颜色变深至棕褐色；肉质白色，中空，厚 1~2 mm，基部有时有凹陷腔室；不育的内表层白色，具短柔毛；八孢子囊孢子（17~30）μm×10~15（~20）μm，椭圆形，表面光滑，同质；孢子印亮橙黄色；子囊（175~275）μm×（12~25）μm；圆柱形顶端钝圆，无色；侧丝（100~200）μm×（5~12.5）μm，圆柱形具尖的、近棒状或近纺锤状的顶端，有隔，2%KOH 无色；不育脊上的刚毛（60~200）μm×（7~18）μm，有隔，2%的 KOH 棕褐色，顶端细胞近棒状（少量的近头状或不规则形状）。

3. 栽培种、营养袋配方

（1）栽培种配方 1　杂木屑 70%，麦粒 20%，腐殖质 10%，生石灰 1~2%，石膏 1.5%。

（2）栽培种配方 2　杂木屑 30%，小麦 30%，稻谷壳 30%，腐殖质土 10%，生石灰 1%~2%，石膏 1.5%。

（3）营养袋配方　小麦 30%~50%，木屑 20%~30%，谷壳 10%~20%，土 0~20%，石灰 1%，石膏 1%（图 2.22）。

图 2.22　营养袋

二、栽培技术

1. 场地选择

可利用中拱棚、日光暖棚进行栽培也可采取露天搭建小拱棚栽培。土壤要弱碱性至微酸性，疏松、透气，有一定的持水性。水质要清洁、无污染。同时还应具备水电便利、交通方便等条件。

2. 整地建畦

每畦长度按照土地位置和面积合理规划，预留操作道并安装微喷装置。畦宽度应方便管理和采摘，在 80~100 cm 为宜；畦高度合理，有利于灌水，在 10 cm 左右为宜。

3. 播种

可采用沟播、撒播的方式播种。将菌种块在干净的容器中捏成碎块后预湿。沟播是先在畦面沟出 2 cm 深的小沟，然后将菌种洒进沟内再覆盖 1~2 cm 厚的土；撒播是将菌种撒在畦面并覆盖 1~2 cm 厚的土。

4. 菌丝管理

播种后向沟内灌水，棚内温度不超过 22℃不低于 2℃。湿度保持在 75%

左右，根据天气条件、菌丝生长情况通风。一般播种后温度湿度适宜情况下3~4 d播种沟可见白色菌丝，10~15 d畦面土壤表面出现白色粉状物，即为羊肚菌分生孢子。

5. 摆放营养袋

一般播种15 d后即可摆放营养袋。将营养袋划口或扎孔后将划口或扎孔面压在畦面上，使菌丝长进营养袋内。摆放密度在4 袋/m²左右。

6. 出菇管理

待2月气温升高到6~10℃时，根据天气情况搭建遮阳网，3月后搭建第2层遮阳网。在现蕾前用微喷浇1次出菇水，用水量5 kg/m²，土壤湿度60%~80%，空气湿度85%~95%。后期原基形成期间不用补水。幼菇期少量喷水，1~2次/d。大菇期加大喷水量和次数，中午高温期间勿喷（图2.23）。

图2.23　田间管理

7. 采收晾晒

羊肚菌子囊果菌盖表面的脊和凹坑明显开裂，即达到成熟阶段，应立即采收，避免过熟影响品质。采收时不要将菌柄基部留在地里，易引起杂菌感染。剪去菇柄，去掉基部带入的泥土、干草等杂质后，在晴天摊开晾晒，至羊肚菌完全干燥后可置于阴凉干燥处存放。

三、病虫害防治

羊肚菌在土壤中生长，环境开放复杂，极容易发生病虫害，尤其是在连续栽培的场地更容易爆发病虫害，导致大面积减产甚至绝产现象发生。栽培前应对土壤进行处理，有条件的要对场地进行消杀，新栽培场地用150 g/m²生石灰预撒土壤，老栽培场地用250 g/m²生石灰预撒土壤，尽可能降低土壤、环境中病虫害基数。一旦发现真菌性病害要及时剔除病菇，如有小面积发生红体病、软腐病可用石灰覆盖土壤表面，避免病菌传播，发生整棚死亡情况。

第二十一章　玉木耳栽培技术

玉木耳又名白玉木耳，是吉林农业大学原校长、菌物学教授、中国工程院院士李玉及其团队于 2016 年选育的一个食用菌新品种，该品种属于毛木耳的白色变异菌株。玉木耳耳片通体白色，温润如玉，色泽洁白，晶莹剔透，白璧无瑕，肉质滑嫩，味道鲜美，口感清脆，含有丰富的氨基酸和多糖，具有较高的抗癌活性，还有清肺益气、降血脂、降血浆胆固醇、抑制血小板凝聚等诸多功效。玉木耳出耳温度高，抗杂能力强，生物学效率高，生物转化率达 120% 以上，产量是黑木耳的 2 倍左右，营养丰富，外观漂亮，商品性好，市场售价高，前景良好，是黑木耳之外的又一珍稀品种，是名副其实的食用菌界"白富美"（图 2.24）。

图 2.24　玉木耳

李玉院士工作站位于陕西省商洛市柞水县下梁镇。商洛市农业科学研究所食用菌研究室于 2019 年引进玉木耳品种种植示范，柞水县陕西秦峰公司、中博公司等一批企业先后采用大棚吊袋立体种植玉木耳，玉木耳种植在商洛市已蓬勃发展。

一、生物学特性

1. 形态特征

玉木耳圆边，单片，小碗，无筋，肉厚，状如耳朵。新鲜的玉木耳呈胶质片状，晶莹剔透，耳片直径 4~8 cm，有弹性，腹面平滑下凹，边缘略上卷，背面凸起，并有纤细的绒毛，呈白色或乳白色。干燥后收缩为角质状，硬而脆性，背面乳白色，入水后膨胀，可恢复原状，柔软而半透明，表面附有滑润的黏液，质地柔软，味道鲜美，营养丰富，可荤可素。优质玉木耳表面呈现米黄色，腹面光滑，颜色喜人，手摸上去感觉干燥，无颗粒感，复水后颜色雪白，嘴尝无异味。

2. 生长发育所需的条件

（1）温度　温度是左右玉木耳生长发育速度和生命活动强度的重要因素。玉木耳属中高温型菌类，它的孢子萌发温度22～32℃，以30℃最适宜。菌丝在8～36℃均能生长，但以22～32℃为宜，在8℃以下，38℃以上受到抑制，玉木耳菌丝能耐高温不耐低温。长时间低温下可以致死玉木耳菌丝，所以玉木耳的保藏温度最好在8℃以上。玉木耳属于恒温结实性菌类。子实体所需的温度低于菌丝体，玉木耳菌丝在15～32℃条件下均能分化为子实体，而生长最适宜温度20～28℃。38℃以上受到抑制。在适宜的温度范围内，温度稍低，生长发育慢，生长周期长，菌丝体健壮，子实体色白，肉厚，有利于获得高产优质的玉木耳；温度越高，生长发育速度越快，菌丝徒长，易衰老，子实体肉薄，质差。

（2）水分和湿度　水不仅是玉木耳的重要成分，也是它新陈代谢、吸收营养必不可少的基本物质。玉木耳在生长发育的各阶段都需要水分，在子实体发育时期更需要大量水分。玉木耳的孢子萌发需要水分，在固体培养基上萌发的时间稍长。常规培养基的含水量，可以满足孢子萌发时对水分的要求。

玉木耳在菌丝体的定植、蔓延、生长时期，培养料的含水量应为60%～70%。水分过少，影响菌丝体对营养物质的吸收和利用，生活力降低；水分过多，导致透气性不良，氧气不足，使菌丝体的生长发育受到抑制，甚至可能窒息死亡。

子实体形成时期对湿度要求比较严格，除培养基要求含水量达70%外，还要求空气相对湿度保持在90%～95%，以促进子实体生长迅速，耳大、肉厚，低于80%，子实体形成迟缓，甚至不易形成子实体。

（3）光照　玉木耳各个发育阶段对光照的要求不同。在黑暗或有散射光的环境中，菌丝都能正常生长。光照对玉木耳从营养生长转向生殖生长有促进作用。在黑暗的环境中玉木耳很难形成子实体，只有具备一定的散射光，才能生长出健壮子实体。但是玉木耳不喜直射光，直射光影响玉木耳品质，玉木耳在阳光直射下易受到青苔的侵染，因此，玉木耳整个生长过程中必须保持暗光或散射光。总之玉木耳在出耳管理阶段有一定散射光就可以。

（4）空气　玉木耳是好气性真菌，它的呼吸作用是吸收 O_2 排出 CO_2。当空气中 CO_2 超过1%时，就会阻碍菌丝体生长，子实体畸形，变成珊瑚状，往往不开片，超过5%就会导致子实体中毒死亡。因此在玉木耳整个生长发育过程中栽培场地应保持空气流通新鲜，另外，空气流通清新还可以避免烂耳，减少病虫害的滋生。

（5）pH 值　玉木耳适宜在微酸性的环境中生活。菌丝体在 pH 值 4~7 范围内都能正常生长，以 pH 值 5~6.5 为最适宜。

二、栽培技术

1. 栽培季节、场地及模式

玉木耳属于毛木耳的变异品种，整个生育期65~68 d，适宜栽培毛木耳的季节也能栽培玉木耳。玉木耳菌丝生长温度 12~34℃，以 22~32℃ 为宜。子实体生长温度 18~32℃，最适温度 20~25℃，温度高时，耳片薄且颜色发黄。1 年可栽培 2 茬，春季栽培 3 月制袋，4—7 月出耳；秋季栽培 7 月制袋，8—10 月出耳。

图 2.25　大棚地栽模式

栽培场地应在食用菌大棚内，或者使用黑木耳大棚都可以。栽培模式有两种，即大棚地栽或大棚立体吊袋栽培（图 2.25，图 2.26）。

2. 栽培原料及配方

适合玉木耳栽培的原材料很多，一般以杂木屑、玉米芯、玉米秆、棉籽壳、杏鲍菇废料等，可根据当地的原材料资源优势选择不同的配方。木屑需堆积发酵半年以上，不断淋水，发酵软化才能使用，堆积发酵时间越长越好，颜色逐渐从米黄色变成黄褐色。

图 2.26　大棚吊袋模式

选择当年新鲜的、无霉变、无虫害、无结块的棉籽壳，提前 1 d 预湿。玉米芯颗粒直径以 0.2~0.5 cm 为宜，使用前要添加适量石灰水进行浸泡，使玉米芯充分预湿，选择新鲜无霉变、无虫害、无结块的麸皮。配方如下。

（1）配方一　杂木屑 60%，棉籽壳 20%，麸皮 19%，石膏粉 1%。

（2）配方二　杂木屑 60%，玉米芯 20%，麸皮 19%，石膏粉 1%。

（3）配方三　杂木屑 64%，杏鲍菇废料 20%，麸皮 15%，石膏粉 1%。

（4）配方四　杂木屑 58.5%，玉米芯 20%，棉籽壳 8%，麸皮 12%，$CaCO_3$ 1%，石灰 0.5%。

3. 装袋灭菌

采用聚乙烯短袋 18 cm×35 cm 或长袋 15 cm×55 cm 规格用装袋机装袋，短袋填料高 18 cm，湿重 1.1 kg/袋，长袋长度 40 cm，湿重 1.55 kg/袋，将装好袋的培养料常压灭菌，当温度上升到 100℃ 保压灭菌 16~18 h，当温度降低至 30℃ 出锅入冷却室冷却。

4. 接种及培养

接种时温度在 25℃ 以下，严格按照无菌操作规程在超净工作台上接种。每袋菌种接 50 袋，接种后置于 23~25℃ 培养室中避光培养，适当通风，菌丝培养阶段要特别防止高温和强光照射，高温易造成菌袋发褐，后期出耳时，耳基部容易发黑影响品质。一般情况下 50 d 菌丝可长满袋。

5. 刺孔

菌丝长满袋后，5~7 d 后采用木耳专用刺孔机进行刺孔，孔直径 4~5 mm，孔深 5~8 mm，短袋刺孔 110~120 个，长袋刺孔 200~240 个，刺孔后养菌 5~7 d 使菌丝尽快恢复，保持空气流通，散热及时。

6. 催芽

菌袋刺孔后进入大棚，大棚地栽或大棚吊袋立体栽培。先让菌丝恢复 5~7 d，等菌丝恢复变白以后开始催芽。菌袋刺孔后到耳芽形成前，通常称为催芽管理。春季出耳，当温度稳定在 18℃ 就可进行催芽；秋季出耳，当棚内温度下降到 30℃ 就可进行催芽。气温及空气相对湿度是影响耳芽形成的主要因素。大棚内保持散射光，适时通风，每天 2 次，温度控制在 18~25℃，经常给地面浇水，使大棚内空气相对湿度保持在 80% 左右，2~3 d 后菌丝完全恢复就可以在菌袋上喷水，使空气相对湿度达到 90%，促进原基形成，7~10 d耳芽即可形成。

7. 出耳管理

经过催芽管理，玉木耳耳芽形成以后，耳片进入了生长期，新陈代谢旺盛要注意喷水和通风。

（1）温度管理　耳片生长期，保持大棚内温度18~30℃，最适温度20~25℃。温度低，耳片生长缓慢，耳片洁白、肉厚；温度高，耳片生长迅速，耳片颜色偏黄、肉薄；温度超过32℃时，耳片生长受到抑制，严重时会出现耳片生长停止或流耳。

（2）湿度管理　水分是影响玉木耳生长发育的重要因素，大棚内空气相对湿度控制在85%~90%，耳片小时，小水少量多喷，耳片大时大水少喷，干干湿湿、干湿交替。晴天时每天喷水3~4次，阴天或雨天时少喷或不喷水，中午温度高时，不宜喷水。

（3）光照管理　玉木耳生长喜欢黑暗条件下，但是要有一定的散射光。光照强度对玉木耳耳片颜色和厚度有较大影响，避免直射光或强光照射，直射光影响玉木耳的色泽，也会使玉木耳受到青苔的侵染，强光照射会抑制玉木耳生长。

（4）通风换气　玉木耳耳片生长阶段需要充足氧气，但对二氧化碳也不敏感，每天通风3~4次，气温低时，中午前后通风0.5 h以上；气温高时，早晚通风。

8. 采收和晾晒

玉木耳耳片为单片，当耳片充分展开，耳基变细时即可采摘，采收前1 d停止喷水，采收后停水2~3 d，菌丝复壮后再喷水管理，采收后及时烘干或晒干（图2.27）。

图2.27　晾晒

三、病虫害防治

病虫害的防治原则，以预防为主，防治结合。在玉木耳生产的全过程中，都要做好清洁卫生，场地、环境消毒，从根本上降低或消除杂菌害虫。

1. 烂耳

烂耳分为水分过饱和烂耳与过熟烂耳。

水分过饱和烂耳：浇水过多，昼夜湿度80%以上，严重时从耳芽到子实体都发生溃烂。防治方法，适量浇水。

过熟烂耳：不及时采收。防治方法，适时采收。

2. 流耳

玉木耳生长中后期，大棚内高温高湿，当温度超过30℃，空气相对湿度超过85%时，通风不良，采摘不及时就会引起流耳。防治方法：高温高湿时，盖遮阳网，掀开大棚四周塑料膜通风降温降湿，及时采摘。

3. 线虫

玉木耳子实体根部发红，有时可明显看见线虫寄生在子实体根部，防治方法是出耳期做好环境卫生，出耳大棚每7 d喷一次0.5%食盐水或0.5%~1.0%石灰水。

4. 螨虫

螨虫主要为害玉木耳菌丝，要以预防为主，防止菌种带螨，防止培养料带螨，地面或草帘应提前消毒杀虫杀螨，若是出现螨虫，可在一潮耳全部采收以后喷4.3%甲维·高氯氟防治。

5. 菇蝇、菇蚊类

玉木耳第2潮时遇到高温高湿容易出现菇蝇、菇蚊类，从无公害角度，不使用药物熏蒸，可以采用物理防治方法，使用吸虫灯、黄板防治。

（1）吸虫灯诱杀　大棚内安装吸虫灯，每100~200 m² 挂一盏，距灯下0.3~0.4 m处放一收集盘，盘内盛水，夜间开灯蚊蝇飞到灯下，掉入水中淹死。

（2）黄板诱杀　大棚中隔3~5 m挂一黄板，当黄板上粘满菇蝇菇蚊时更换黄板，用此方法可粘住大量菇蝇、菇蚊的成虫和部分跳虫。

6. 蛞蝓

玉木耳出耳管理阶段高温高湿，正是蛞蝓为害的季节。防治方法：蛞蝓危害时可在大棚周围和蛞蝓出没地撒一层石灰粉或用5%浓盐水喷洒防治，严重时可在夜晚或阴雨天人工捕捉防治。

7. 青苔

青苔又称青泥苔，是丝状绿藻的总称。青苔是水生藻类植物，影响玉木耳菌丝生长，使子实体产生杂色，影响玉木耳品质，同时加剧栽培袋内积水，导致栽培袋腐烂。玉木耳出耳期间在栽培袋内培养料表面生长青苔，随着玉木耳一起生长，后期造成玉木耳停止生长而减产。发生原因：喷水是死水，脏水，污水；栽培袋内长期有积水，并且有阳光直射就会发生青苔；栽培袋脱壁，袋料分离。防治方法：使用清洁水源；避免栽培袋内长期积水，避免太阳光直射栽培袋；生产高质量栽培袋，装料紧实，无空隙，无脱壁现象；发生青苔后可用1 000~1 500倍硫酸铜溶液喷洒栽培袋，对青苔有较好防治效果。

第二十二章　天麻栽培技术

天麻为兰科天麻属植物，多年生寄生草本植物，以干燥块茎入药，中药名天麻，又名明天麻、赤箭、定风草。无根、无绿色叶片、不能进行光合作用，其营养来源依靠同化侵入体内的一些真菌而获得，其种子与小菇属的一些真菌共生，块茎膨大必须与蜜环菌共生才能实现（图2.28，图2.29）。

图2.28　鲜天麻

图2.29　干天麻

天麻块茎含天麻苷、天麻素、天麻苷元、派立辛、天麻醚苷香草醇、β-谷甾醇等。天麻苷、天麻苷元及香草醇为活性成分，天麻苷含量一般为0.3%~0.6%，有的达1%以上。天麻味甘，性平，归肝经，现已开发出天麻丸、天麻头疼片、天麻钩藤颗粒、天麻首乌片、天麻杜仲胶囊、人参天麻药酒等。

天麻喜温凉、湿润，原生地多为海拔较高、植被较好、腐殖土层深厚呈酸性或弱酸性沙质土壤。全世界天麻约有 20 多种，分布于热带、亚热带、及南温带、寒温带山区。我国天麻分布地域十分广阔，如云南、贵州、四川、河南、辽宁、吉林、黑龙江、河北、安徽、江西、湖南、浙江、青海、陕西等省，常产于海拔 400~3 000 m 山地丘陵地带的林地。

在我国已发现天麻属的植物有 5 种，即原天麻、细天麻、南天麻、疣天麻和天麻，一般人工栽培的有红秆天麻、青天麻、乌天麻和黄天麻。秦巴山区，包括陕西的安康、汉中、商洛，四川的广元、巴中，湖北的十堰，大别山区，包括安徽东部、河南东部、湖北东北部主要以红天麻为主；云贵高原，包括贵州毕节、六盘水、安顺等，四川攀枝花、西昌、宜宾主要以乌天麻为主；伏牛山的桐柏山系，包括河南的南阳、湖北的襄樊主要是黄天麻。

在商洛，天麻人工栽培时间还很短，仅近百年历史，自从 20 世纪 50 年代天麻由野生变家种在陕南秦巴山区试种成功以后，掀起了一个人工栽培热潮，从而使生产由山到川；由地下坑栽到地上堆载、瓶栽、箱栽等；由单一栽培到天麻—林果—粮油菜立体栽培；由大田到庭院；由无性栽培到有性栽培五次较大技术创新。2020 年，商洛天麻人工栽植 3.2 万亩，鲜品产量 0.65 万 t，产值 2.6 亿元，丹凤县峦庄镇、蔡川镇、山阳县王庄等天麻生产集中区，10 月中下旬收获，客商上门收购，市场价格稳定，效益和前景好，是区域农民增收的重要途径。

一、生物学特性

1. 形态特征

天麻无根、无绿色叶片，与蜜环菌共生，为生态特异的药用植物。一般株高 30~150 cm，地下只有肉质肥厚的块茎，呈椭圆形，有顶生红色混合芽的剑麻与无明显顶芽的白头种麻和米麻，麻的大小差异很大，长 0.5~20 cm，直径 0.2~8 cm，重量从几克到几百克。地下块茎一般横生，有明显的环节，节处有膜质小鳞片和不明显的芽眼。天麻的茎（又称苔）单一，圆柱形，分为水红色的红秆天麻、呈棕黑色的乌天麻、呈浅绿色的青天麻

（绿秆天麻）。它的花呈总状花序，苞片膜质长椭圆形，长 1~1.2 cm，花淡黄色或黄色，苞片和花瓣合生成筒状，顶端 5 裂、合蕊，柱长 5~6 mm。蒴果长圆形，浅红色，其种子细小如粉状，一个蒴果内含 3 万~5 万粒种子。根据天麻的形态特征和发育阶段不同，可分为剑麻、白麻、米麻、母麻 4 种。

（1）剑麻 一般为最大的天麻块茎，是主要的药用部分，长 5~20 cm，个体鲜重 50~300 g，最大达 900 g。前端有红褐色的"鹦哥嘴"状的混合芽，尖长而空，外包 7~8 片淡褐色大鳞片，翌年抽薹，茎秆似剑，故称剑麻。茎秆长出地面，能开花结果，繁殖种子。

（2）白麻 比箭麻小的次成熟天麻块茎，黄白色，块茎前端有类似芽的生长点，可长出白嫩的"嫩芽"，故称白头麻，简称白麻。白麻不抽薹，需在地下生长 1~2 年才能长成剑麻。大白麻可做种子，也可以药用，中小白麻繁殖力极强不能药用，只能做种子用。

（3）米麻 因其形状似米粒，故称米麻。是由种子发芽后的原球茎形成或由剑麻、白麻分生出较小的天麻块茎个体。重量在 2 g 以下的叫米麻或仔麻。米麻繁殖系数较高，作为扩大繁殖的种麻。

（4）母麻 母麻是长出新麻后的原来作种栽的剑麻、白麻个体，统称母麻，箭麻抽薹后或已长出新个体的大白麻也叫"老母"。多数老母腐后其内生成若干个小米麻，俗称"天麻抱蛋"。

2. 生物学特性

天麻是一种与蜜环菌共生的高等草本寄生植物。在长期的自然选择中，形成了特定的适应生态环境的特性。人工栽培天麻必须了解天麻生长对环境条件的需求，因地制宜地选择或创造适宜天麻生长的环境，运用现代农业措施，充分满足天麻生长的需要，以获得稳产、高产。

（1）生长发育习性 天麻从种子萌发到一代种子成熟所经历的过程叫一个完整的生育周期。天麻种子由胚柄细胞、原胚细胞和分生细胞组成。授粉 20~25 d 种子开始成熟。在适宜的水分、温度、湿度、萌发菌等条件刺激下开始萌发。种子吸水膨大后 20 d 左右形成两头尖、中间粗的枣核形，种胚逐渐突破种皮而发芽，播后 30~50 d 就能形成长约 0.8 mm、直径 0.4 mm 的原球茎。发芽后的原球茎靠原共生的萌发菌提供营养，不管能否接上蜜环菌都能分化出营养繁殖茎，开始第 1 次无性繁殖。原球茎只有与蜜环菌建立了营养关系后才能正常生长发育成新生麻。播种后 40~60 d 即 7 月下旬至 8 月中旬与蜜环菌共生，接菌的球茎迅速膨大，到 11 月就能长到 1.5~2 cm。翌年 4 月气温开始回升，天麻结束休眠开始萌发生长，进行第 2 次无性繁殖，到 6 月左右天麻进入生长旺盛期，部分小麻迅速膨大长成商品麻，大部分为下年提供种源。播种后第 3 年春，剑麻的花原基开始生长、抽薹、长茎，在 5 月下旬气温达 14℃ 左右时天麻茎出土，当气温达 20℃ 左右时茎秆迅速生长，直至开花、结果。所以，在不进行种子生产时，每年对种植的天麻进行翻窝，检出商品麻，以防抽薹烂麻。

天麻为两性花序，花药在花柱的顶端，雌蕊柱头在蕊柱下部，花粉粒之间有胞间连丝相连，花粉呈块状自然条件下，靠昆虫传粉，自花和异花都可授粉结实，但授粉结实率仅在 20%，所以必须进行人工授粉，结实率可达 98% 以上。天麻开花时间以上午 10—12 时和凌晨 2—4 时开花最多，授粉时间掌握在开花前 1 d 到花后 3 d 内进行，授粉后果实迅速膨大，经 15~20 d 成熟，成熟后要及时采收，否则种子散落。

（2）环境条件　①温度。天麻喜温凉、湿润，春季当地温在 10℃ 以上时天麻休眠结束开始萌动生长，当地温在 14℃ 左右时，剑麻开始抽薹出土。块茎生长的最适温度是 18~25℃，地温在 28℃ 以上时生长不良甚至停止生长，即进入休眠状态；当地温在 10℃ 以下时，就进入冬眠。所以说，冬季应注意保温工作，不能低于 2~5℃。②湿度。成熟天麻块茎含水量在 80% 左右，天麻种子萌发对水分的需求也很明显，在干旱条件下不能发芽生长，所以土壤含水量一般保持在 40% 为宜。③光照。天麻块茎生长不需要光照，但光照对天麻开花、结果和种子成熟有一定促进作用，有一定的散射光就可以，不能有直射太阳光。④植被。植被是天麻赖以生长发育极为重要的环境条件，天麻一般生长在林区，林区的阔叶腐烂后和蕨类及苔藓植物为天麻和蜜环菌的生长创造了隐蔽、凉爽、湿润的环境条件。⑤土壤。天麻生长所需的营养物质一方面来源于蜜环菌，再就是土壤。要求土壤为含腐殖质多、疏松、湿润、透气的沙质土壤，土壤弱酸性环境，pH 值 5~6，黏土不适宜栽培天麻。

二、萌发菌与蜜环菌

1. 萌发菌

萌发菌是指能促进天麻种子萌发的真菌叫天麻萌发菌。

（1）萌发菌的形态特征 天麻种子的萌发属于小菇属真菌的刺激作用，20 世纪 80 年代主要以徐锦堂教授分离的紫萁小菇菌为主，90 年代后期，中国医学科学院药用植物研究所郭顺兴教授又分离出石斛小菇菌，提高了天麻种子的萌发率。

萌发菌小菇菌的子实体散生或丛生，平均高 1.7 cm，最高 3.1 cm 左右，菌盖平均直径 2.8 cm，大的约 5 cm，发育前期为半球形，褐青色，密布白色鳞片，后平展，中部微突，边缘白色不规整，甚薄，柔软无味。菌盖表面细胞近球形、椭圆形，有刺疣，菌褶白色，9~20 片，菌柄中生直立，直径 0.6 mm，中空，圆柱形，上部白色，中部褐至黑色，散布白色鳞片，基部着生在由丛毛组成的圆盘基上。萌发菌的菌丝无色透明，有分隔，光滑。适宜的生长温度为 20~28℃，30℃停止生长，pH 值 5~5.5。

（2）萌发菌侵染天麻种子及其萌发过程 萌发菌以菌丝形态侵入种子，可由种皮任何部位侵入，播种 5 d 后可观察到侵入种皮的萌发菌，大量集结在退化了的胚柄吸器残迹物周围；播种后 10 d 菌丝通过残迹物侵入胚柄细胞，分生细胞开始分裂；16 d 菌丝侵入胚柄细胞前端 2~3 层，分生细胞旺盛分裂，胚渐长大，胚与种皮达到等宽程度。说明天麻种子是靠消化侵入胚细胞的萌发菌获得营养分生细胞才能开始分裂。播种后 20~25 d 生活力旺盛的原壁菌丝侵入胚柄细胞以上的 3~4 层原细胞，开始向边沿原胚细胞侵入，而靠近分生细胞第四或第五层的中心原胚细胞，为大型细胞，萌发菌侵入大型细胞后，菌丝被消化，细胞核变形，核渐破裂放出核物质产生圆形更新核，有的有双核仁。播种后 25 d 有少量种子已突破种皮而萌发，播种后 50 d 左右种子大量萌发。

（3）萌发菌培养基配方 ①配方 1，花栎木干树叶 90%，麸皮 10%，KH_2PO_4 0.05%，$MgSO_4$ 0.05%。②配方 2，杂木屑 85%，麸皮 15%，KH_2PO_4 0.05%，$MgSO_4$ 0.05%。

2. 蜜环菌

（1）形态特征 ①菌丝体。菌丝体包括菌丝和菌索。菌丝是一种纤细白色丝状体，肉眼无法辨其形状。在菌棒树皮下可见由菌丝组成的束或块，呈乳白色或粉白色，随着时间的延长菌丝向外生长，纵横交错，颜色加深，至核化时变成黑褐色。菌索由菌丝扭结而成，外面有一层角质壳膜包裹称菌索。幼嫩的菌索棕红色，壮龄菌索棕色，老化后呈暗棕色至黑色。壮龄菌索富有韧性，向长拉时壳断丝连，且再生能力很强，如果切成碎断的菌索在适宜的条件下，数日后继续生长，各自形成新的菌索。②子实体。子实体也叫榛蘑、蜜环蕈、青冈蕈。是一种食药兼用菌，由菌盖和菌柄组成。菌盖直径5~10 cm，蜜黄色或土黄色，老熟后变成棕色肉质半球形或中央稍微隆起的平展形，且有暗褐色细毛鳞片，菌盖湿润时发黏。菌柄圆柱形，浅褐色，直径0.5~2.1 cm，纤维质，海绵状松软，后中空，基部膨大，菌环上位，膜质，有时为双环，所以称"蜜环菌"。菌褶与菌柄相连，如刀片状呈放射形长出，孢子在菌褶上产生，成熟放射出大量孢子。

（2）蜜环菌的生活史 蜜环菌在生长发育过程中，分营养阶段和繁殖阶段，而繁殖阶段又分为无性繁殖和有性繁殖，但以有性繁殖为最好。生长过程是：孢子—萌发——次菌丝—二次菌丝—菌索—子实体—孢子。

（3）蜜环菌的生活特征（环境条件） 蜜环菌适应性很强，寄生或腐生在600多种木本或草本植物上。它不但能利用枯死的树干、树根、树枝、落叶和杂草生活，还能寄生在活的树根、树干皮下韧皮部和木质部之间。①发光。在充足的空气和适宜的温度15~28℃，空气相对湿度70%~80%时，菌丝的氧化过程处于旺盛状态，在树皮下的菌丝束、菌丝块、或菌索的幼嫩部分，均可发荧光，黑暗处易见，干燥后荧光消失。②好气。蜜环菌属好气性真菌，只有在透气良好的条件下旺盛生长，CO_2浓度高的情况下生长发育不良，甚至停止生长。所以，栽培天麻时必须选择透气良好的沙子或沙质土壤，黄泥土和透气不良的土壤不适宜栽培。③温度。蜜环菌在5~10℃开始生长，20~25℃生长最快，30℃时生长将受抑制，35℃以上停止生长。④湿度。蜜环菌菌丝体含水量在80%~90%，所以在整个生长过程中需要大量水分，蜜环菌基质含水量在60%~70%，水分过大，透气性不好，将会影响菌丝生长；水分过小，菌丝生长受阻。⑤pH值。蜜环菌适宜在微酸性的环境中生长，以 pH 值 5~6 为宜。

（4）蜜环菌的特点　①耐旱性。蜜环菌的抗旱能力很强，干透的菌索置于 25℃，湿沙含水量 60% 左右环境下，十几天后又能恢复生长。②再生能力强。将壮龄蜜环菌菌丝（菌索）切成 0.5~1 cm 的小段，在适宜的条件下，能从断处长出新菌丝。③耐热性。在温度 70℃ 时，需 5 min 才能使菌丝死亡。④耐湿性。基质含水量在 80%~90% 时菌丝正常生长，在液体培养基中通过振动有少量的空气，菌丝生长良好，但不能形成菌索。

三、栽培技术

1. 蜜环菌的培养

蜜环菌的退化是天麻高产的主要障碍。退化的主要表现是：菌丝生长缓慢、菌索细长、颜色变黑、没有韧性，侵染天麻的能力下降，子实体出现畸形。造成蜜环菌退化的主要原因是长期的无性繁殖和过多的传代。因此，传代次数应控制在 2~3 次，对菌种进行不断的提纯复壮，最可靠的方法是进行有性繁殖。

（1）蜜环菌菌枝的培养　菌枝是最好的菌种，因它幼嫩，蜜环菌生活力强，生长快，养菌时间短，抗杂菌。它不但可以用来培养菌棒，还可以在菌材菌索差的地方补充菌种，提前给麻种接菌供给营养，防止在栽培初期天麻接不上菌而萎缩死亡。①菌枝的选择。选用阔叶树种的枝条或砍菌棒时砍下的树枝，直径以手指粗细为好，用砍刀或电锯截成 45℃ 角的斜面，长度 2~3 寸（1 寸 ≈ 3.33cm）。②培养时间。蜜环菌菌枝的培养一年四季都可进行，但以 3—8 月最好。由于这一阶段气温高、湿度大、菌丝生长快、易扭结传给菌枝。但在高寒地区，如果要在 3 月培养，需加农膜保温提湿，才有利于菌丝生长。③培养方法。由于蜜环菌容易在树皮与木质部界面生长，所以，菌枝截成斜面，加大了生长面积，增加生长概率，长出的菌索特别旺盛。在培养前先将菌枝、树叶用水浸透备用，然后，根据菌枝多少在透气性好的沙质地上挖 30 cm 深，长度不限的坑，坑底灌足水，等水淋干后在坑底铺 2~3 cm 的树叶，再均匀铺一层泡好的菌枝，厚 4~5 cm。将菌种瓣成蚕豆大小的颗粒均匀撒在菌枝上，用土盖住菌种，再铺一层菌枝，撒上菌种覆土，如此反复，以 6~7 层为好，最后覆土 5~10 cm，用树叶或麦草、玉米秆盖上保湿（图2.30）。

（2）菌材（棒）培养　①菌棒选择。选择木质坚实、容易接菌的树木来培养菌棒，如青冈树、栓皮树、水冬瓜、桦树等，选用直径6～10 cm粗细的树棒，截成50～100 cm长的菌棒，每隔6～10 cm砍1个鱼鳞口，要砍到木质部，根据菌棒粗细可砍3～4排。也可将较粗的菌棒劈两半或四半。②场地选择。要选择透气利水的沙壤地，坡度小于45℃。高山区选背风向阳的地方；地势低，气候温热的地方选择阴山培养；中山区选择半阴半阳的林间培养。③培养方法。培养方法有坑培、半坑培、堆培，在培养时

图2.30　坑培天麻

要根据当地的气候特点选用。坑培，适于低山区较干燥的地方采用。挖坑深50～70 cm，坑底铺一层泡过的树叶，平摆一层菌棒，在棒的两端、鱼鳞口处放2～3个培养好的菌枝或菌种块，用土填满空隙，如此反复，共摆放6～7层或与地面平，上覆5～10 cm的沙壤土。用树叶或农作物秸秆覆盖保湿。半坑培，此法适于海拔700～1 000 m的地区。其培养方法与坑培相同。不同之处是下挖深度浅，地上有2～3层菌棒，高出地面部分成堆状。堆培，适于海拔高，温度低，湿度大的地区。方法和坑培、半坑培相同，就是不挖坑，直接在地面上将菌棒堆起来培养，覆土后形成大的堆状。④培养时间。一般在6—8月培养菌棒，正好可以赶上冬季11—12月栽培天麻用棒。有性繁殖用棒应在8—9月培养，以便到翌年5—6月进行有性繁殖用棒。⑤培养菌棒及菌床场地的管理。做好菌棒培养的管理工作，培养出优质的菌棒是确保天麻高产的关键措施之一。调节湿度，蜜环菌需水量比天麻大，水分大蜜环菌才能长好。所以说，加强水分管理十分关键，一般夏季雨水多的情况下，能满足其需要，不必灌水，但在干旱少雨的时候，必须向菌床内灌水，一般每15 d灌一次。特别是半坑与堆培的应10 d灌一次水，灌水后用土覆平被水冲开的地方。调节温度，天麻栽培不但希望蜜环菌长得快，而且菌索要粗壮、幼嫩。蜜环菌虽然能在25℃下生长最快，但温度高菌索纤细、易

老化。所以，温度应保持在 18~20℃。在盛夏，应注意降温，采取遮阴、盖草、灌水等措施。⑥菌棒质量检查。蜜环菌在培养过程中，由于菌种质量、数量，培养时间，土壤的透气性，鱼鳞口深浅程度，环境温度、湿度等方面因素的影响，培养出来的菌棒质量差参不齐，有的没有菌索而不能用，在栽培时，必须选用质量好的菌棒，才能保证天麻高产。外观检查时，应做到，菌棒上无杂菌，菌索棕红色，生长点白，且生长旺盛，鱼鳞口处观察有较多幼嫩菌索长出，菌棒皮层无腐朽变黑现象。皮层检查，有的菌棒表面处菌索很旺盛，但多数是老化的，甚至部分死亡，皮层已近于腐朽，这样的就不能用。有的从外表处看，见不到菌索或菌索很少，但通过皮下检查，用小刀切一小块树皮，如果皮下乳白色，有红色菌丝块或菌丝束，表明已接上了菌，这样的菌棒很好，可以使用。

2. 有性繁殖栽培技术

有性繁殖栽培是天麻由野生变家种成功以后形成的一项新的栽培技术。它的主要优点：一是解决了天麻无性繁殖的种源不足问题。由于天麻的野生资源日渐枯竭，已经很难采挖到野生天麻块茎做种子用，种源的缺乏，影响了天麻生产的发展，而有性繁殖，一株天麻可产数十个蒴果，每个蒴果就有 3 万~5 万粒种子，仅以最后成麻率 0.05% 计算，也可收获相当可观数量的有性种源。二是生命力强，繁殖系数高，产量高。在无性繁殖过程中，天麻的再生能力减弱，生活力下降，繁殖系数、产量越来越低。利用有性繁殖生产后，白麻和米麻作种，再进行无性栽培，可显著提高繁殖系数和产量。三是有性繁殖通过人工授粉杂交，可利用杂交优势，培育新的良种。有性繁殖，也叫种子繁殖，是由雌雄两性配子结合而形成胚，再发育成新个体的过程。天麻有性繁殖，就是采用剑麻开花授粉后所接的种子来繁殖栽培，天麻有性繁殖栽培必须培养出大量的种子（图 2.31）。

（1）蒴果的培育　①剑麻的选择。箭麻要求个体完整健壮、通体鲜亮、芽头饱满、鹰嘴形、无伤疤、无病虫害，单个鲜重在 150 g 以上。好的箭麻栽后花序长、茎秆粗、结实大而饱满，如果剑麻小而细长，则花序短、结实小而细长，播种后会影响产量和品质。用于培育种子的剑麻，要经过 0~1℃，40~50 d 的低温处理，所以，在上年翻窝时选好后埋在地下或预留足够的几窝不翻，盖上 4~5 寸的树叶防冻，待到种植时再翻窝。②种植时间。

分野外栽培、室内栽培和温室栽培，无论是在哪种环境中栽培，应根据当地的气候条件，以不受冻为标准。野外栽培春季以 3 月上中旬茎尖尚未萌动时为好；室内和温室栽培根据栽培习惯提前栽培，但室内栽培要有一定的散射光。③场地选择、整理。种子园应在背风向阳、排水良好、有遮阴条件的地方，郁闭度要在 70% 左右，

天麻乌红杂交品种培育

图 2.31　天麻有性繁殖

空气相对湿度保持在 70% ~ 80%。这样可保证天麻花、幼果不受阳光灼伤，在湿润的空气中也不会萎缩。在室外种植，选用透气性好的沙土，可以起垄栽植，也可以挖坑栽植；在室内或温室栽植选用河沙即可。④栽植方法。无论是室外还是室内栽植，先铺 5 cm 厚的沙土，将剑麻芽嘴向上，株距以 15 cm 左右为宜，剑麻摆好后上覆一层 5 cm 厚的沙土或河沙，如果沙土太干，可以拌水，水分含量掌握在 15% ~ 20%。为了以后授粉方便，每畦之间留 80 cm 的走道，畦宽 50 cm。⑤管理。遮阴和防旱，由于花茎生长需要较高的温度（20~25℃）和较大的湿度，又不宜在阳光直射下生长，室外栽植如没有树木遮阴，一定要搭遮阴棚。遮阴棚高度 1.5~2 m，过低则温度高，通风不良，花茎生长受抑制。下大雨要及时覆膜防雨，气温高时要在周围洒水降温，洒水最好在傍晚进行。要经常保持土壤（沙）湿润，满足天麻开花结实对水分的需要，湿度保持在 40% ~ 50%，开花时保持在 70% 左右。摘尖，天麻为无限花序，顶生，长 10~30 cm，每株开花 10~50 朵，自下而上依次开放。花呈红棕色，开花后位于花轴顶端的几个花往往不能授粉结实。为减少营养消耗，可在开花中期将顶端 3~5 个花蕾摘掉，使果实饱满，提高产种量。

（2）人工授粉　天麻从抽薹到开花需 20~30 d，从开花到成熟需 25~35 d。海拔在 1 000 m 以下的温暖地区，天麻的花果期可提前 20 d 左右，高寒地区要推迟 20~25 d。

剑麻开花后就要及时授粉。天麻为两性花，花瓣合生，顶部有 5 个不太明显的花瓣合生沿。雄蕊和雌蕊合生为合蕊柱，其上部为雄蕊，花药室、花

粉黏块状，上盖花药帽，下部为黏盘，是退化的柱头。天麻的授粉分为自然授粉和人工授粉。自然授粉，是在自然条件下，天麻是靠昆虫传粉的，由于天麻花无特异气味，不易引诱昆虫，因此授粉不良，着果率只有48%～66%，而人工授粉着果率可达93%左右，所以说，这是有性繁殖栽培的一个重要技术措施。人工授粉，海拔在1 000 m左右的中山地区，天麻抽薹开花在5月上旬至6月上旬，每个花茎从第一朵花开至最后一朵花开需要10～15 d。每朵花开放时间高山区7～10 d，低山区5～7 d，花粉多在花开后的第2天9—14时成熟。因此，人工授粉应在第2天10—16时最好，最晚不超过开花第3天。露水未干和雨天不宜授粉。授粉时用左手固定花托（拇指和食指从花被筒的背面轻轻拿住被授粉的子房），右手持小镊子或缝衣针将唇瓣压下或择除，这时可以看见花被筒基部合蕊柱前方椭圆形的柱头，略松镊子观察，如花药帽顶起，花粉松散时便可取下花药帽，然后用镊子或缝衣针从花药帽下方取出花粉块，将花粉粘在柱头表面，再轻轻将花粉涂布均匀即可。花被筒最好保留，以保持柱头湿润。目前，天麻人工授粉大多采用自交，若采用异株异花授粉，其后代的活力会大为提高，如乌秆天麻产量高，绿秆天麻繁殖力强的特点进行杂交，产生的种子优势明显。先用大头针尖端挑取花粉块并将花粉送到柱头上或是有黏液的合蕊柱基部，再用大头针的平端深入花被筒内轻轻将花粉块捣散，使花粉块较多或较大面积地平铺在黏液明显的柱头上。用此方法授粉的天麻果实在重量和体积上均大于常规授粉法。授粉时要一朵一朵进行并做好标记，以免遗漏。授粉后，20～25 d果实即可成熟。

（3）种子采收 天麻人工授粉后20～25 d果实即可成熟，成熟的标志是：一是眼观果实膨大，其表面有6条纵向棱线出现凹纹，缝尚未开裂、发亮；二是用手摸果实由硬变软且富有弹性；三是打开果实观察，种子不成团，能散开。授粉20 d后每天进行观察，成熟的种子要及时采收，边采边用纸袋包装，一般每10个包装一袋，采后立即置于5℃的冰箱中保藏。由于果实随着保藏时间的延长发芽率就会下降，最好在3～10 d播完，不得超过10 d。

（4）播种技术 ①拌种。先将萌发菌（用树叶或木屑生产的萌发菌）从袋（瓶）中掏出，用树叶生产的要用手或菜刀将菌叶撕（切）成0.5 cm²的小块，用木屑生产的要用75%的酒精擦拭手，将木屑萌发菌掰碎，每窝用量2~3袋（瓶），蒴果每窝5~10个。把蒴果外壳剥开将粉状种子均匀撒在准备好的萌发菌上拌匀，使种子附着在萌发菌上。②播种。无论是地下播种或地上播种，栽培方法是相同的，不同之处就是地下栽培要挖30~45 cm的坑，宽以菌棒长度为好。一层全菌棒栽培法：先将坑底或地面铺一层1~3 cm厚已浸泡好的树叶压实，撒播是把拌好的种子均匀撒在树叶上，每10 cm摆一根培养好的菌棒；条播是将种子均匀地撒在菌棒的下面；点播是将种子分点放在菌棒的下面。然后用培养好的菌枝（树枝）填平缝隙，覆盖10 cm厚的沙壤土或河沙，上面盖2~3 cm的树叶或用秸秆覆盖保湿。二层全菌棒栽培法：将拌好的种子分成两份，第一层和前面相同，然后用沙土或河沙覆平缝隙，再铺1 cm湿树叶，摆放培养好的菌棒，不管是撒播、条播、点播都和一层相同。然后覆土，盖树叶或秸秆保湿。菌棒与新菌材伴栽法：基本的栽培方法和一层、二层相同。不同之处就是用一根培养好的菌棒一根新菌材（上年翻窝菌索较好的老菌棒），在新菌材周围加放培养好的菌枝。这种方法可以减少菌棒的培养量。全新菌材栽培法（三下窝）：这种方法就是没有提前培养菌棒的新栽培户使用，但一定要有培养好的菌枝或蜜环菌菌种。方法是坑底或地面铺一层1~3 cm厚的预浸泡的树叶，压实，撒播、条播、点播同前，把蜜环菌菌枝或菌种放在菌棒的鱼鳞口处和菌棒的两端，其他和一层、二层相同。

（5）播种后管理　天麻喜阴凉、潮湿的环境，温度在20~25℃，湿度在50%左右最为适宜，加之播种后正值高温季节，加强管理尤为重要。一是播后30 d内要防雨，有性栽植一个月内属种子萌发期，由于天麻种子和萌发菌有好气性的习性，故在栽后30~50 d要注意通风，防止雨水。下雨时要在麻床上盖农膜遮雨，天晴时及时揭开。二是30 d后保持麻床湿度在50%左右，以促进蜜环菌健壮生长，保证种子萌发后能及时接上蜜环菌。三是早春、晚秋拱膜提温，夏季高温时遮阴降温。四是冬季防止冻害，及时加盖秸秆保温。五是防止人畜践踏破坏菌材。六是防止积水雨涝，菌床周围挖排水沟。七是保证菌材土壤湿度在40%~50%。

（6）收获　天麻有性栽培一般播后16~18个月就可收获，这时剑麻可达30%左右，要及时挖出，否则到5—6月就会抽薹变腐，失去商品价值。白麻、米麻达2/3，又可进行无性繁殖。在翻窝时，将剑麻与白麻、米麻分开盛装，要轻取轻放，不能碰撞，即使表皮有微小的损伤，播后杂菌侵染也会腐烂。

3. 无性繁殖栽培技术

天麻无性繁殖是用天麻的块茎进行繁殖，一般用小块茎（白麻、米麻）做种麻的一种栽培方法。其简单易行，便于推广。目前我国大部分地区均采用这种方法。

（1）栽培场地的选择　根据天麻和蜜环菌生长所需的环境条件选择好栽培地块，给天麻和蜜环菌生长创造良好的自然环境条件。海拔在 900 m 以下的川道地区宜选择阴坡地；海拔在 900~1 500 m 的半高山地区宜选择半阴半阳地块；1 500 m 以上的高寒地区宜选择阳坡地块栽培。土质以透气性好的沙质壤土或河沙为好，不能在黏性大和积水的地块栽培。

（2）种麻的选择　种麻质量的好坏与繁殖率的高低关系密切，是影响天麻产量高低的直接因素。种麻的质量标准是：无病斑、无创伤腐烂、无冻害、色鲜、体形为纺锤形、芽眼饱满明亮、重量以 5~10 g 的白麻、米麻做种麻。

（3）栽培时间　冬栽 10—11 月，春栽 3—4 月，同时，还要根据当地的气候和海拔条件选择栽培时间。低海拔地区冬栽可适当推迟，春栽可适当提早；高海拔地区冬栽可适当提前，春栽可延后。因为在天麻芽眼开始萌动前蜜环菌就已经开始生长，待天麻萌动时，菌麻已经结合，5—7 月气温升高，是天麻生长旺盛期，可以增加天麻产量。

一般天麻的栽培用种量应根据种麻的大小和菌棒的数量而定。一般标准一窝用菌棒 10 根，一根菌棒放种麻 5~6 个，重量 50 g，一窝用种量 500 g 左右为宜。

（4）栽培方法　①一层菌棒栽培法。利用已经培养好的菌棒或翻窝用过的菌棒（菌丝棕红色，生活力强、无杂菌）栽培，其方法是：在选好的地块挖深 30 cm，长度不限，宽 60 cm 的坑，坑内保持 10~15 cm 的活土层，铺 2~3 cm 厚浸泡过的树叶压实，然后每 4~6 cm 摆 1 根菌棒，再放麻种，菌棒间放 3~4 个，菌棒两头分别放 2 个，种麻尽量靠近菌棒，要是用米麻可将麻种撒在靠菌棒的两侧，用土填好空隙，最后覆土 10~15 cm 即可。②两层菌棒栽培法。基本和一层菌棒栽培法相同，不同之处就是坑要挖得深一点，40~50 cm，一层空隙填平土（沙）后，上覆沙土3~5 cm，以不见菌棒为宜，再同一层摆法栽培第2层，最后覆土10~15 cm呈鱼基型。③菌棒加新菌材栽培法。不管是一层、二层栽培法，其方法基本相同，不同之处是一根培养好的菌棒（翻窝的老菌棒）一根新菌棒间隔摆放。是利用老菌棒传新菌棒，这种方法可节省大量培养菌棒的工作。④菌棒加菌枝栽培法。就是在菌棒之间4~6 cm的空隙中放3~5 cm一层培养好的菌枝，把麻种定植其间，其他栽培方法和前面一样。这种栽培法是针对培养欠佳或培养时间不够的菌材，达到补充菌源的目的。可选用一层或两层栽培。⑤全新菌棒栽培法。其栽培方法

图 2.32　延坪镇青坪村天麻产业基地

同前面一样，不同之处就是在菌棒之间的空隙用培养好的菌枝填充，将菌种定植在菌枝中，依靠菌种向菌棒传菌，缺点是此法菌枝用量较大，一层或两层栽培都可以（图2.32）。

（5）栽后管理　①防冻。防冻是天麻获得高产的重要措施之一，如果麻种受冻，将形成空窝而绝收。因此，在上冻前加厚土层，或用秸秆等覆盖保温。②防旱。天麻和蜜环菌的生长需要大量的水分，特别是6—8月，应及时在阴天或下午向窝间空处灌水、向窝面喷雾状水增加湿度、加盖湿树叶、麦草保湿。③防涝。夏秋多雨季节，水分过大或积水会造成天麻块茎腐烂，所以，应在栽种位置周围挖好排水沟。④温度调节。天麻和蜜环菌生长的适宜温度20~25℃，春季气温低要加强增温，随着气温的升高，不会发生冻害的情况下，应把盖土去掉1层，提高窖温。如果窖温高于25℃时，及时采取降温措施，加盖土层、覆盖麦秸树枝或在覆盖物上喷水降温。⑤防人畜。天麻栽培后要注意防止人畜踩踏，应设围栏。

四、病虫鼠害及防治

1. 主要病害及防治

（1）霉菌病　培养菌材和栽培天麻的过程中易发生杂菌感染，严重时

会抑制蜜环菌的生长，也会侵染天麻块茎造成腐烂，对天麻生长发育为害最大。已知为害天麻最大的霉菌有黄霉菌、白霉菌和绿霉菌等。这些霉菌常以菌丝形式分布在菌材和天麻种茎的表面，呈片状，发黏有霉臭味。这些霉菌又统称为杂菌，发病的原因是高温、湿度大，透气不良等环境条件所致。防治的方法：①翻栽时发现菌材上有杂菌可取出在太阳下晒1~2 d即可杀死，然后用刀刮掉生霉菌处痕迹再用；对为害严重的菌材立即检出烧毁，以防传染；②选择透气、阴凉的地块栽种；③将有病的菌材用1:1 500倍"多菌灵"喷洒，阴干菌材；④感染杂菌严重要积极防治外，还要采取控制杂菌感染与发展的措施：一是木材要新鲜；二是不用带有杂菌的菌种和腐殖质土，严格防止杂菌入窖内；⑤菌材间空隙要填实，防止菌材空间生长杂菌；⑥窖内湿度要适合，保持窖内湿度50%~70%。

（2）腐烂病　腐烂病俗称烂窝病，这是一种生理性病害，夏季温度高，天麻受生理性干旱影响，中心组织腐烂成白浆状，有一种特异的臭味。在天麻栽植时，严格选择不带病的天麻种和无杂菌的菌棒伴栽，做好田间防旱、防涝和保墒，秋季做好排水。

（3）日灼病　天麻抽薹后，由于遮阴不够，在向阳的一面，茎秆受太阳直射，使剑麻秆变黑，影响地上部分生长，特别在阴天，易受霉菌侵染，从发病部位倒伏死亡。

防治方法：主要是搭好荫棚，以免受太阳光曝晒。

（4）锈腐病　锈腐病是容易侵染天麻块茎的病害，侵染后，最初在天麻块茎上为铁锈色斑点，以后逐渐蔓延，严重时使整个块茎全部坏死。

预防方法：主要选择透气良好的沙壤土栽培，覆土时不要带有染杂菌的枯枝落叶，选没有染病的白麻和米麻做种，都能收到良好效果，侵染后，目前尚无有效方法防治。

（5）水浸病　天麻生长发育阶段害怕水浸。水浸12~24 h，天麻即可腐烂，这时蜜环菌迅速瓦解天麻中心组织，使之腐烂，整个天麻体内充满菌索和一种棕黄色浆汁，带一种臭鸡蛋味。

防治方法：①选择排水良好的沙壤土栽培；②降雨后要及时检查，发现积水，立即排除；③林荫过密时可将树枝砍掉部分，适当增加阳光照射，避免潮湿水浸。

2. 主要虫害及防治

常见为害天麻的害虫有天牛、蝼蛄、介壳虫、伪叶甲、蚜虫、白蚁等。

（1）天牛 天牛幼虫在地下吃天麻，一般用毒饵诱杀或挖天麻时发现捕捉杀死。

（2）蝼蛄 俗名"土狗子"，以成虫或幼虫在表土层下开掘纵横隧道，咀食天麻块茎。防治方法是栽植前土壤处理，用50%辛硫磷乳油30倍液喷洒于窝面再翻入土中，或在栽植场地附近设置黑光灯诱杀成虫。

（3）介壳虫 主要为粉蚧，为害天麻块茎。由于它是由菌棒带入天麻窝内，药物不易防治，如发现菌棒上有，将菌棒烧毁，在天麻上发现，及时加工成商品麻，不做种用。

（4）伪叶甲 为害天麻果实，可人工捕捉。

（5）蚜虫 主要为害天麻花苔和花，可喷洒1 000倍的40%的高效氯氰菊酯。

（6）白蚁 主要为害菌棒，老产区及老腐菌棒发生多，对天麻为害很大。防治方法是不使用带虫菌材，若发现有白蚁为害应及时烧毁菌棒。

3. 鼠害

天麻生长期间常遭地老鼠的啃食，对天麻幼麻造成影响最大，应经常注意人工捕杀，也可以在四周挖深沟隔鼠，可以起到一定的预防效果。

五、收获与加工

1. 收获

天麻有性繁殖，播种后2~3年收获，无性繁殖（块茎繁殖）以10~15 g的白麻做麻种，当年栽培的天麻，第2年冬季或第3年春季收获；春季栽培的天麻，当年冬季或第二年春季收获。用10 g以下的做麻种，春季栽培的第2年冬季或第3年春季收获。

天麻初冬进入休眠期或早春未萌动生长前，营养积累充足，所以天麻最佳的收获期应在冬季10月底到翌年3月前翻窝最好。商洛群众大多在10—12月上旬翻窝，采用收种结合，边收边栽，这时翻窝天麻产量高，养分含量高，入药质量好。翻窝时先小心起去上层覆土，避免挖伤天麻，然后从窝的一头开始取出菌棒，检出剑麻，把白麻、米麻分开装，采取前面翻窝，身后栽植，栽植后的白麻、米麻作为种子出售或扩大生产，如果下年还进行有性繁殖，选好的剑麻留种外，其余的加工为商品麻。

2. 加工

天麻收获后，要及时加工，如果收获量大，堆放 3~5 d 就开始腐烂。因此要抓紧时间加工。加工前，要根据天麻的大小进行分级，洗净泥土，刮去鳞片、粗皮、黑迹，削去烂的部分，以便准确掌握蒸煮时间。一般将鲜重在 90 g 以上的分为一级，45~90 g 的分为二级，45 g 以下的分为三级。

（1）蒸煮　蒸煮的作用主要是杀死天麻块茎细胞，利于晾晒、烘干。一级天麻蒸 30 min，二级天麻蒸 15~20 min，三级天麻蒸 10~15 min。检验方法是：拿起蒸好的天麻，对着光观察，天麻体内看不到黑心，天麻通体透亮就合适了。煮的方法：先把水烧开，加少量白矾，矾水比为 1∶1 000，一级天麻煮 15~20 min，二级天麻煮 10~15 min，三级天麻煮 8~10 min，检验方法和蒸一样。

（2）晾晒或烘干　如果天麻量不大，蒸煮后要及时晾晒，将天麻单个摆放晾晒，每天要翻动 2~3 次，直至晒干。如果天麻量较大，又没有晾晒条件或遇到阴雨天，就必须烘干，采用烘房烘干的，温度第 1 天保持在 40~45℃，第 2 天保持在 45~55℃，慢火烘至七八成干，停火 3 d，等回潮后再用 70℃温度继续烘干。使用烘干炉烘干的，第一天全开通气孔，尽量让水分排出，温度掌握在 45℃左右，第 2 天，半开通气孔，温度掌握在 55℃左右，第 3 天通气孔留 1/3，停火，待天麻回潮后再用 65℃的温度直至烘干。开始时，温度不能过高，以免天麻外表水分蒸发快，内部水分不能排出而形成外壳硬，中间糠心。但温度也不能过低，否则容易产生霉菌，引起腐烂。当天麻烘至七八成干时，取出用手整形，提高其商品性。一般一级天麻、二级天麻 2~3 kg 烘干至 1 kg，三级天麻 2.5~3.5 kg 烘干至 1 kg。

天麻烘干后即为商品麻，用塑料袋装好，扎紧袋口储藏于干燥处。

3. 定级

按商品标准规定，商品麻可分为四个等级（图 2.33，图 2.34）。

（1）一等　色黄白，质坚，体肥，半透明，26 个/kg 以内；

（2）二等　色黄白，质坚，半透明，46 个/kg 以内；

（3）三等　皱皮，间有碎块，90 个/kg 以上；

（4）四等　不符合以上要求的均属此等，90 个/kg 以上。

图 2.33　商品天麻　　　　　　　　　　　图 2.34　天麻片

第二十三章　灵芝栽培技术

灵芝又称赤芝、木灵芝、灵芝草等，外形呈伞状，菌盖肾形、半圆形或近圆形，为多孔菌科真菌灵芝的子实体，真菌门科灵芝属。神农本草经记载：灵芝气味苦平，无毒，解胸结，益心智，久食轻身不老。现代医学证明，灵芝的化学成分多达上百种，最主要的有灵芝多糖、三萜类化合物等，能够调节人体的免疫力，有安神解毒，滋补强身之功效（图 2.35，图 2.36）。

图 2.35　干灵芝　　　　　　　　　　　　图 2.36　生长期灵芝

一、生物学特性

1. 形态结构

灵芝是由菌丝体，子实体两大部分组成，下部在营养基质里的白色丝状物叫菌丝体，菌丝体呈白色绒毛状，直径 $1 \sim 3 \, \mu m$。上部的伞状物叫子实体，它是灵芝的繁殖器官，由菌盖、菌柄、子实层三部分组成。成熟的灵芝子实体木质化，红褐色漆状光泽。菌盖多为"肾"形，或半圆形。菌盖下方多孔结构叫子实层，在放大镜下观察有无数管状小孔，灵芝的孢子就从小管内产生。

2. 生长发育周期

灵芝的生长发育周期分为两个阶段，第一阶段是菌丝生长期，灵芝的单孢子在适宜的温度、湿度等条件下发育成菌丝。第二阶段是子实体生长阶段，当菌丝积累了足够的营养时，便开始向子实体生长转化。灵芝子实体的生长又分为 3 个阶段，分别是菌蕾期、开片期、成熟期。

3. 生长发育所需环境条件

商洛种植灵芝一般 5 月上旬开始接种，菌丝生长 45 d 左右进入菌蕾期。菌蕾是由菌丝发育而成，乳白状突起，菌蕾期一般 15 d 左右进入开片期，开片期的特点是菌柄伸长，菌盖发育成贝壳状或扇状，开片期也是 15 d 左右，之后灵芝进入成熟期，灵芝成熟的标志是菌盖下方弹射孢子，在成熟灵芝的表面会看到一层细腻的孢子粉。灵芝生长发育的条件主要有营养、温度、水分、空气、光照和 pH 值等。

（1）营养　灵芝是木腐性真菌，对木质素、纤维素、半纤维素等复杂的有机物质具有较强的分解和吸收能力，主要依靠灵芝本身含有的许多酶类，如纤维素酶、半纤维素酶、糖酶、氧化酶等，能把复杂的有机物质分解为自身可以吸收利用的简单营养物质，如木屑和一些农作物秸秆、棉籽壳、甘蔗渣、玉米芯等，都可以栽培灵芝。

（2）温度　灵芝属高温型菌类，菌丝生长范围 $15 \sim 35 ℃$，最适为 $25 \sim 30 ℃$，菌丝体能忍受 $0 ℃$ 以下的低温和 $38 ℃$ 以上的高温，子实体原基形成和生长发育的温度范围是 $10 \sim 32 ℃$，最适温度是 $25 \sim 28 ℃$，实验证明，在这个温度条件下子实体发育正常，长出的灵芝质地紧密，皮壳层良好，色泽光亮，高于 $30 ℃$ 环境中培养的子实体生长较快，个体发育周期短，质地较松，皮壳及色泽较差，低于 25℃时子实体生长缓慢，皮壳及色泽也差，低于 20℃时，在培养基表面，菌丝易出现黄色，子实体生长也会受到抑制，高于 38℃时，菌丝死亡。

（3）水分　是灵芝生长发育的主要条件之一，在子实体生长时，需要较高的水分，但不同生长发育阶段对水分要求不同，在菌丝生长阶段要求培养基中的含水量为 65%左右，空气相对湿度在 65%~70%，在子实体生长发育阶段，空气相对湿度应控制在 85%~95%，若低于 60%，2~3 d 刚刚生长的幼嫩子实体就会由白色变为灰色而死亡。

（4）空气　灵芝属好气性真菌，空气中 CO_2 含量对它生长发育有很大影响，如果通气不畅，CO_2 积累过多，就会影响子实体的正常发育，当空气中 CO_2 含量增至 0.1%时，将会促进菌柄生长和抑制菌盖生长，当 CO_2 含量达到 0.1%~1%时，虽然子实体能够生长，但多形成分枝的鹿角状，当 CO_2 含量超过 1%时，子实体发育极不正常，无任何组织分化，不形成皮壳，所以在生产中，为避免畸形灵芝的出现，栽培室要经常开门开窗通风换气，但在制作灵芝盆景时，可以通过对 CO_2 含量的不同控制，以培养出不同形状的灵芝盆景。

（5）光照　灵芝在生长发育过程中对光照非常敏感，光照对菌丝体生长有抑制作用。实践证明，当光照为 0 lx 时，平均生长速度为 9.8 mm/d，在光照度为 50 lx 时为 9.7 mm/d，而当光照度为 3 000 lx 时，则只有 4.7 mm/d，强光具有明显抑制菌丝生长作用。菌丝体在黑暗中生长最快，虽然光照对菌丝体发育有明显的抑制作用，但是对灵芝子实体生长发育有促进作用，子实体若无光照难以形成，即使形成了生长速度也非常缓慢，容易变为畸形灵芝，菌柄和菌盖的生长对光照也十分敏感：光照 20~100 lx 时，只产生类似菌柄的突起物，不产生菌盖；光照 300~1 000 lx 时，菌柄细长，并向光源方向强烈弯曲，菌盖瘦小；光照 3 000~10 000 lx 时，菌柄和菌盖正常。人工栽培灵芝时，可以人为的控制光照强度，进行定向和定型培养出不同形状的商品药用灵芝和盆景灵芝。

（6）pH 值　灵芝喜欢在偏酸的环境中生长，要求 pH 值范围 3~7.5，pH 值 4~6 最为适宜。

二、栽培技术

1. 栽培方式

（1）段木栽培　①原木灵芝栽培：将灵芝菌种接种在灭菌后的原木上，待灵芝菌丝体长满原木，在合适的环境条件下，便可长出灵芝子实体。原木栽培法更接近灵芝的天然生长环境，生长时间要比袋栽灵芝生长时间长，所获的灵芝子实体较大，比重较重，形状好看，其外观质量较袋栽灵芝好。②柞木灵芝栽培：建议尽量购买柞木进行灵芝栽培，柞木是商洛山区的一种常见多年生树种，木质紧密，含丰富的养料，适宜作为原木灵芝的天然培养基材。商洛常年处于湿润的天气中，无霜期短，昼夜温差大，空气洁净度极高，无任何环境污染，这种低温环境下生长的灵芝质地紧密，生长周期长且有效成分（灵芝多糖、灵芝多肽、三萜类、有机锗等）含量高，品质较其他产地的灵芝好。

（2）大棚栽培　建造的大棚长度为80~100 m，宽不能超过8 m，大棚不能过高，两侧应高 2 m 左右，中间高约 3 m。建设中，墙的厚度是关键因素，大棚四周墙的厚度一般 1 m 左右。在大棚两侧的墙面上，每隔 1 m 左右要挖一个通风口。大棚里面的地面与蔬菜大棚也不同，灵芝大棚地面每隔 40 cm 挖 1 条灌水沟，灌水沟深 25~30 cm，宽 40 cm 左右。为了排灌水方便，可以在大棚的一侧挖灌水沟，将横向的灌水沟一一串接起来。大棚顶部可以用塑料薄膜覆盖，塑

图 2.37　棚栽灵芝

料薄膜上面覆盖麦秸等，既能起到保温的效果又能让棚内接收到散射光（图2.37）。

2. 培养料的制备

灵芝培养料常用的有以下配方。

（1）配方 1　棉籽壳 44%，木屑 44%，麦麸 10%，蔗糖 1%，石膏粉 1%。

（2）配方2　棉籽壳78%，麦麸20%，蔗糖1%，石膏粉1%。

（3）配方3　木屑78%，麦麸20%，蔗糖1%，石膏粉1%。

除了以上所需的原料，还需要按照总量的1%加入杀菌用的生石灰。按配方称取原辅料先干拌再湿拌，要求原辅料搅拌均匀，干湿均匀，控制含水量为60%~65%，以用力握时指缝间有水但不滴出为宜。装袋选用直径15~17 cm，长28~30 cm的聚丙烯或聚乙烯专用袋。装料要松紧适度，用塑料项圈加棉塞封口或用绳子直接扎口。

3. 培养料灭菌

用塑料薄膜将培养料包裹严实，然后用蒸汽消毒灭菌。培养料灭菌时一定要掌握好烧火的火候，预热升温阶段火要尽可能大一些，使温度快速升到100℃，达到100℃以后要保证蒸锅内蒸汽充足，使蒸锅气孔连续不断地喷出蒸汽，保持8~10 h，这样就能保证蒸汽到达培养料堆各个部位，不出现灭菌死角。消毒灭菌完全后揭开塑料薄膜，等到培养料完全凉透后就可以进行接种。

4. 接种

接种可以在小型的接种室内进行，也可以在大棚内搭建一个临时的接种室，在接种之前先把消过毒的培养料集中放置在大棚里，用塑料薄膜围起来，面积10~20 m²即可。进入临时接种室以后，将塑料薄膜密封严实。操作人员的双手是最容易引起菌种和培养料污染的，应先用75%的酒精进行擦拭消毒。栽培种的外壁在打开之前也需要用酒精消毒，把整个外壁擦拭一遍之后再进行接种。接种时，取出乒乓球大小的栽培种，打开培养料的袋口，放入袋口后及时绑扎严实。为防止接种不合格，可以在培养料的两端同时接种，整个接种期间，参加接种的人员要有无菌意识，严禁吸烟、喝酒、大声说话、走动。接种要熟练、轻缓，各种工具不可乱放，要一直保持在无菌的容器里。接种工作完成以后，工作人员退出接种室，用专用的熏蒸消毒剂对培养料进一步消毒。

5. 接种后的管理

接种后30 d内菌丝定植，慢慢地长长、长粗，这30 d里对温度、湿度、空气和光照有严格的要求。接种室内的温度应保持在22~25℃，空气相对湿度应维持在60%~70%。如果空气中的相对湿度过大，可以打开通风口通风换气。菌丝生长期间用麦秸、稻草等覆盖大棚，让菌丝在黑暗的环境中生长。30 d 后当菌丝长到菌袋一半时，需要从接种室里面移出，将移出来的灵芝栽培袋放置在畦面上。

摆放栽培袋有许多需要注意的地方，首先是栽培袋的高度不能超过 7 层，如果栽培袋放置过高，菌袋产生的热量就不能及时散发出去，就会影响菌丝的生长。其次是每两个栽培袋的袋口要保持一定的距离，这样就确保在将来出蕾的时期不会相互摩擦而产生畸形。

接种完成后菌丝就不断从栽培料中吸取营养，大约经过 45 d，菌丝将布满菌袋，培养料的营养成分也基本耗尽，这个时候就进入了菌蕾期的管理，要想让菌蕾正常的生长，首要的工作就是要打开袋口，用剪刀把绑扎在袋口的绳子剪下来，然后用针尖把塑料袋的袋口挑开，让袋口成一个小喇叭形，袋口直径 2~3 cm。菌袋开口 7~10 d，栽培料的表面就会出现指头大小的白色疙瘩，这就是灵芝的菌蕾。整个菌蕾期约 15 d，相对于菌丝生长的阶段，它对温度、湿度、光照和通风的要求有很大的不同。

6. 菌蕾期温湿度控制

菌蕾期温度控制在 25℃左右，空气相对湿度应保持在 86%~90%，为了保证大棚内的湿度，可采取向大棚内灌水增加湿度，每隔 3~4 d 向大棚内的灌水沟灌水一次。

7. 菌蕾期通风和光照控制

每天早晨 8—9 时打开通风口通风换气，保持空气新鲜，CO_2 浓度控制在 1%以下，可以用专用的 CO_2 测定仪测量 CO_2 的浓度，此时，可以将大棚上的覆盖物去掉一部分，保持大棚内有散射光照，光照强度 1 500~3 000 lx。

灵芝的发育过程中大多是同时长出多个菌蕾，有大有小，如果任其生长则互相抢夺营养，都不可能长出饱满的灵芝，所以菌蕾期要特别重视修剪，应将生长比较弱、位置比较差的菌蕾削去，每个营养袋只留 1 个健壮的菌蕾。

8. 开片期的管理

7 月上旬灵芝进入开片期，灵芝开片期对于湿度的要求更加严格，这个阶段依然要每 3~4 d 灌一次水增加棚内的湿度。

（1）开片期补充水分　为了始终保持灵芝棚内的湿度，可以采用棚内喷水的方式，灵芝刚刚开片时喷雾的雾点要非常细小，而且喷水量不能过多，每次喷水不能超过 500 ml/m²。子实体稍大后，喷水量可逐渐增加，这个阶段大棚内的湿度始终保持在90%左右。

（2）开片期通风和光照控制　开片期的灵芝在一天天地长大，如果得不到良好的通风和光照，子实体也不能形成，菌蕾就会长成像鹿角一样的灵芝。开片期的光照要求3 000~5 000 lx，CO_2浓度不能超过1%。灵芝开片期对温度的要求也比较严格，低于25℃或者高于28℃都会造成子实体发育不良，所以调整好通风和温度的关系是这个阶段必须注意的问题。既要每天适当的通风又要适时监测大棚每个角落的温度，做好保温或者散热的工作。除了通风工作要做好外，还需要倒一次垛，从第一排开始将一半灵芝倒头摆放，一层一层地交错排列，更有利于灵芝子实体的生长和发育。

三、灵芝的采收

灵芝子实体成熟的标志是菌盖边缘的色泽和中间的色泽相同，菌盖已充分展开，菌盖变硬，开始弹射孢子。采收灵芝的时候要逐一检查，尽量采收那些已经完全成熟表面覆盖有一层灵芝粉的灵芝，而没有开始弹射孢子的灵芝暂时不要采收。

灵芝采收后可以将灵芝孢子粉收集起来以供药用。新鲜灵芝的含水量通常为63%左右，不容易储存，所以灵芝采收后要在2~3 d内烘干或晒干。晒干时腹面向下，一个个摊开，2~3 d后当灵芝的含水量降至15%以下就可以作为商品出售。

第三篇
技术标准与规范

第二十四章　商洛香菇地理标志控制技术规范

一、产品介绍

1. 鲜菇

子实体单生、伞状，菌肉厚而紧实，闻之淡香，食之滑嫩、细腻、鲜美。菌盖直径 5~8 cm，丰满肥厚，呈浅褐色，部分上布白色裂纹；菌柄中生至偏生，长 3~6 cm，粗 0.5~1.5 cm，淡白色（图 3.1）。

2. 干菇

香味浓厚、嫩滑筋道。菌盖肥厚，呈深褐色或栗色，略带光泽，部分上有菊花状白色裂纹，下缘微内卷，直径 3~4 cm；菌褶淡黄色、细密匀整；菌柄短小（图 3.2）。

图 3.1　香菇地理标志登记证书

图 3.2　干香菇

二、自然生态环境和人文历史因素

商洛香菇生产区域位于陕西省东南部，秦岭南麓东段，与鄂豫两省交界。生产区域内山峦叠嶂，空气清新，气候温和，雨量充沛，生态环境优越，全市 7 个县（区）全部通过无公害整县环评。

1. 气候四季分明

商洛香菇生产区域处于南北气温 0℃ 分界线和 800 mm 降水线上，横跨长江、黄河两个流域，兼具长江、黄河两大流域风土人情，属北亚热带向南暖温带过渡地带，具半湿润性气候。年平均气温 11~14.1℃，无霜期 173~218 d，年平均日照 1 874~2 123 h，年平均降水量 706.1~844.6 mm，生产区域内四季分明。

2. 空气质量好

区域内自北向南，依次有秦岭主脊、蟒岭、流岭、鹃岭、郧西大梁和新开岭等 6 条主要山脉，山上林木茂密，森林覆盖率达到 62.3%，加上全市工矿企业较少，防污治污力度大，全市空气质量好于二级以上的天数 306 d。

3. 海拔高差大

区域内群山连绵，沟壑纵横，海拔高差大，最高点为柞水的牛背梁，海拔 2 802.1 m，最低点为商南县的梳洗楼，海拔 215.4 m。较大的气候垂直变化，造就了商洛冬菇、夏菇周年栽培并存局面。

4. 水质资源丰富，达到生活饮用水标准

区域内大小河沟共约 72 500 条，即每 0.27 km² 便拥有一条河沟，洛河、丹江、金钱河、乾佑河、旬河等 5 大水系纵横交错，支流密布，为香菇生产提供了丰富、方便的水质资源。商洛香菇生产注水使用溪流河水，为中等硬度，水质达到生活饮用水标准。

三、地域范围

商洛香菇保护地域范围包括商洛市商州、洛南、丹凤、商南、山阳、镇安、柞水 7 县（区）67 个镇（办）。东至商南县青山镇新庙村，西至镇安县木王镇栗扎坪村，南至商南县赵川镇老府湾村，北至洛南县巡检镇三元村。地理坐标为东经 108°34′20″~111°1′25″，北纬 33°2′30″~34°24′40″。商洛香菇年生产规模 2 亿袋，年产鲜菇 20.13 万 t。

四、产品品质特性特征

1. 外在感官特征

（1）鲜菇　子实体单生、伞状，菌肉厚而紧实，闻之淡香，食之滑嫩、

细腻、鲜美。菌盖直径 5~8 cm，丰满肥厚，呈浅褐色，部分上布白色裂纹；菌柄中生至偏生，长 3~6 cm，粗 0.5~1.5 cm，淡白色。

（2）干菇　香味浓厚、嫩滑筋道。菌盖肥厚、呈深褐色或栗色，略带光泽，部分上布菊花状白色裂纹，下缘微内卷、直径 3~4 cm；菌褶淡黄色、细密匀整；菌柄短小。

2. 内在品质指标

与其他地方香菇相比，商洛香菇具有高蛋白、高糖、低脂肪等特点，经检测干菇中蛋白质含量≥21%，总糖含量≥35%，脂肪≤3.5%，纤维含量≥6.7%，富含铁、钙、磷等多种矿物质及维生素 D、B_1、B_2。

3. 安全要求

商洛香菇质量安全严格执行《食品安全国家标准　食用菌及其制品》（GB 7096—2014）标准。

五、特定生产方式

商洛香菇自 20 世纪 70 年代起人工栽培，经过 50 余年的生产实践，形成了一套独具地域特色的商洛香菇代料栽培生产方式。生产流程为配料、装袋、灭菌、接种、发菌培养、出菇、采收、加工，其特定生产方式体现在以下几方面。

1. 实行"七统一分"管理方式

全市推广"百万袋"生产模式，即以行政村或较大的自然村为单元，依托一个专业合作社或龙头企业，带动农户 100 户左右，每户种植不少于 10 000 袋，实现年产值 1 000 万元，户均纯收入 4 万~6 万元。每个专业合作社或龙头企业，建设一条专业化菌包生产线，采取"工厂式菌包专业化生产+农户分散出菇管理"的生产方式组织生产，实行"七统一分"管理方式，即合作社或企业统一原料采购、统一优良菌种、统一菌包制作、统一接种、统一技术指导、统一技术标准、统一产品回收，农户分散出菇管理，由于产业化程度高，有效保证产品质量。

2. 依据气候特点，选用优良品种

商洛香菇选用菌丝生活力强、菌龄适宜、无杂菌、无虫害的优质菌种进行生产。按照香菇出菇时间，其可分为冬菇和夏菇两种，冬菇选用中低温型品种，以 908、9608 等为主栽品种；夏菇选用中高温型品种，以 L808、灵仙一号等为骨干品种。

（1）908 深褐色，菌龄 90~120 d，菇大肉厚，柄短，单生，盖圆，优质高产花菇品种。

（2）9608 属中温型中熟菌株，最适出菇温度 14~18℃，从接种到菌丝生理成熟可出菇 90 d 以上。子实体朵形圆整，盖大肉厚，菌肉组织致密，畸形菇少，菌丝抗逆性强、较耐高温，越夏烂筒少。

（3）L808 属中温型品种，出菇温度 8~28℃，菌龄 110~120 d，菇大型，肉质紧密，柄短，菇质特优，菇大，肉厚，圆整，褐色，抗逆性强，为高产当家品种。

（4）灵仙 1 号 褐色，菇体中大型，朵形圆整，菇质硬，产量、质量均出类拔萃。

3. 冬夏菇生产，周年栽培并存

商洛香菇分为冬菇和夏菇两种栽培模式。一是冬菇栽培模式（顺季节栽培），栽培区域主要分布在海拔 1 000 m 以下，通常 2—4 月生产制袋，秋、冬、春出菇。二是夏菇栽培模式（反季节栽培），栽培区域主要分布在海拔 1 000 m 以上，栽培季节为 10—11 月生产制袋，翌年 6—9 月出菇。

4. 不同栽培模式，选用不同袋型

冬菇选用 18 cm×60 cm×0. 05 cm 聚乙烯塑料折角袋，其容量大、装入基质多，提供养分时间长、生物转化率高、保水保湿能力强；夏菇选用 17 cm×58 cm×0. 05 cm 聚乙烯塑料折角袋，其出菇时间稍短、所需养分较冬菇少，故袋子规格较冬菇小。

5. 严格基质配方，规范菌包制作

商洛香菇代料栽培以本地丰富的阔叶树枝桠、枝条，桑枝条，板栗苞，玉米芯，秸秆等农林废弃物为主料，配以各种辅料，按一定的比例制成基质配方，再拌匀装袋而成。

（1）基质配方 配方一是木屑 78%、麸皮 20%、石膏 1%、石灰 1%；配方二是木屑 49%、玉米芯或栗苞 30%、麸皮 20%、石膏 1%；配方三是木屑 77.7%、麸皮 20%、石膏 2%、磷酸二氢钾 0.3%。

（2）拌料 任选上述一配方，按比例将麸皮与辅料充分拌匀后，再与

主料搅拌 3 遍，反复搅拌后加水。整个拌料过程达到"两匀一充分"，即各种干料拌匀，料水拌匀，原料吸水充分。栽培料含水量为 55%~60%。

（3）自动装袋　冬菇和夏菇均采用免割保水膜外加塑料袋的形式进行生产。免割保水膜选用 18 cm×63 cm×0.02 cm。装袋过程全部采用装袋机装袋，先将免割保水膜套入装袋机套筒，再套入塑料袋，机械便会自动将拌好的基质装入袋中，每袋装干料 1.4~1.5 kg，湿重 3~3.3 kg。

6. 菌袋高温灭菌，加强发菌管理

（1）灭菌　当天拌料，当天装袋，当天灭菌。香菇菌袋采用常压或高压灭菌，每次灭菌袋数控制在 4 000~6 000 袋，常压灭菌蒸汽温度达 100℃，保持 24~30 h；高压灭菌温度 121℃，保持 3 h，确保灭菌彻底，不留死角。

（2）接种　灭过菌的料袋摆放在消毒过的房间，当料袋温度降至 30℃以下即可接种。接种要严格按照无菌操作要求进行，采用专业化打孔接种线接种。用种量 40~50 g/袋。

（3）发菌培养　将接种好的菌袋立即放入消毒过的培养室，接种孔向两旁堆放整齐，堆高 5~7 层。发菌培养期间温度控制在 22~25℃，空气相对湿度为 50%~60%，室内保持定期通风。养菌后期每天通风 2 次，每次 30 min。经常检查，发现污染袋及时清理，进行无害化处理，确保生产区域环境清洁。

（4）转色越夏管理　当菌丝长满菌袋时，即进入转色管理。转色适宜温度 20~24℃，空气相对湿度为 85% 左右，需散射光和新鲜空气，当菌袋表面形成一层具有活力的棕褐色菌皮时转色结束，进入越夏管理。温度不能超过 30℃ 以上，防止烧袋，加强通风，防止太阳光直射。

7. 构建栽培设施，满足香菇生长

商洛香菇均采用设施栽培。冬菇为钢架大棚、层架立体栽培，既能节省空间，又利于冬季保温；夏菇为钢管中拱棚、地摆式栽培，有利于保湿降温，促进出菇。

8. 规范出菇管理，提高产品质量

（1）出菇　将转色好的菌袋置于出菇棚内上架或地摆，当日温差达 10℃ 以上时，将菌袋的塑料袋脱去，白天棚膜盖严，晚上掀开两头，拉大温差，促进出菇。

（2）采收　当菌盖达5~6 cm，边缘仍有明显内卷呈铜锣边状，菌膜刚破裂时为最佳采收期。第一茬菇采收完后，及时清理料面，去掉残留的菌柄，保持菌袋干燥养菌7~10 d，注水后可出第2茬菇，同样管理，可出4~5潮菇。

（3）制干　采用自然晒干或专用烘烤炉烘烤两种方式。自然晒干是将采收好的香菇按大小、薄厚分级后，去柄放置于阳光下晾晒，当香菇含水量降至13%即可分选包装。采用专用烘烤炉烘烤是将采收的香菇盖在上、柄在下，均匀排放于烘烤筛上，烘烤温度和时间初期为30~35℃下2 h，中期35~40℃下3~4 h，中后期40~45℃下5~8 h，后期50~55℃下9 h，固定期60℃下1 h，当香菇含水量降至13%左右烧烤结束，当其温度降至室温时，取出香菇，分级包装。

（4）包装　将分级好的干品贮藏在塑料袋内，热压封口，放置于清洁、干爽、低温的房间贮藏。

（5）病虫害防治　商洛香菇生产区域空气质量好，冬夏菇制袋、接种、养菌期气温较低，不利于病菌侵染；出菇过程管理科学规范，采用通过加两层遮阳网和通风等进行环境调控，有效防止病虫害的发生。偶有病虫害发生，使用农业农村部允许食用菌生产使用的生物农药进行防治。

9. 废弃菌包再利用

香菇采收结束后，各专业合作社或龙头企业将香菇种植户的污染菌包及废弃菌包回收，除去表面残存的塑料膜，粉碎，再按一定比例添加新鲜原料灭菌后，用于木耳、平菇、灵芝等其他食用菌生产，或加工成饲料、有机肥料、无土栽培的基质、沼气的生产原料等，实现废弃菌包的循环再利用。

六、包装标识相关规定

1. 商洛香菇的生产经营者在使用商洛香菇农产品地理标志前须向登记证书持有人提交使用申请书、生产经营者资质证明、生产经营计划和相应质量控制措施、规范使用商洛香菇农产品地理标志书面承诺以及其他必要的证明文件和材料。

2. 经审核符合标志使用条件的，商洛香菇农产品地理标志登记证书持有人按照生产经营年度与标志使用申请人签订商洛香菇农产品地理标志使用协议，在协议中载明标志使用数量、范围及相关责任义务。

3. 商洛香菇农产品地理标志使用协议生效后，标志使用人方可在香菇包装物上使用商洛香菇农产品地理标志，并可以使用登记的商洛香菇农产品地理标志进行宣传和参加展览、展示及展销活动。

4. 商洛香菇农产品地理标志使用人要建立商洛香菇农产品地理标志使用档案，如实记载地理标志使用情况，并接受登记证书持有人的监督。

5. 商洛香菇农产品地理标志使用档案需保存五年，商洛香菇地理标志登记证书持有人和标志使用人不得超范围使用经登记的农产品地理标志，任何单位和个人不得冒用农产品地理标志。

第二十五章　柞水黑木耳地理标志控制技术规范

一、产品介绍

柞水黑木耳，2 000多年前就被劳动人民认识和利用。据清《陕西通志》记载"万山丛树多，土人伐生木耳。近耳收买成包，水陆运至襄汉，作郧耳出售，价倍川耳"（图3.3，图3.4）。

图3.3　木耳地理标志登记证书　　　　图3.4　干木耳

二、自然生态环境和人文历史因素

1. 土壤地貌情况

柞水黑木耳生产区域以秦岭为脊，以乾佑、金井、社川、小金井4河为谷向东南延伸，构成"九山半水半分田"的自然地貌，地势西北高，东南低，海拔541~2 802.1 m。境内岩基性复杂，土壤类型较多，自然土壤主要为棕壤土和黄棕壤。土壤有机质含量1.1%，全氮80 mg/kg，速效磷45 mg/kg，速效钾120 mg/kg，pH值6.6~8。

2. 水文情况

柞水县境内有大小溪流7 320条，水域面积占2.8万亩，河流总长5 693.4 km。其中，10 km以上50条，集水面积100 km² 以上9条。平水年计算，全县地表水总流量6.54亿 m³，人均占水量4 100 m³，是陕西河网密度大、水资源丰沛县之一。水质达到《地表水环境质量标准》（GB 3838—2002）一级标准和《生活饮用水卫生标准》（GB 5749—2006）标准。

3. 气候情况

柞水县地处中国西北东线内陆地区，属亚热带和温带的过渡地带。全年日照1 860.2 h，最冷平均气温0.2℃，最热平均气温23.6℃。极端最高气温37.1℃，最低-13.9℃，无霜期209 d，年平均降水量742mm，四季分明，温暖湿润，夏无酷暑，冬无严寒。

4. 人文历史情况

柞水县因柞树多而得名，柞树又叫耳树，属壳斗科栎属，是生长黑木耳的最佳树种。柞水黑木耳味道鲜美，个大肉厚，营养丰富，具有很高的药用价值，是公认的保健食品，有山珍之称。柞水人明清时期就从事木耳生产。近年来，在政府的适度引导下，依托当地自然条件，将丰富的资源优势转化为经济优势，木耳生产已成为当地农民一项主要经济来源。木耳产量连年翻番，现已成为全县的名优特产，2007年，柞水黑木耳获得绿色食品A级认证。

三、地域范围

柞水黑木耳产地位于陕西省商洛市柞水县，地理坐标为东经108°49′25″~109°36′20″，北纬33°25′31″~33°55′28″。东临商州、山阳，南接镇安，西临安康地区的宁陕县，北与西安市的长安、蓝田接壤，包括全县 16 个乡镇。区域保护面积 2 800 hm²，年总生产规模 8 000 架，总产量 60 t。

四、产品品质特性特征

1. 外在感官特征

柞水黑木耳耳面呈黑褐色，有光亮感，背面暗灰色，吸水率可达 15 倍，且片大、肉厚、鲜嫩。

2. 内在品质指标

柞水黑木耳营养丰富，各项品质指标符合国家一级标准要求，粗蛋白质含量远大于规范规定值（≥7%），粗脂肪含量也远超出规范规定值（≥0.4）。

3. 安全要求

严格按照《无公害食品　黑木耳》（NY 5098—2002）进行操作，产地环境条件要求符合《无公害食品　食用菌栽培基质安全技术要求》（NY 5009—2002）的要求，木耳生产使用的原料要符合《绿色食品　农药使用准则》（NY/T 393—2020）、《绿色食品　肥料使用准则》（NY/T 394—2013）的要求，严格遵守《农产品质量安全法》规定。

五、特定生产方式

1. 产地选择

选在背北面南、避风的山坳。要求环境清洁，靠近水源，光照时间长，昼夜温差小，湿度大，通风良好，保温保湿性能好，坡度以 15°~30° 为宜，切忌选在石头坡、白垩土、铁矾土之处。产地环境条件应符合《无公害食品蔬菜产地环境条件》（NY 5010—2002）的要求。

2. 品种选择

选择抗病性强的菌种。

3. 生产过程管理

按照《无公害食品　黑木耳》（NY 5098—2002）和《柞水黑木耳生产技术规范》执行。

4. 产品收获及产后处理

采收标准：耳色转浅，耳片舒展变软，耳根由粗变细，耳柄收缩，腹面略见白色孢子时，即可采收。采收方法：压住根部，用手轻轻将子实体拧下，少留耳基，避免残根腐烂引起杂菌感染和害虫为害。采收后的鲜木耳含水分多，要及时制干，以免造成腐烂变质。

5. 生产记录

建立生产记录档案，详细记录柞水黑木耳生产操作过程和管理措施，妥善保管以备查阅。

六、包装标识相关规定

剔除碎片、杂物等，按《黑木耳》（GB/T 6192—2008）规定分为三级，包装用编织袋或盒装，并在其产品或其包装上统一使用农产品地理标志（柞水黑木耳名称和公共标识图案组合标注形式），贮藏、运输执行《绿色食品贮藏运输准则》（NY/T 1056—2006）标准。

第二十六章　山阳天麻地理标志控制技术规范

一、产品介绍

山阳天麻鲜麻棒槌形或椭圆形，肉质肥厚，顶端有红棕色芽苞，习称"鹦哥嘴"或带有茎基习称"红小辫"。底部有肚脐眼形疤痕。外表可见毛须痕迹，多轮点环节，习称"芝麻点"。干制后质坚硬，半透明，断面角质状（图3.5，图3.6）。

图3.5　天麻地理标志登记证书　　　　图3.6　鲜天麻

二、自然生态环境和人文历史因素

1. 气候适宜

山阳天麻保护区域地处秦岭南麓，属亚热带向暖温带过渡的季风性半湿润山地气候，年均气温13.1℃，日照时数2 155 h，无霜期207 d。雨量充沛，雨热同季，年平均降水量709 mm，主要分布在7—9月，与天麻块茎膨大期一致。

2. 林地资源丰富

生产区域平均海拔1 100 m，山地气候特征明显，夏季凉爽，昼夜温差大，为天麻生长提供了适宜温度环境。森林覆盖率超过64%，为天麻栽植提供凉爽、荫蔽的生长环境。植被丰富，大面积的高山树林，为天麻栽培提供优质菌材保障，较厚的枯枝落叶层为天麻提供营养温润的土壤环境。

3. 沙质壤土

山间林地土壤多以沙壤土和棕壤为主，微酸性，富含有机质，利于蜜环菌孢子停留萌发和天麻块茎膨大。

三、地域范围

山阳天麻保护区域为道地药材生长区，位于陕西省商洛市山阳县城关街办、十里铺街办、高坝店镇、天竺山镇、两岭镇、中村镇、银花镇、王闫镇、西照川镇、延坪镇、法官镇、漫川关镇、南宽坪镇、板岩镇、杨地镇、户家塬镇、小河口镇、色河铺镇等18个镇办179个行政村，地理坐标东经109°32′~110°29′，北纬33°09′~33°42′。东至王闫镇冻子沟村，南至南宽坪镇湖坪村，西至户家塬镇下娘娘庙村，北至十里铺街办祁家坪村。保护总面积10.5万亩，年产量5万t。

四、产品品质特性特征

1. 外在感官特征

鲜麻棒槌形或椭圆形，肉质肥厚；顶端有红棕色芽苞，习称"鹦哥嘴"或带有茎基习称"红小瓣"。底部有肚脐眼形疤痕。外表可见毛须痕迹，多轮点环节，习称"芝麻点"。干制后质坚硬，半透明，断面角质状。

2. 内在品质指标

山阳天麻天麻素（天麻苷）和对羟基苯甲醇总量（按干燥品计）不低于 0.4%，浸出物不低于 20%。

3. 质量安全规定

山阳天麻严格按照国家颁布的农产品安全标准体系组织生产，符合国家安全相关标准。

五、特定生产方式

山阳天麻来源于天麻，属兰科寄生性草本植物，不含叶绿素，抽薹开花，秆常为红色，块茎肥大饱满，长圆形，有均匀明显环纹，具有特殊气味。种源主要采挖野生天麻繁殖后做种。生产方式主要采用有性繁殖优育种麻、无性沙埋堆积式栽培，推行"异株授粉优繁、短棒原木垄栽、固定菌床培育、阔叶铺底与覆盖"新技术模式。

1. 菌材准备

11 月到翌年 3 月，选择休眠后或萌动前直径 4~12 cm 的花栗树、青杠树，砍伐后截成 15~20 cm 的木段，用量约 25 kg/m²。或选择 1~3 cm 粗的花栗树、青杠树树枝，截成 4~6 cm 长的小段，需 2 kg/m² 左右。树叶一般选当年落叶，干净无霉烂的桦栎、青杠、板栗等树叶，需 2~3 kg/m²，栽培前浸泡 12 h，使其含水量达 65% 左右。

2. 种麻繁育

采野生或栽培天麻蒴果用于种麻繁殖。一般 6 月起垄播种，垄距 20 cm，垄床宽 80 cm，长根据地形而定。垄床底面挖松 5 cm 左右整平后，撒一层树叶，将伴有天麻花粉种子的萌发菌撒播在树叶上。将木棒排放其上，每排放 3 根，间距 4~6 cm。在木棒两侧及两端放上蜜环菌菌种，每个蜜环菌菌种旁放 2 节树枝。然后用沙土回填至高出木棒 2~3 cm。依次方法在其上播种第 2 层。上层覆土 8~10 cm，然后再覆树叶 6~8 cm，压上树枝、秸秆，避免风吹。栽培结束后，在四周修好排水沟。9—10 月翻窝，选择个体完整、无病虫害的健康白麻、米麻做种。也可当年不翻窝，待翌年直接收获。

3. 栽培菌棒培育

在场地底层垫一层 3~4 cm 细沙土后，上铺一层树叶，厚度以全部覆盖住沙土为宜，不可太厚。树叶上平摆一层树棒，树棒间距 2~3 cm，两段树棒中间加入 3~4 枝树枝。每个树棒两端各放 1 个蜜环菌菌枝，中间放 2~3 个。然后用沙土填好棒间空隙，沙土厚度以盖过树棒为宜。如此一次培养 4~5 层，最后盖沙土 6~10 cm，顶上覆一层树叶即可。菌棒培养期间水分保持在 60%~70%，温度保持在 20~25℃，约需 2 个月时间。

4. 起垄栽植

在 9—10 月随采种麻随栽。选择海拔 800 m 以上，15°~25°的缓坡阳坡，以二荒地、林下地为佳。起垄垄宽 80 cm，垄距 20 cm，长随地形而定。垄床底面挖松 5 cm 整平做垫层，铺一层树叶，再摆放培养好的菌棒，一般每排放 3 根，间距 4~6 cm。然后摆放种麻，米麻撒播，白麻间距视大小 4~10 cm。摆放种麻时，生长点要向外，紧靠菌棒菌索密集处。种麻摆放好以后，在菌棒顶端和中间放置 4~5 节树枝，然后覆土 4~6 cm。依次种植好第 2 层，顶上覆土 8~10 cm，再盖上 6~8 cm 树叶保湿。

5. 田间管理

冬季注意保温，当气温降至 0℃以下，要覆盖 10 cm 厚落叶或草毯保温。夏季注意遮阴排水，当日气温高于 25℃时，应搭建遮阳棚遮阴。如遇阴雨天气，需开沟排水，防止积水。

6. 采收分级

立冬后至翌年清明前采收，采收时扒去覆土，将天麻取出。用于加工的天麻块茎，按大小进行分级：单重 200g 以上，无破皮无创伤，箭芽完整者为一级，单重 150~200 g 为二级，单重 100~150 g 以下为三级。

7. 蒸熟烘干

天麻有效成分易溶于水，熟制宜蒸，一级麻蒸 15~30 min，二级麻 10~15 min，三级麻 5~10 min。烘干初温控制在 50~60℃烘烤 4~5 h，取出摊开，边晾边整形。二次烘干温度控制在 45~50℃烘烤 6~8 h，取出边晾边压成扁平型。堆积起来用麻袋等捂盖发汗 2~3 d。

六、包装标识相关规定

山阳天麻的生产经营者在使用农产品地理标志前须向登记证书持有人提交使用申请书、生产经营者资质证明、生产经营计划和相应质量控制措施、规范使用农产品地理标志书面承诺以及其他必要的证明文件和材料。

经审核符合标志使用条件的，山阳天麻农产品地理标志登记证书持有人按照生产经营年度与标志使用申请人签订农产品地理标志使用协议，在协议中载明标志使用数量、范围及相关责任义务。

山阳天麻农产品地理标志使用协议生效后，标志使用人方可在农产品或者农产品包装物上使用农产品地理标志，并可以使用登记的农产品地理标志进行宣传和参加展览、展示及展销活动。

山阳天麻农产品地理标志使用人要建立农产品地理标志使用档案，如实记载地理标志使用情况，并接受登记证书持有人的监督。

山阳天麻农产品地理标志使用档案需保存 5 年，农产品地理标志登记证书持有人和标志使用人不得超范围使用经登记的农产品地理标志，任何单位和个人不得冒用农产品地理标志。

第二十七章　陕西省地方标准

一、香菇（DB61/T 1195—2018）

1　范围

本标准规定了干香菇、干菇柄、鲜香菇的术语和定义、技术要求、试验方法、检验规则、标志、标签、包装、运输和贮存。

本标准适用于陕西省行政区域内人工栽培的段木香菇和代料香菇。

2　规范性引用文件

下列文件对于本文件的应用是必不可少的。凡是注日期的引用文件，仅注日期的版本适用于本文件。凡是不注日期的引用文件，其最新版本（包括所有的修改单）适用于本文件。

GB/T 191—2016　包装储运图示标志

GB 2762—2017　食品安全国家标准　食品中污染物限量

GB 2763—2019　食品安全国家标准　食品中农药最大残留限量

GB 4806.7—2016　食品安全国家标准　食品接触用塑料材料及制品

GB 5009.3—2016　食品安全国家标准　食品中水分的测定

GB 5009.11—2014　食品安全国家标准　食品中总砷及无机砷的测定

GB 5009.12—2017　食品安全国家标准　食品中铅的测定

GB 5009.15—2014　食品安全国家标准　食品中镉的测定

GB 5009.17—2014　食品安全国家标准　食品中总汞及有机汞的测定

GB 5009.34—2016　食品安全国家标准　食品中二氧化硫的测定

GB/T 5737—1995　食品塑料周转箱

GB/T 6543—2008　运输包装用单瓦楞纸箱和双瓦楞纸箱

GB 7718—2011　食品安全国家标准　预包装食品标签通则

GB/T 12533—2008　食用菌杂质测定

GH/T 1013—2015　香菇

JJF 1070—2019　定量包装商品净含量计量检验规则

《定量包装商品计量监督管理办法》（国家质量监督检验检疫总局第 75 号令）

《国家质量监督检验检疫总局关于修改〈食品标识管理规定〉的决定》（国家质量监督检验检疫总局第 123 号令）

3　术语和定义

《香菇》GH/T 1013—2015　界定的以及下列术语和定义适用于本文件。

3.1　香菇 *Lent inula edodes*

香菇 *Lentinula edodes*（Berk.）Pegler，又名香蕈、香信、香菰、冬菇、椎茸（日本）。属真菌门担子菌亚门层菌纲伞菌目侧耳科香菇属，子实体肉质或近肉质。

3.2　段木香菇 cut-log-cultivated *Lentinula edodes*
将适宜树木枝干截成段作为原料培育的香菇。

3.3　代料香菇 substrate-cultivated *Lentinula edodes*
用木屑、阔叶树的枝桠枝材、秸秆等制成培养基作为原料培育的香菇。

3.4　鲜香菇 fresh *Lentinula edodes*
采收整理后，未经任何保鲜处理的香菇。

3.5　干香菇 dried *Lentinula edodes*
鲜香菇经过干燥工艺制成的香菇。

3.6　花菇 veined *Lentinula edodes*

　　菌盖表面有天然裂纹的香菇。

3.7　厚菇 thick *Lentinula edodes*

　　菌盖边缘内卷、菌肉较厚的香菇。

3.8　薄菇 thin *Lentinula edodes*

　　菌盖平展、菌肉较薄的香菇。

3.9　菇柄 stipe *Lentinula edodes*

　　生于菌盖下方，支持菌盖的柱状体。

3.10　开伞度 expanding grade of cap

　　菌盖相对两卷边内边缘的距离与菌盖宽度的比例，以"分"表示，平展为 10 分。

3.11　厚度 thickness

　　除菌盖外层和菌褶以外的菌肉厚度，以"厘米"表示。

3.12　菌盖大小 cap diameter

　　菌盖的直径，以"厘米"表示。

3.13　残缺菇 incompletion

　　菌盖破损，不完整的香菇。

3.14　裂盖 cracky cap

　　菌盖边缘裂开。

3.15　霉变 mould infection

　　霉菌侵染。

3.16　碎菇体 fragment of mushroom

　　不规则的香菇菌盖、菇柄碎片。

3.17　褐色菌褶 brown gill

　　菌褶颜色呈褐色的菇体。

3.18　虫孔菇 wormhole fruitbody

　　有虫害痕迹的菇体。

3.19　霉斑菇 mouldy spot fruitboby

　　有霉菌侵染痕迹的菇体。

3.20　畸形菇 deformed mushroom

　　因受物理、化学、生物等不良影响形成的变形菇。

3.21　杂质 impurity

除香菇外的一切有机物和无机物。

4　技术要求

4.1　感官要求

4.1.1　干花菇　应符合表1规定。

表1　干花菇感官要求

项目		要求		
		特级	一级	二级
颜色		菌盖龟裂花纹呈白色，菌褶淡黄色	菌盖龟裂花纹呈白色，菌褶淡黄色	菌盖龟裂花纹呈浅褐色，菌褶黄色或白色
形状		扁平球形稍平展或呈伞形规整		扁平球形稍平展或伞形
气味		具有干花菇特有的气味，无异味		
菌盖直径（cm）	≥	5.0	3.0	1.5
开伞度（分）	≤	6	7	8
厚度（cm）	≥	1.0	0.5	0.3
残次菇（裂盖、残缺菇、碎菇体、褐色菌褶、虫孔菇）(%)	≤	无	2.0	3.0
杂质（%）	≤	无	0.2	0.5
霉斑菇		无		

4.1.2　干厚菇　应符合表2规定。

表2　干厚菇感官要求

项目		要求		
		特级	一级	二级
颜色		菌盖淡褐色至褐色，菌褶淡黄色	菌盖淡褐色至褐色，菌褶淡黄色	菌盖淡褐色至褐色，菌褶黄色或白色
形状		扁平球形稍平展或呈伞形规整		扁平球形稍平展或伞形
气味		具有干厚菇特有的气味，无异味		
菌盖直径（cm）	≥	5.0	3.0	1.5

（续表）

项目		要求		
		特级	一级	二级
开伞度（分）	≤	6	7	8
厚度/（cm）	≥	0.8	0.5	0.3
残次菇（裂盖、残缺菇、碎菇体、褐色菌褶、虫孔菇）（%）	≤	无	3.0	5.0
杂质（%）	≤	无	1.0	
霉斑菇		无		

4.1.3　干薄菇　应符合表3规定。

表3　干薄菇感官要求

项目		要求		
		特级	一级	二级
颜色		菌盖淡褐色至褐色，菌褶淡黄色	菌盖淡褐色至褐色，菌褶淡黄色	菌盖淡褐色至褐色，菌褶黄色或白色
形状		扁平球形稍平展或呈伞形规整		扁平球形稍平展
气味		具有干薄菇柄特有的气味，无异味		
菌盖直径（cm）	≥	5.0	3.0	1.5
开伞度（分）	≤	7	8	9
厚度（cm）	≥	0.4	0.3	0.2
残次菇（裂盖、残缺菇、碎菇体、褐色菌褶、虫孔菇）（%）	≤	2.0	3.0	5.0
杂质（%）	≤	无	1.0	
霉斑菇		无		

4.1.4　干菇柄　应符合表4规定。

表4　干菇柄感官要求

项目	要求	
	一级	二级
颜色	灰白色，色泽均一	灰白色，或略带褐色

（续表）

项目	要求	
	一级	二级
气味	具有干菇柄特有的气味，无异味	
菇柄直径（cm）	≥1.0	<1.0
杂质（%）	≤1.0	≤2.0

4.1.5　鲜香菇　应符合表 5 规定。

表 5　鲜香菇感官要求

项目		要求		
		特级	一级	二级
颜色		菌盖呈淡褐色至褐色，菌褶乳白色	菌盖呈淡褐色至褐色，菌褶乳白色	菌盖呈褐色至深褐色，菌褶灰白色至浅黄色
形状		扁平球形，菌盖圆整。花菇菌盖表面有白色或浅褐色天然龟裂，厚菇菌盖表面无天然龟裂		扁平球形至近平展
气味		具有鲜香菇特有的气味，无异味		
菌盖直径（cm）	≥	5.0	4.0	3.0
开伞度（分）	≤	5	6	7
厚度（cm）	≥	1.2		0.8
菌柄长度	≤	菌盖直径		
残次菇（裂盖、残缺菇、碎菇体）（%）	≤	1.0		2.0
畸形菇和开伞菇（%）	≤	无	1.0	2.0
杂质（%）	≤	无		
霉斑菇		无		

4.2　理化指标

　　应符合表 6 规定。

表 6 理化指标

项目		要求	
		鲜菇	干菇
水分（%）	≤	92	13
总砷（以 As 计）（mg/kg）	≤	0.5	
铅（以 Pb 计）（mg/kg）	≤	1.0	
总汞（以 Hg 计）（mg/kg）	≤	0.1	
镉（以 Cd 计）（mg/kg）	≤	0.5	
二氧化硫（以 SO$_2$ 计）（g/kg）	≤	0.05	

注：其他污染物限量指标应符合《食品安全国家标准　食品中污染物限量》（GB 2762—2012）的规定。

4.3 农药残留限量

应符合《食品安全国家标准　食品中农药最大残留限量》（GB 2763—2019）的规定。

4.4 净含量

应符合《定量包装商品计量监督管理办法》的规定。

5 试验方法

5.1 感官

5.1.1 颜色、形状　在检样中随机抽取 20 个香菇，置于自然光线白色背景下，通过肉眼观察产品的颜色、形状，目测有无异物混入，并计算对应等级的百分比。

5.1.2 气味　干香菇用 60～70℃温水浸泡后嗅辨气味，鲜香菇直接嗅辨气味。

5.2 残次菇、畸形菇和开伞菇

随机称取样品 500g，检出残次菇（裂盖、残缺菇、碎菇体、褐色菌褶、虫孔菇）、畸形菇和开伞菇后称量、计算，计算结果保留小数后一位。按式（1）计算。

$$x = m_1/m \times 100 \tag{1}$$

式中，x 为残次菇（裂盖、残缺菇、碎菇体、褐色菌褶、虫孔菇）、畸形菇和开伞菇百分数，%；m_1 为残次菇（裂盖、残缺菇、碎菇体、褐色菌褶、虫孔菇）、畸形菇和开伞菇质量，单位为克（g）；m 为样品质量，单位为克（g）。

5.3 厚度

在检样中随机抽取 20 个香菇，干香菇用 60~70℃水浸泡 1h 后，沿中心纵向切开，用游标卡尺测量菌肉最厚处的厚度，鲜香菇沿菌柄中心纵向切开，直接测量菌肉最厚处的厚度，结果取平均值，并计算对应等级的百分比。

5.4 菇盖直径

在检样中随机抽取 20 个香菇，用游标卡尺测量菌盖最长边直径，结果取平均值，并计算对应等级的百分比。

5.5 开伞度

在检样中随机抽取 20 个香菇，用游标卡尺测量菌盖相对两卷边内边缘的距离除以菌盖宽度乘以 10 的数字为开伞度，结果取平均值，并计算对应等级的百分比。

5.6 干菇柄直径

在检样中随机抽取 20 个香菇，用游标卡尺测量菇柄最大处直径，结果取平均值，并计算对应等级的百分比。

5.7 霉斑菇

在自然光线白色背景下，目测有无霉斑菇。

5.8 杂质

按 GB/T 12533 中规定方法测定。

5.9 理化指标

5.9.1 水分 按 GB 5009.3 中规定方法测定。

5.9.2 总砷 按 GB 5009.11 中规定方法测定。

5.9.3 铅 按 GB 5009.12 中规定方法测定。

5.9.4 总汞 按 GB 5009.17 中规定方法测定。

5.9.5 镉 按 GB 5009.15 中规定方法测定。

5.9.6 二氧化硫 按 GB 5009.34 中规定方法测定。

5.10 净含量

按 JJF 1070 中规定方法测定。

6 检验规则

6.1 组批

按 GB/T 12530 规定执行。

6.2 取样

在整批货物中的不同部位随机抽取 20 个小包装，从每件小包装的上、中、下抽取样品 100g，共抽取 2 kg，把抽取的样品置于铺垫物上，充分混合后，通过"四分法"分成 2 份，装入密封样品袋，1 份检验，1 份备查。

6.3 出厂检验

6.3.1 每批产品出厂前，生产单位应进行检验，检验合格并附有合格证的产品方能出厂。

6.3.2 出厂检验内容为感官要求、水分、净含量和包装标签。

6.4 形式检验

形式检验对本标准规定的全部要求进行检验。有下列情形之一时应进行形式检验 a）每年生产旺季或代料配方改变时应进行一次形式检验；b）国家监管部门提出形式检验要求时。

6.5 判定规则

6.5.1 干花菇符合下列规定为合格，任何一项不符合规定为不合格 a）颜色、厚度、花纹和开伞度符合指标的花菇质量占 85% 以上；b）形状、直径符合指标的花菇质量占 85% 以上；c）残次菇（裂盖、残缺菇、碎菇体、褐色菌褶、虫孔菇）、霉斑菇和杂质符合指标。

6.5.2 干厚菇、干薄菇符合下列规定为合格，任何一项不符合规定为不合格 a）颜色、厚度和开伞度符合指标的厚菇、薄菇质量占 80% 以上；b）形状、直径符合指标的厚菇、薄菇质量占 80% 以上；c）残次菇（裂盖、残缺菇、碎菇体、褐色菌褶、虫孔菇）、霉斑菇和杂质符合指标。

6.5.3 干菇柄符合下列规定为合格，任何一项不符合规定为不合格 a）颜色、直径符合指标的菇柄质量占 80% 以上；b）杂质符合指标。

6.5.4 鲜香菇符合下列规定为合格，任何一项不符合规定为不合格 a）颜色、厚度和开伞度符合指标的香菇质量占 90% 以上；b）形状、直径菌柄长度符合指标的香菇质量占 90% 以上；c）残次菇（裂盖、残缺菇、碎菇体）、畸形菇和开伞菇、霉斑菇和杂质符合指标。

7 标志、标签、包装、运输和贮存

7.1 标志、标签

7.1.1 外包装标志应符合 GB/T 191 的规定。

7.1.2 标签应符合 GB 7718 和《国家质量监督检验检疫总局关于修改〈食品标识管理规定〉的决定》的规定。

7.2 包装

7.2.1 香菇的包装箱（袋）应符合 GB 4806.7 的规定。

7.2.2 干香菇外包装应符合 GB/T 6543 的规定。

7.2.3 鲜香菇周转箱应符合 GB/T 5737 的规定。

7.3 运输

7.3.1 不得与有毒有害物品混装，不得使用被有毒、有害物质污染的运输工具运载。

7.3.2 鲜香菇应用 1~4℃的冷藏车运输。

7.3.3 干香菇运输应防止雨淋，避免挤压。

7.4 贮存

7.4.1 干香菇应在避光、常温、干燥处贮存，防虫、防鼠，夏季应在阴凉、干燥条件下贮存。

7.4.2 鲜香菇采收整理包装后，应在 1~4℃的条件下贮存。

7.4.3 严禁与有毒物质或其他有异味的物质混放。

（注：本标准由商洛市产品质量监督检验所、陕西省豆类菌类产品质量监督检验中心、商洛市德润农业综合开发有限公司、商洛市工商和质量技术监督管理局、商州区市场和质量监督管理局起草，原陕西省质量技术监督局 2018 年 11 月 1 日发布，2018 年 12 月 1 日起实施。标准编号：DB61/T 1195—2018）

二、地理标志产品 柞水木耳（DB61/T 1343—2020）

1 范围

本标准规定了地理标志产品柞水木耳的术语和定义、地理标志产品保护范围、产地环境条件、栽培技术、质量要求、试验方法、检验规则、标志、标签、包装、运输和贮存。

本标准适用于原国家工商总局商标局依据《集体商标、证明商标注册和管理办法》批准的地理标志商标保护的柞水木耳。

2 规范性引用文件

下列文件对于本文件的应用是必不可少的。凡是注明日期的引用文件，仅注日期的版本适用于本文件。凡是不注日期的引用文件，其最新版本（包括所有的修改单）适用于本文件。

GB/T 191—2016 包装储运图示标志

GB 2762—2017 食品安全国家标准 食品中污染物限量

GB 2763—2019 食品安全国家标准 食品中农药最大残留限量

GB 3095—2016 环境空气质量标准

GB 4806.7—2016 食品安全国家标准 食品接触用塑料材料及制品

GB 5009.3—2016 食品安全国家标准 食品中水分的测定

GB 5009.4—2016 食品安全国家标准 食品中灰分的测定

GB 5009.5—2016 食品安全国家标准 食品中蛋白质的测定

GB 5009.6—2016 食品安全国家标准 食品中脂肪的测定

GB/T 5009.10—2003 植物类食品中粗纤维的测定

GB 5009.11—2014 食品安全国家标准 食品中总砷及无机砷的测定

GB 5009.12—2017 食品安全国家标准 食品中铅的测定

GB 5009.15—2014 食品安全国家标准 食品中镉的测定

GB 5009.17—2014 食品安全国家标准 食品中总汞及有机汞的测定

GB 5009.93—2011 食品安全国家标准 食品中硒的测定

GB 5009.124—2016 食品安全国家标准 食品中氨基酸的测定

GB 5749—2006 生活饮用水卫生标准

GB/T 6192—2019 黑木耳

GB/T 6543—2008 运输包装用单瓦楞纸箱和双瓦楞纸箱

GB 7718—2006 食品安全国家标准 预包装食品标签通则

CB/T 12533—2008 食用菌杂质测定

GB/T 15672—2009 食用菌中总糖含量的测定

JJF 1070—2019 定量包装商品净含量计量检验规则

3 术语和定义

GB 6102—2012 界定的以及下列术语和定义适用于本文件。

3.1　柞水木耳 Zhashui wood ear

以柞木木屑为主要原料在柞水县地理标志产品保护范围内生产的，耳面深黑褐色，背面暗灰色至瓦灰色，耳片偏大，耳基小，肉厚质软，口感软糯、鲜嫩的木耳。

4　地理标志产品保护范围

柞水木耳地理标志产品保护范围限于原国家工商总局商标局 1320 号商标公告批准的保护范围，即柞水县所辖行政区域，见附录 A。

5　产地环境条件

柞水县地处秦岭南麓，境内山大沟深，沟壑纵横，以柞木为主的阔叶硬杂木达整个森林面积的 70%，县内气候四季分明，昼夜温、湿差大，是木耳自然生长和人工栽培的最佳适生区。

5.1　气温

年最高气温 39℃，最低气温-16.8℃，平均气温 12.2℃，年平均昼夜温差 12℃，年平均无霜期 214 d。

5.2

海拔高度 541～1 500m，森林覆盖率 80% 以上，年平均降水量 774.9 mm，5—9 月平均降水量 582.8 mm。

5.3　光照

年平均日照时数 1 831.3 h。

5.4　空气质量

按 GB 3095 规定执行。

5.5　水分

生产用水符合 GB 5749 的规定。

6　栽培技术

栽培技术见附录 B。

7　质量要求

7.1　感官要求

符合表 1 的规定。

表1 感官指标

项目	指标		
	一级	二级	三级
耳片色泽	耳面深黑褐色,背灰褐色至暗灰色	耳面黑褐色,背暗灰色至瓦青色	耳面黑褐色至浅棕黄色
耳片形状	朵片完整均匀,耳瓣舒展或自然卷曲	朵片较完整均匀,耳瓣自然卷曲	耳片较完整均匀
最大直径（cm）	0.8~2.5	0.8~3.5	0.5~4.5
耳片厚度（mm）	≥1.0	≥0.7	≥0.5
干湿比	≥1:10		
杂质（%）	≤0.2	≤0.4	≤0.8
拳耳（%）	0	0	≤0.5
流耳（%）	0	0	≤0.5
虫蛀耳 霉烂耳	不允许		

7.2 理化指标

应符合表2规定。

表2 理化指标

项目	指标		
	一级	二级	三级
粗蛋白质（g/100g）	≥9.5		
总糖（g/100g）	≥32.0		
粗脂肪（g/100g）	≥0.4		
硒（mg/kg）	0.04~0.2		
粗纤维（g/100g）	3.0~6.0		
灰分（g/100g）	≤6.0		
水分（g/100g）	≤12.0		

7.3 安全指标

除污染物限量符合 GB 2762 规定和农药残留限量符合 GB 2763 规定外,同时应符合表3的规定。

表3　安全指标

项目	指标		
	一级	二级	三级
砷（mg/kg）		≤0.4	
汞（mg/kg）		≤0.04	
铅（mg/kg）		≤1.0	
镉（mg/kg）		≤0.2	

7.4　净含量

预包装产品净含量应符合《定量包装商品计量监管管理办法》的规定。

8　试验方法

8.1　感官

8.1.1　杂质按照 GB/T 12533 规定的方法测定。

8.1.2　其余项目按照 GB/T 6192 规定的方法测定。

8.2　理化

8.2.1　粗蛋白质　按照 GB 5009.5 规定的方法测定。

8.2.2　总糖　按照 GB/T 15672 规定的方法测定。

8.2.3　多糖　按照 NY/T 1676 规定的方法测定。

8.2.4　粗脂肪　按 GB 5009.6 规定的方法测定。

8.2.5　粗纤维　按 GB/T 5009.10 规定的方法测定。

8.2.6　氨基酸　按 GB 5009.124 规定的方法测定。

8.2.7　硒　按 GB 5009.93 规定的方法测定。

8.2.8　灰分　按 GB 5009.4 规定的方法测定。

8.2.9　水分　按 GB5009.3 规定的方法测定。

8.3　安全指标

8.3.1　砷　按 GB 5009.11 规定的方法测定。

8.3.2　汞　按 GB 5009.17 规定的方法测定。

8.3.3　铅　按 GB 5009.12 规定的方法测定。

8.3.4　镉　按 GB 5009.15 规定的方法测定。

8.4　净含量

按 JJF 1070 规定的方法测定。

9 检验规则

9.1 组批规则

同一产地、同一批次作为一个检验批次。

9.2 抽样

9.2.1 包装产品抽样 在整批货物中，包装产品以同类货物的小包装袋（盒、箱等）为基数，按下列整批货物件数随机抽样：

——整批货物≤100件时，抽2件；

——整批货物101~500件时，抽3件；

——整批货物501~1 000件时，抽4件；

——整批货物>1 000件，每增加100件（不足100件时按100件计）增抽1件。

小包装规格不足检验所需数量时，适当加大抽样量。

9.2.2 散装产品抽样 散装产品以同类货物的质量（kg）为基数，从不同位置随机抽样，抽取3~5份，每份样0.5~1 kg。

9.3 检验分类

9.3.1 交收检验 每批次产品交收前，生产者应进行交收检验。交收检验内容为感官要求，检验合格后，附合格证方可交收。

9.3.2 型式检验 型式检验应对第7章规定的全部项目进行检验。有下列情形之一时，应对产品进行型式检验：a) 国家市场监管机构或行业主管部门提出型式检验要求；b) 前后两次抽样检验结果差异性较大；c) 因为人为或自然因素使生产技术和生产环境发生较大变化。

9.4 判定规则

9.4.1 形态、色泽、最大直径、耳片厚度、杂质感官指标的规定确定受检批次产品的等级。

9.4.2 霉烂耳、虫蛀耳、干湿比指标中任何一项不符合要求的，即判定该批产品不合格。其他指标如有不合格的，允许在同批次产品中加倍抽样，对不合格项目进行复检，若仍有一项不合格，则判定该批次产品为不合格。

9.4.3 批次样品的净含量不合格时，允许生产者进行整改后再申请复检一次，复检仍按原要求，以复检结果作为最终判定依据。

10　标志、标签、包装、运输和贮存

10.1　标志、标签

10.1.1　运输包装图示标志应符合 GB/T 191 的规则。

10.1.2　产品销售包装的标签应符合 GB 7718 的规则。生产企业的产品获得地理标志产品管理部门的批准后可使用地理标志产品专用标志。

10.2　包装

10.2.1　内包装材料应采用聚乙烯包装袋（盒），聚乙烯包装袋（盒）应符合 GB 4806.7 的规定，同时应坚固、洁净、干燥、无破损、无毒无害。

10.2.2　外包装宜采用瓦楞纸箱或泡沫周转箱等。瓦楞纸箱应符合 GB/T 6543 规则，泡沫周转箱应具有防湿、耐压功能。

10.3　运输

10.3.1　运输时应轻装、轻卸、防重压，避免机械损伤。

10.3.2　运输工具应清洁、卫生、无污染物、无杂物。

10.3.3　防日晒、防雨淋，不可裸露运输。

10.3.4　不应与有毒、有害、有异味的物品混装混运。

10.4　贮存

10.4.1　置于通风良好、阴凉干燥、清洁卫生、有防潮设备及防霉变、虫蛀和防鼠设施的库房贮存。

10.4.2　不应与有毒、有害、有异味和易于传播霉菌、虫害的物品混合存放，存放期不超过 24 个月。

附录 A　柞水木耳地理标志产品保护范围图
（规范性附录）

柞水木耳地理标志产品保护范围：地理坐标为东经 108°50′~109°40′。北纬 33°20′~34°00′。东临商州、山阳，南接镇安，西临安康地区的宁陕县，北与西安市的长安、蓝田接壤。其分布区域包括全县 9 个镇（办），区域保护面积 2 800 公顷。年生产袋料木耳 1 亿万袋以上，产量达 5 000 t 以上。

附录 B　柞水木耳栽培技术
（规范性附录）

B.1　栽培工艺

配料拌料→装袋→灭菌→冷却→接种→发菌→出耳管理→采收→干制。

B.2 栽培季节

春耳：11 月至翌年 1 月制袋，3 月至 7 月出耳；秋耳：5 月至 7 月制袋，8 月至 12 月出耳。

B.3 栽培模式

采用露地畦床摆放出耳或大棚吊袋出耳。

B.4 原辅材料及配方

B.4.1 原料 新鲜、干燥、无霉变，无农残，并满足下列要求。a）木屑：以柞木为主的阔叶硬杂木屑，不结块、无杂质，颗径在 0.5 cm 以下；b）麦麸和豆饼粉：新鲜、干燥，无霉变、无杂质、无异味；c）石膏粉和石灰粉：不结块、粉状；d）栽培袋：采用耐高压的聚乙烯塑料折角袋，质量应符合 GB 4806.7 的要求。

B.4.2 配方 配方 1：阔叶硬杂木屑 86%、麦麸 10%、豆饼粉 2%、石灰粉 1%、石膏粉 1%，含水量 60%～62%。配方 2：阔叶硬杂木屑 80%、麦麸 18%、石灰粉 1%、石膏粉 1%，含水量 60%～62%。

B.5 拌料装袋

B.5.1 拌料 按照配方先将辅料混匀，再倒入拌料机料斗中与预湿的木屑一起搅拌 5 min，边加水边搅拌，搅拌时间不低于 15 min，拌匀后含水量达 61%±1%。

B.5.2 装袋 采用装袋窝口一体机装料窝口，料袋高度 23 cm±0.5 cm，料袋重量 1.3 kg±0.025 kg。然后将料袋放入周转筐中准备灭菌。

B.6 灭菌

B.6.1 高压灭菌 30～50 min 使锅内温度升至 100℃保持 30 min，115℃保持 30 min，121℃保持 2 h；温度降至 65～70℃时打开缓冲室内灭菌柜门，将装有料袋的灭菌车推入冷却室冷却。

B.6.2 常压灭菌 要求灭菌锅内温度在 4 h 达到 100℃，持续保温 16～18 h，温度降至 70～80℃时缓开灭菌锅门，将装有料袋的灭菌车推入冷却室冷却。

B.7 冷却接种

B.7.1 冷却 料袋在冷却室内冷却至 28℃或常温时接种。

B.7.2 接种 接种室达到正压、百级净化条件接种，采用袋口接种方式接种，液体种接种量 20~25 ml/袋，固体枝条种接种量 2~3 根/袋。

B.8 培养

B.8.1 菌袋摆放 接种后使用周转筐将菌袋直立摆放在培养架上。

B.8.2 发菌管理 发菌室温度保持 25~28℃，7d 后温度逐渐降至 22~24℃，并保持培养室内上下层菌袋温度均衡；空气相对湿度 50%~65%；避光；每天通风换气 2 次，每次 30 min，25~35 d 菌丝长满袋。

B.9 栽培场地

B.9.1 地栽 选择阳光充足，通风良好，水源充足，周围无污染源、地势平坦的地块作畦，清除枯叶杂草，根据地势顺坡走向做畦，畦面宽 1.6 m，长度以 30 m 为宜，畦间用铁锹挖宽 40~45 cm，深 10~15 cm 的排水道兼作业道。畦面呈龟背形，并安装喷水设施。提前 3~5 d 对畦床进行杀虫、防草和杀菌处理，上面铺 2 m 宽多微孔黑色农膜或 6 针 95% 遮光率的遮阳网，并用塑料地丁或铁丝固定。

B.9.2 棚栽 选择阳光充足，通风良好，地势平坦，水源充足，四周无污染源的地块建造大棚。选用 1 寸和 1.5 寸镀锌钢管搭建，棚宽 8 m，长 20~30 m，肩高 2.3 m，弓高 1.5 m，弓间距 1~1.3 m，在棚内弓肩处安装横管，横杆上纵向放 16 根钢管，杆间距 25~30 cm，用于吊绳及挂袋，每组横杆间留 70 cm 作业道。棚两端留 2 m 宽的门，棚面覆盖大棚膜和遮光率 95% 的遮阳网，并安装喷水、卷膜设施，棚两边修排水沟。菌袋进棚前 5~10 d，将大棚地面喷透水，并对地面进行杀虫、防草和杀菌处理。

B.10 菌袋刺孔催耳

B.10.1 时间 地栽春耳在旬平均气温回升到 10℃ 以上刺孔，地栽秋耳在旬平均气温降至 25℃ 以下时刺孔；大棚挂袋栽培在旬平均气温回升到 5℃ 以上刺孔。

B.10.2 方法 菌袋采用刺孔器刺孔，刺孔前用 75% 酒精对刺孔器进行消毒，然后在菌袋上打 18 或 20 排 "Y" 形孔或 "/" 形孔，孔径 0.4~0.6 cm，孔深 0.6~0.8 cm，孔间距 1.5~2 cm，每袋刺孔 200~230 个。在发菌室刺孔的菌袋要进行养菌，春耳养菌 7~15 d，秋耳养菌 3~5 d。

B.11 催耳

B.11.1 地栽 a) 催耳：将刺好孔的菌袋按间距 1 cm 倒立摆放在畦床上，

上面用编织袋盖严,再盖薄农膜防雨,最上面盖 2 m 宽 6 针遮光率 95% 的遮阳网,两边用塑料地丁或铁丝插地固定。隔一个畦床摆放一个畦床,便于催耳后的菌袋分床。温度保持在 5~28℃,空气相对湿度控制在 80%~90%。待刺孔处菌丝恢复并有少量变成黑色时去掉编织袋和农膜,菌袋开口处干燥向遮阳网上面喷水增湿。待 85% 以上的菌袋耳芽出齐后去掉遮阳网分床。

b)分床:菌袋分床前先在畦床上铺 2 m 宽多微孔黑色农膜,然后将一个畦床上的菌袋分成两个畦床,菌袋间距 10 cm,1 m² 摆放 25 袋。

B.11.2　棚栽　a)催耳:将刺孔的菌袋在棚内覆盖遮阳网的地面堆放,堆宽 1.2~1.5 m,堆高 40~50 cm,长度不限。上面用装菌包的编织袋盖严,温度保持在 5~28℃,空气相对湿度控制在 80%~90%。待刺孔处菌丝恢复并有少量变黑灰色线时,如菌袋出现干燥症状,向地面或直接向编织袋上面喷水增湿。中午气温高时,通风 2~4 h,棚内温度控制在 28℃ 以内,待 85% 以上菌袋刺孔处出现黑灰色或少量耳芽后,去掉遮盖物适应 2~3 d 即可吊袋。b)挂袋:菌袋开口部位变黑即可挂袋,用两股尼龙绳挂在吊梁上,另一头将两股尼龙绳系死扣,先将一个菌袋放在两股尼龙绳之间,菌袋口朝下,在菌袋上面放一个"C"形扣,然后再放下一个菌袋,每串吊挂 5~8 袋,最下面菌袋距地面 30 cm,最上面的菌袋距喷头 40~50 cm,串间距纵向 10 cm,横向 20 cm,2 串为 1 行,2 串留一个 60 cm 宽作业道,200 m² 大棚吊挂 12 000~14 000 袋。大棚保持遮阳,闭棚适应 3 d 后进入出耳管理。

B.12　出耳管理

B.12.1　地栽　菌袋摆好后 2~3 d 开始喷水,上午畦床温度在 10℃ 以上(秋耳)或 15℃ 以上(春耳)开始喷水,每次喷水 3~5 min,停止喷水 0.5 h,畦床温度升至 26℃ 停止喷水;下午畦床温度降至 25℃ 开始喷水,每次喷水 3~5 min,停止喷水 0.5h,畦床温度降至 10℃(秋耳)或 15℃(春耳)停止喷水。水质应符合 GB 5749 的规定。

B.12.2　棚栽　挂袋后 2~3 d 喷水,4—7 时和 17—20 时喷水,每次喷水 10 min,间隔 40 min,水质应符合 GB 5749 的规定。当耳片长到 1 cm 时,喷水与晒菌袋相结合,喷水 7~10 d,再停止喷水 3~5 d。

B.13　病虫害防治

"预防为主,综合防治"防治原则。生产及发菌期间使用杀菌剂对栽培场地环境进行消毒，使用农药应符合 GB/T 8321（所有部分）的规定，禁止使用国家明令禁止使用和限制使用的农药品种。出耳期间发生病虫不喷洒化学药剂，只在早期利用黏虫板诱杀等物理方法进行防治。

B. 14　采收干制

B. 14.1　采收　耳片边缘产生皱褶，并刚刚弹射孢子时采收，采收前 1 d 停止喷水。采收时采大留小，用手指捏住耳片基部轻轻扭下，少留耳基，清除老龄耳片，避免引起杂菌感染及害虫为害。

B. 14.2　干制　采摘后及时晾晒或用烘干机烘干。经重复晾晒或烘干含水量达到 12%时分级，装入符合 GB 4806.7 标准的双层聚乙烯塑料袋内，放于阴凉、干燥处保存。

（注：本标准由陕西省柞水县农产品质量安全检验检测站、吉林农业大学、商洛市农产品质量安全检测中心、柞水县无公害绿色农产品开发协会起草，陕西省市场监督管理局 2020 年 9 月 4 日发布，2020 年 10 月 4 日起实施。标准编号：DB61/T 1343—2020）

第二十八章　商洛市地方标准

一、柞水木耳袋栽技术规程（DB6110/T 001—2021）

1　范围

本标准规定了柞水木耳袋栽技术的生产环境、菌种、原辅材料、栽培技术等要求。

本标准适用于商洛市。

2　规范性引用文件

下列文件对于本文件的应用是必不可少的。凡是注明日期的引用文件，仅注日期的版本适用于本文件。凡是不注日期的引用文件，以最新版本（包括所有的修改单）适用于本文件。

DB61/T 1113.1—2017　黑木耳标准综合体第 1 部分　黑木耳产地环境

DB61/T 1113.5—2017　黑木耳标准综合体第 5 部分　病虫害综合防治技术规程

DB61/T 1343—2020　地理标志产品　柞水木耳

NY/T 3218—2018　食用小麦麸皮

GB 5749—2006　生活饮用水卫生标准

GB/T 12728—2006　食用菌术语

GB 19169—2003　黑木耳菌种

3　术语和定义

GB/T 12728—2006 界定的以及下列术语和定义适用于本文件。为了便于使用，以下重复列出了 GB/T 12728—2006 中的某些术语和定义。

3.1　柞水木耳

国家商标局 2012 年 1320 号商标公告批准的，种植和生产加工于柞水县境内的耳面深黑褐色、耳背灰色，耳基小、肉厚质软、口感软糯、鲜嫩的木耳。

4　生产环境

按照 DB61/T 1113.1 的规定执行。

5　菌种

按照 GB 19169 的规定执行。

6　原辅材料

6.1　木屑

以阔叶硬杂木木屑为主，不结块、无霉变，颗径在 0.5 cm 以下。

6.2　麦麸

按照 NY/T 3218 的规定执行。

6.3　豆饼粉

无杂质、无霉变、无结块。

6.4　石膏粉

食品用石膏，粉状、不结块。

6.5　石灰

熟石灰、粉状、不结块。

7　栽培技术

7.1　工艺流程

配料拌料→装袋→灭菌→冷却→接种→发菌→出耳管理→采收→干制。

7.2　栽培季节

春耳：11 月至翌年 1 月制袋，3 月至 7 月出耳；秋耳：5 月至 7 月制袋，8 月至 12 月出耳。

7.3　栽培模式

露地畦床栽培、大棚吊袋栽培。

7.4　配方

配方 1：阔叶硬杂木屑 86%、麦麸 10%、豆饼粉 2%、石灰粉 1%、石膏粉 1%；

配方 2：阔叶硬杂木屑 80%、麦麸 18%、石灰粉 1%、石膏粉 1%。

7.5　拌料装袋

7.5.1　拌料　按照配方先将辅料混匀，再倒入拌料机中与预湿的木屑一起搅拌 5 min，边加水边搅拌，搅拌时间不低于 15 min，拌匀后含水量达到 60%±2%，pH 值 7~7.5。

7.5.2　装袋　采用装袋窝口一体机装料，料袋高度 22±0.5 cm，料袋重量 1.3±0.05 kg。

7.6　灭菌

7.6.1　高压灭菌　仓内温度达到 121℃ 保持 2 h。

7.6.2　常压灭菌　要求灭菌仓内温度 4 h 内达到 100℃，保持 16~18 h。

7.7　冷却接种

7.7.1　冷却　温度降至 70℃ 以下时缓开灭菌仓门，将料袋移入冷却室冷却。

7.7.2　接种　料袋温度降到 28℃ 以下时进行接种。接种室在正压、百级净化条件接种，采用袋口接种方式接种，液体种接种量 20~25 ml/袋，固体枝条种接种量 2~3 根/袋。

7.8　培养

7.8.1　菌袋摆放　接种后使用周转筐将菌袋摆放在培养架上或网格上。

7.8.2　发菌管理　发菌室温度保持 25~28℃，7 d 后温度逐渐降至 20~24℃

培养，并保持培养室内上下层菌袋温度均衡；空气相对湿度 50% 左右；避光；每天通风换气 2 次，每次 30 min，30~40 d 菌丝长满袋。

7.9　栽培场地

7.9.1　地栽　选择阳光充足，通风良好，交通便利，水源充足，周围无污染源、地势平坦的地块按地势顺坡向做畦，畦宽 1.6 m、长 30 m 为宜，畦间留宽 40~45 cm、深 10~15 cm 的作业道，并安装喷水设施。菌袋下田前3~5 d 按 DB61/T 1113.5 的规定对畦床进行处理，上面铺 2 m 宽多微孔黑色农膜或 6 针 95% 遮光率的遮阳网，并用塑料地丁或铁丝固定。

7.9.2　棚栽　选择阳光充足，通风良好，地势平坦，水源充足，四周无污染源的地块建造大棚。选用 1 寸和 1.5 寸镀锌钢管搭建，棚宽 8 m、长 20~30 m，肩高 2.3 m，弓高 1.5 m，弓间距 1~1.3 m，在棚内弓肩处安装横管，横杆上纵向放 16 根钢管，杆间距 25~30 cm，用于吊绳及挂袋，每组横杆间留 70 cm 作业道。棚两端留 2 m 宽的门，棚面覆盖大棚膜和遮光率 95% 的遮阳网，并安装喷水、卷膜设施，棚两边修排水沟。菌袋进棚前 5~10 d 按DB61/ T 1113.5 的规定对畦床进行处理，并将大棚地面喷透水。

7.10　菌袋刺孔催耳

7.10.1　时间　地栽春耳在旬平均气温回升到 10℃ 以上刺孔，大棚挂袋栽培在旬平均气温回升到 5℃ 以上刺孔，秋耳在旬平均气温降至 25℃ 以下时刺孔。

7.10.2　方法　菌袋采用刺孔器刺孔，刺孔前用 75% 酒精对刺孔器进行消毒，然后在菌袋上以"Y"形或"I"形刺孔，孔径 0.4~0.6 cm，孔深0.6~0.8 cm，每袋刺孔 230~300 个。

7.11　催耳

7.11.1　地栽　a) 催耳：将刺孔的菌袋按间距 1 cm 倒立摆放在畦床上，上面用编织袋盖严，再盖薄农膜防雨，最上面盖 2 m 宽 6 针遮光率 95% 的遮阳网，两边用塑料地丁或铁丝插地固定。隔一个畦床摆放刺孔的菌袋，便于催耳后的菌袋分床。温度保持在 15~23℃，空气相对湿度控制在 90% 左右。待刺孔处菌丝恢复并有少量变成黑色时去掉编织袋和农膜，菌袋开口处干燥向遮阳网上面喷水增湿。待 85% 以上的菌袋耳芽出齐后去掉遮阳网分床。

b) 分床：菌袋分床前先在畦床上铺 2 m 宽多微孔黑色农膜，然后将一个畦床上的菌袋分成两个畦床，菌袋间距 10 cm，1 m² 摆放 25 袋。

7.11.2 棚栽 a）催耳：将刺孔的菌袋在棚内覆盖遮阳网的地面散堆，堆宽 1.2~1.5 m，堆高 40~50 cm。上面用编织袋盖严，温度保持在 15~23℃，空气相对湿度控制在 80%~85%。中午气温高时，通风 2~4 h，棚内温度控制在 28℃ 以内，待 85% 以上菌袋刺孔处出现黑灰色或少量耳芽后，去掉遮盖物适应 2~3 d 即可吊袋。b）挂袋：菌袋开口部位变黑即可挂袋，每串吊挂 7 袋，最下面菌袋距地面 30 cm，最上面的菌袋距喷头 40~50 cm，串间距纵向 20 cm，横向 30 cm，作业道 70 cm，每平方挂 70 袋。

7.12 出耳管理

7.12.1 地栽 菌袋摆好后 2~3 d 温度在 15℃ 以上开始喷水，每次喷水 5~10min，间隔 30min，温度升至 25℃ 停止喷水，当耳片长到 1 cm 时，喷水 7~10 d，再停止喷水 3~5 d。每天保持耳片湿润 8~10 h。水质应符合 GB 5749 的规定。

7.12.2 棚栽 挂袋后 2~3 d 温度在 15℃ 以上开始喷水，每次喷水 10~15 min，间隔 60 min，温度升至 25℃ 停止喷水，当耳片长到 1 cm 时，喷水 7~10 d，再停止喷水 3~5 d。水质应符合 GB 5749 的规定。

7.13 病虫害防治

按照 DB61/T 1113.5 的规定执行。

7.14 采收、干制

按照 DB61/T 1343 的规定执行。

（注：本标准由柞水县农产品质量安全站、柞水县特色产业发展中心、商洛市农业科学研究所起草，商洛市市场监督管理局 2021 年 4 月 1 日发布，2021 年 5 月 1 日起实施。标准编号：DB6110/T001—2021）

二、羊肚菌设施栽培技术规程（DB6110/T 005—2021）

1 范围

本文件规定了羊肚菌设施栽培的术语和定义、菌种选择、原辅料要求、菌种制作、栽培技术、病虫害防治要求。

本文件适用于商洛市境内羊肚菌的设施栽培。

2 规范性引用文件

下列文件中的内容通过文中的规范性引用而构成本文件必不可少的条

款。其中，注日期的引用文件，仅该日期对应的版本适用于本文件；不注日期的引用文件，其最新版本（包括所有的修改单）适用于本文件。

GB 5749 生活饮用水卫生规程

GB 4806.7 食品安全国家标准 食品接触用塑料材料及制品

GB 15618 土壤环境质量 农用地土壤污染风险管控（试行）

GB/T 8321 农药合理使用准则

GB/T 12728 食用菌术语

NY 5099 无公害食品食用菌栽培基质安全技术要求

NY/T 2375 食用菌生产技术规范

3 术语和定义

GB/T 12728 界定的下列术语和定义适用于本文件。可按照标准的规定执行。

3.1 营养袋 Culture Medium Bag

具有特定配方，灭菌后开口压在畦面上，用于播种后补充羊肚菌菌丝生长所需营养的袋装固体营养料包。

3.2 补料技术 Culture Medium-Addition Practices

在羊肚菌菌丝生长过程中，添加外援性营养袋来补充菌丝生长所需营养的一种技术。

3.3 催菇 Practices for Forcing Morchella initiation

通过温度、湿度、光照等条件刺激，改变不利于营养生长的条件，使菌丝扭结，形成原基的过程。

3.4 菌种 Seed Strains of Morchella

按照 GB/T 12728 的规定执行。

3.5 原基 Primordia

按照 GB/T 12728 的规定执行。

4 菌种选择

菌种选择国家或省级审定（登记）品种。

5 原辅料要求

所选原辅料需新鲜、干净、无杂物、无霉变、无虫蛀、颗粒大小一致，按照 NY 5099 和 NY/T 2375 的规定执行。

6 菌种制作

6.1 菌种制作流程

6.1.1 母种制作 母种活化→扩管→菌丝培养。

6.1.2 原种、栽培种制作

原辅料处理→拌料→装袋→灭菌→冷却→接种→菌丝培养。

6.1.3 营养袋制作

原辅料处理→拌料→装袋→灭菌→冷却。

6.2 各级菌种、营养袋培养基配方

6.2.1 母种培养基

配方1：马铃薯200g、葡萄糖20g、琼脂20g，水1 000mL。

配方2：马铃薯淀粉60g、酵母膏5g、磷酸二氢钾0.3g、硫酸镁0.2g，水1 000mL。

6.2.2 原种、栽培种培养基

配方1：阔叶树木屑48%、小麦40%、腐殖质土10%、石灰2%，培养基含水量为55%~60%。

配方2：阔叶树木屑25%、小麦32%、棉籽壳30%、腐殖质土10%、石灰2% 、石膏1%，培养基含水量为55%~60%。

配方3：小麦45%、棉籽壳20%、腐殖质土19%、阔叶树木屑15%、石灰1%、硫酸镁0.02%、磷酸二氢钾0.02%，培养基含水量为55%~60%。

6.2.3 营养袋培养基

配方1：小麦58%、阔叶树木屑20%、棉籽壳10%、腐殖质土10%、石灰1%、石膏1%，培养基含水量为55%~60%。

配方2：小麦67%、阔叶树木屑30%、石灰3%，培养基含水量为55%~60%。

6.3 菌种制作

6.3.1 原辅料处理 小麦加1%石灰，水煮或浸泡至无白芯；木屑、棉籽壳预湿；石灰过筛（80~100目）。

6.3.2 拌料、装袋（瓶）小麦捞出控水，原辅料搅拌均匀后摊开，均匀撒上石灰和石膏并充分拌匀。原种、栽培种采用（14 ~ 15 cm）×（28 ~ 30 cm）聚乙烯（聚丙烯）菌种袋或750 mL菌种瓶，装料紧实，每袋

（瓶）装料 550~650 g。营养袋采用 15 cm×30cm 聚乙烯（聚丙烯）菌种袋，装料较松散，每袋装料 500 g。菌种瓶/袋质量符合 GB 4806.7 的规定。

6.3.3　灭菌、冷却　高压灭菌，温度 121℃，维持 2~3 h。常压灭菌，温度 100℃，维持 10~12 h。自然冷却至 60℃出锅，袋温降至 20℃以下接种。

6.3.4　接种　采用接种箱、超净工作台或接种室，严格按照无菌操作执行。固体菌种接种量为 20g~30 g/袋（瓶）。

6.3.5　菌丝培养

6.3.5.1　培养室要求　培养室干净清洁、远离污染源且避光、保温、保湿、通风；培养前 7 d 打扫干净并消毒后使用。

6.3.5.2　菌丝培养　菌丝未萌发时培养室温度 18~20℃，空气相对湿度 40%~50%，少通风或不通风；菌丝萌发并吃料后逐渐增加通风量；菌丝吃料达 1/3 时培养室温度降至 16~18℃，空气相对湿度 60%，早晚各通风 30 min。培养 20~25 d 菌丝可长满菌袋（瓶），满袋（瓶）7d 后可用于扩种或栽培。

7　栽培技术

7.1　栽培流程

　　土壤预处理→划线建畦→菌种预处理→播种→覆盖→搭建小拱棚（设施大棚）→菌丝管理→补料→催菇→出菇管理→采收→晾晒。

7.2　栽培模式

7.2.1　设施大棚栽培　利用塑料大棚、日光温室或智能温室生产设施进行栽培。

7.2.2　小拱棚栽培　利用大田、露地、林下空地搭建塑料小拱棚进行栽培。

7.3　栽培时间

　　原种制备时间为 8 月中旬，栽培种制备时间为 9 月中旬至 10 月上旬，栽培时间为 11 月上旬至 12 月上旬，地温降至 15℃以下，翌年 2 月下旬至 4 月底出菇管理并采收。

7.4　栽培条件

7.4.1　场地　栽培场地光线充足、地势平坦、靠近水源、四周无污染源，预留管理通道和排水道。同时还应具备水电便利、交通方便等条件。

7.4.2　土壤　土壤要弱碱性至微酸性，pH 5~8，疏松、透气，有一定的持水性。按照 GB 15618 的规定执行。

7.4.3　用水 按照 GB 5749 的规定执行。

7.4.4　设施大棚 棚高 2.5~2.8 m，跨度 6~8 m，长度依据地形决定。大棚要稳定、保温、保湿和通风；装配灌溉设施，自动或手动卷膜器；搭建外遮阳网，遮阳率 90% 以上，高度距棚顶 0.8~1 m。

7.4.5　小拱棚栽培场地

按照场地大小合理规划，每隔 3 m 设立一根 2.5 m 长的立杆，立杆埋入地下 0.3 m，使用直径 5 cm 左右的粗竹竿或 10 cm×10 cm 水泥柱为宜；在畦面上用竹片（竹竿）搭建小拱棚并覆膜，小拱棚高 0.5~1 m，宽 0.8~1 m，长度依地形而定，加盖遮阳网；出菇前搭建 2~2.5m 高遮阳网覆盖栽培场地，遮阳率 80%~90%。

7.5　栽培环节

7.5.1　土壤预处理 清理地面杂草和废弃物，按照新栽培用地 $100kg/667m^2$、重茬地 $150kg/667m^2$ 的用量提前 3~4d 撒施石灰，然后深耕，耕作深度 25cm 左右。

7.5.2　划线建畦 按照畦面宽 80~100cm，设施大棚栽培操作道宽 20~30cm，露地小拱棚栽培操作道宽 50~60cm 划线。将操作道土翻到畦面，使畦面高出操作道 25~30cm，整平畦面。

7.5.3　菌种预处理 操作人员、器具消毒后将菌种掰成 1~2cm^3 小块，用 0.2% 磷酸二氢钾水溶液拌匀，预湿至含水量 65% 左右。

7.5.4　播种 采用沟播法，在畦面挖沟深 4~5cm，沟间距 10~15cm。土壤相对含水量低于 40% 时，沟内浇透水，水渗透后撒入菌种并覆土 2~3cm，盖住菌种块，整平畦面。菌种用量 400~500 袋（瓶）/$667m^2$。

7.5.5　覆盖 在畦面上覆盖薄草帘或 0.015cm 厚的带孔黑地膜（地膜两边固定）。

7.5.6　搭建小拱棚 按照 7.4.5 执行。

7.5.7　菌丝管理 向操作道内依次灌水至 2/3 处，保持近地面温度不超过 22℃ 不低于 0℃，土壤相对含水量 75%~80%；2~3d 菌种块萌发，菌丝长出土面。

7.5.8　补料 10~15d 菌丝长满畦面，产生白色分生孢子，去除草帘或地膜，将制作好的营养袋用刀片顺袋开长形口，或用直径 0.3cm 钉子制成的三排钉板在袋面打孔，开口面紧扣畦面；补料密度 2 000~2 500 袋/667m^2。

7.5.9　催菇　翌年平均气温升高至 6~10℃ 时，撤除营养袋、草帘或地膜，在畦面喷重水，用水量 5 kg/m^2，土壤相对含水量保持 80%~85%，空气相对湿度保持 85%~95%，以促进原基形成。

7.5.10　出菇管理　原基形成后保持棚内温度 12~16℃，畦面土壤相对含水量保持 85%~90%，空气相对湿度保持 80%~85%，加大棚内通风，促进原基进一步分化形成顶部黑色、下部灰白色的针状子实体。7~12d 子实体即可成熟。

7.5.11　采收　羊肚菌子实体不再增大，菌盖表面的脊和凹坑充分伸展即达到生理成熟。采收执行"宁早勿晚、密早疏晚"的原则，采收时用锋利的小刀在近地面处水平方向切割。

7.5.12　晾晒与烘干　晾晒场应远离污染源，阳光充足、通风良好，地面硬化或铺塑料膜用以防潮、防杂草。晾晒架宜用双层钢架结构，晾晒床为丝网材质，下层高 0.5 m，上层高 1 m，宽 1.5 m，长度依情况而定。晾晒架配制塑料膜用于预防下雨。采后的羊肚菌先按照单层薄放在晾晒床上，不挤压，待边缘干硬时集中到中间，定时进行翻动，至晒干为止；采用低温烘干的方法烘干羊肚菌；晒干或烘干后及时装入塑料袋中，扎紧袋口，放到冷凉通风黑暗的库中存放，并做好防霉变、防虫、防鼠害管理。

8　病虫害防治

"预防为主，综合防治"的防治原则，以农业防治、物理防治、生物防治为主，严格生产管理，规范生产技术；必要时采用化学防治，用药应执行 GB/T 8321 的规定，形成安全、完整、有机的综合防治体系，有效控制病虫害的发生。

（注：本标准由商洛市农业科学研究所、商洛市农业技术推广站、商南县农业技术推广中心、商南县特色产业发展中心、陕西君悦康农业开发有限责任公司起草，商洛市市场监督管理局 2021 年 10 月 15 日发布，2021 年 11 月 15 日起实施。）

第四篇
政策支持

第二十九章　产业发展规划

商洛市食用菌产业发展规划（2017—2021 年）

（商办发〔2017〕12 号）

为加快转变食用菌生产方式，进一步优化区域布局，调整品种结构，推动加工能力和市场建设，实现商洛食用菌产业可持续发展，促进农民持续快速增收。依据《商洛市生态农业发展规划（2015—2020 年）》，结合特色农业攻坚战和产业精准脱贫，特制定本规划。

一、发展现状

1. 产业发展优势明显

（1）生态环境良好　商洛生态环境良好，气候条件天成，林木资源和野生食用菌种质资源丰富，素有"南北植物荟萃、南北生物物种库"之美誉。全市森林覆盖率 66.5%，良好的生态条件适宜生产高质量的食用菌产品，是陕西省乃至国内食用菌生产的最佳适宜区。

（2）基础条件优越　商洛食用菌种植历史悠久，早在明清时期就有记载，人工栽培始于 20 世纪 70 年代，是陕南地区"南菇北移"的重要承接地。群众种植基础深厚，技术掌握熟练，效益显著，前景可观，从业农户户均收入 2 万元，农业人口人均超过 500 元。专业村镇人均纯收入中食用菌占比高达 80% 以上，食用菌已成为全市农村继劳务输出之后现金收入主要来源。

（3）区位优势明显　随着西合、西康两条铁路贯穿全境，沪陕、福银、西康、洛商 4 条高速公路建成通车，商洛作为西北通往中东部、长三角、西三角的交通枢纽地位日益凸显，促使商洛融入了西安 1 小时经济圈、武汉 1 天经济圈，为食用菌产品流通、保障西安及周边市场供给，提供了便利条件。

（4）发展前景广阔　据统计，我国食用菌年消费量以 7% 的速度持续增长，市场需求不断增加。商洛食用菌种植规模逐年扩大，群众积极性持续高涨。2016年，食用菌生产总量占全省23%，位居全省第二，香菇生产成为陕西第一大市，食用菌产业发展潜力和前景空前巨大，完全可能成为大产业。

2. 生产现状

商洛市是陕西省食用菌生产的适宜区，自然条件优越，产业基础良好，发展前景广阔。近年来，市食用菌产业发展势头强劲，已成为促进农村经济发展、农民脱贫致富的特色产业。

（1）产业发展迅速 "十二五"末，全市栽培食用菌1.51亿袋，鲜菇产量15.9万t，产值15.4亿元，纯收入8亿元，分别较"十一五"末增长105%、44.5%、75%、30.1%。食用菌从业农户、人员分别达到5万多户、10万余人，占比分别达到11.6%和6.8%，食用菌专业村383个，主产区菇农户均收入2万多元、人均食用菌单项收入达到5 000元，菇农收入明显高于其他农户的收入，食用菌已经成为农民增收的主导产业。全市食用菌总产量、总产值稳居全省第二，仅次于汉中，香菇年产14.3万t，居全省乃至西北第一，优势显著。

（2）经济效益显著 食用菌投入产出比在1∶3以上，户栽5 000袋，产值4万~5万元、纯收入2万~3.5万元。效益是大棚蔬菜4倍、大田作物30倍；1袋香菇相当1只肉鸡纯收入，200袋香菇相当1头肉猪纯收入。

（3）科技水平提升 经多年实践，主产区菇农基本熟练掌握食用菌栽培技术，科技意识、科技素质普遍增强。908、9608等香菇品种推广普及率达95%以上；808、武香一号等反季节香菇品种推广普及率100%，免割袋普及率达70%。食用菌农民专业合作社20个，食用菌开发加工企业5个，菌种生产场66个，物资、机械专卖店23个，从事食用菌购销大户达到1 500多人。

（4）栽培模式转型升级 立体、层架式成为主体栽培模式。顺季、反季、周年栽培多种方式并存。传统分散的家庭生产加快向规模化、集约化、半自动化、合作社、企业化方向转变。

（5）品牌开发稳步推进 全市7县（区）全部通过无公害食用菌产品整县环境评价，累计认定无公害食用菌生产基地36个，认证食用菌"三品"

产品 42 个、绿色食品 1 个，食用菌产品质量安全合格率达到 100%，产品在省内外形成一定知名度。

（6）代料生产成为趋势 各地积极开展农业废弃物再利用试验示范，特别是近年来，大力利用以关中苹果木屑为主要原料发展食用菌，代料栽培成为主流，加快食用菌生产由资源消耗型向农业废弃物再利用型转变。商州区利用苹果木屑、中药渣栽培香菇；洛南县利用桑枝条栽培香菇；柞水县利用栗苞、麦草栽培香菇、双孢菇等。2012 年，探索首创了食用菌"百万袋"生产模式，促进了资源高效利用，生产效率大幅提升，经济效益明显提高。代料生产成为食用菌发展方向，栽培规模占全市总量的 90% 以上。

3. 存在问题

（1）产业定位不明确，引导不积极 各级各部门关于食用菌发展对森林资源的影响缺乏科学评估，对保护与利用的关系缺乏深入研究，食用菌产业发展缺乏合理的定位，缺少完整的产业规划和配套扶持政策，产业地位与增收作用不匹配。加之，在食用菌产业快速发展过程中，出现过不少乱砍滥伐现象，也处理过不少干部，引起社会关注，给一些地方食用菌产业带来负面影响。尽管商洛市发展食用菌产业有较好的基础，群众的生产热情相对较高，不少地方农民工返乡创业把发展食用菌作为首选创业。但由于一些地方政府正面引导不积极，思想有顾虑，不敢大胆支持，从而制约了该产业的升级发展。

（2）品种结构单一，市场风险较大 商洛市食用菌以香菇为主，占到各类食用菌总量的 88%，呈现出"一菇独大"的生产格局，木腐菌类占比过高，草腐菌类占比过低。食用菌产业品种过于单一，市场风险增大，对林木资源消耗较大，可持续发展受制约。

（3）组织化程度较低，产业链条短 全市及各县均缺乏切实可行的产业发展规划，基本没有具有较强带动性的贸易型和深加工型的龙头企业，行业协会发育不良，指导不力，技术标准缺位，没有形成具有较高知名度的品牌，定价权不大，市场地位不高，竞争力不强，市场风险较大。

二、发展思路和目标

1. 指导思想

以推进食用菌产业化为主线，以转变生产方式为核心，以推广先进生产模式为重点，以生态高效、循环经济为根本要求，以打造产业精准脱贫示范点为抓手，坚持科技带动，建立健全产业服务体系，突出代料生产，提高农业废弃物利用水平，优化品种结构，规模质量并重，加快加工能力和市场建设，全面提升食用菌产业发展水平，不断壮大村级集体经济实力，使其成为商洛农业经济新增长点、生态高效农业典范和循环经济新亮点。

2. 基本原则

（1）坚持产业转型升级发展原则　食用菌是农业的朝阳产业，具有极为广阔的市场前景与发展潜力，要坚持以创新为动力、以科技为支撑，通过转变发展方式，优化区域布局，调整品种结构，推动加工能力和市场建设，实现食用菌产业转型升级。

（2）坚持资源综合开发利用原则　坚持循环发展理念，依法处理好产业发展与森林资源保护的关系，大力推广农林废弃物代料栽培技术，加快食用菌生产由资源消耗型向农林废弃物再利用型转变，实现食用菌产业可持续发展。

（3）坚持依靠科技创新原则　以科研攻关、技术集成与推广、科技机制创新为支撑，强化技术培训与指导，创新生产经营模式，推行规模化、科技化、标准化发展，不断提高生产水平和产业发展后劲。

（4）坚持市场导向原则　以市场为导向，加快无公害、绿色、有机产品基地和产品认证。培育龙头企业，加大品牌建设，开拓市场，提高效益，提高农民组织化程度，推动食用菌产业化进程。

3. 发展目标

到 2021 年，全市食用菌稳定在 2 亿袋，食用菌总产量（鲜品）达到 25 万 t，产业综合收入 20 亿元以上，加工、出口实现突破，专业市场、香菇品牌具有区域影响力，使食用菌产业成为商洛市继核桃产业之后的又一名片式产业。"十四五"期间，稳定种植规模，主攻加工和出口，产业综合收入超过 30 亿元，建成全国重要的特色农产品优势区、重要的出口和加工基地、区域性食用菌产品集散地，"商洛香菇"品牌在全国具有较大影响力，食用菌成为商洛经济新的增长点。

三、工作重点

1. 优化结构布局，持续提高规模化水平

一要调整品种结构。按照市场导向、突出特色、多菌类发展的原则，全市应稳定发展香菇，加快发展木耳、平菇、双孢菇、金针菇等品种，积极发展羊肚菌、杏鲍菇、大球盖菇等珍稀菌类；稳定发展木腐菌类，加快发展草腐菌类；稳定发展干菇，加快发展鲜食菇；稳定发展顺季生产，加快发展反季和周年生产；加快发展食用菌，兼顾发展药用菌。力争到2021年，使香菇占比由现在的88%调整到70%，平菇和木耳占20%、珍稀菌类和药用菌占10%，品种结构更趋合理，产业链条持续增粗。二要优化区域布局。针对区域类型气候特点，加快建立食用菌优势区域板块。一是以商州东部、丹凤县东南、商南县东北、洛南县的东部、山阳县东北部27个镇为主，重点发展代料香菇生产基地。二是以洛南县西北、丹凤县北部、商州南山、柞水县东北10个镇为主，重点发展代料木耳生产基地；三是以城郊、城镇周边为主，重点发展平菇和珍稀菌类生产基地；四是以海拔800米以上的冷凉山区14个镇为主，重点发展反季节生产，促进食用菌优势产区、产业板块、示范园区加快形成。

2. 转变生产方式，提高集约化水平

狠抓标准化基地建设，持续扩大产业规模，坚持绿色发展，坚持转变方式。一是加快"百万袋"生产循环模式复制推广，充分利用关中苹果锯末等农林废弃物发展代料生产。大力推行企业（合作社）承载带动、农户分散经营的生产模式，即依托一条专业化菌包生产线，采取"工厂化菌包生产+农户分散出菇管理"的方式组织生产，实行"七统一分"（合作社或企业统一原料采购、统一优良菌种、统一菌包制作、统一接种、统一技术指导、统一技术标准、统一产品回收，农户分散出菇管理），实现企业与农户的优势互补，达到农企共赢，实现可持续发展。二是利用农作物秸秆等为原料发展草腐菌，进一步优化品种结构，减少林木资源消耗。三是依法有序利用林木资源，合理有效利用森林采伐指标，坚持生态保护与利用并重，促进食用菌产业健康发展。

3. 加快市场体系建设，搭建营销平台

统筹相关部门力量，加强食用菌出口政策、财税支持政策研究，引导、鼓励龙头企业积极申请外贸出口权，加盟阿里巴巴等大数据平台，畅通食用菌出口通道，促进全市发展创汇菌业。同时，学习借鉴随州、西峡经验，采取高水平规划、分期建设方式，率先建成食用菌生产资料、设备、产品交易

专业市场，尽快投入运营，逐步实现市域内食用菌就地加工、出口、转化增值。商洛市要确定建设主体，迅速启动商南县食用菌专业交易中心和西安专营门店的规划建设。在县（区）、主产镇村建设配套的产地市场，更好围绕中心市场服务，努力打造"商洛香菇"品牌，提升在区域乃至全国的影响力，最终实现"买区域，卖世界"。加快发展电子商务，充分利用电商服务平台，开展食用菌产品的推介与销售。

4. 突出加工出口，提升产业化水平

要不断加大招商引资力度，改善投资环境，广泛吸引各类资本投入开发生产香菇酱、罐头、菇粉、菇粒、菇丝等各类食品，利用残次菇及菇柄加工即食食品、休闲食品、调味品、汤包（料），积极研究开发以食用菌为原料的保健品、化妆品、辅助疗品、药品等，延长产业链，提升附加值。建立食用菌产业园区，聚集生产要素，有效提高产业集中度。力争 2017 年招商引进食用菌发达地区 1～2 户龙头企业落户商洛，开展示范生产经营，带动本地产业发展。

5. 充分发挥优势，助力产业精准脱贫

依托食用菌产业优势，促进产业脱贫。一是引导有能力的贫困户，自主发展食用菌产业，强化金融扶持、政策扶持和技术帮扶，做到"扶上马、送一程"，确保实现稳定发展、稳定增收目标。二是提高贫困户参与度和收益水平，分享产业发展红利。三是鼓励经营主体适度带动，通过"联股、联利、联薪、联产"等方式，深化与贫困户的利益联结，使贫困户能够"借船出海"闯市场。四是推进消费扶贫模式，开展系列推介活动，与外地餐饮集团、批发市场合作，开展商洛食用菌消费扶贫，制定商洛食用菌消费扶贫菜谱，全力打造商洛食用菌出省、进京直通车。五是推进"三变"（资源变资产、资金变股金、农民变股东）改革，鼓励贫困户和农民以土地、资金、劳力入股经营，有效融入市场主体、村集体经济，"镶进"食用菌制种、生产、加工、经营全产业链条，激发贫困户产业脱贫"内生动力"。让更多的贫困户深度参与食用菌产业，全力打造商洛产业脱贫的"样板产业""品牌产业"。

6. 强化创新驱动，提高科技支撑水平

一是设立商洛市食用菌技术研究中心，加强与相关科研院所合作，积极引进高端人才，坚持内外并重，联合攻关，加大食用菌优良菌种、基质配方、废弃物再利用等关键技术和模式的研究、引进和推广，不断提高技术支撑能力，增强发展后劲。二是加强农技人员培训，提高其专业水平和服务能力。重视引导食用菌行业协会和专业合作社的发展，发挥民间团体在产业发展中的人才培养和技术研发推广作用。三是探索尝试在商洛学院、商洛职业技术学院开设食用菌课程，争取设立专业学科，为商洛市培养高素质食用菌专业人才。在县（区）职中举办学制灵活的各类食用菌培训班，重点培养职业菇农和有志于食用菌发展的农村青年。四是建立信息服务平台，充分利用新媒体，向食用菌从业人员发布食用菌生产技术、市场行情、行业动态等有效信息，确保食用菌信息畅通。

7. 着力打造品牌，促进融合发展

一是政府主导，加快"商洛香菇"地理标志认证，着力打造区域公用品牌，授权符合条件的市场主体无偿使用。二是加快研究制定以商洛香菇为重点的食用菌技术综合指标体系，用标准支撑品牌。三是鼓励龙头企业等市场主体注册商标，申创著名商标、驰名商标，开展绿色、有机食品认证，大打秦岭生态牌，提高市场竞争力和美誉度。四是依托优势人文资源和生态资源，着力打造食用菌特色小镇，促进食用菌与休闲农业、乡村旅游融合。发掘香菇文化，开发系列菜品，建设食用菌博物馆；结合"秦岭旅游节"，策划举办富有商洛特色的"秦岭香菇节"，推动三产深度融合，提升商洛香菇影响力。

四、保障措施

1. 加强组织领导

食用菌产业是农业的朝阳产业，对于改善农业产业结构、促进农村经济发展、农民持续增收、精准脱贫具有重要的意义。商洛市成立食用菌产业发展领导小组，下设办公室，统筹全市食用菌产业发展。各县（区）要将发展食用菌生产纳入农业产业的战略重点，制定相应的发展规划，落实各项措施，充分利用各项扶贫政策推动食用菌更好发挥精准脱贫的作用。发改、财政、农业、林业、水务、商务、供销、科技、税务、金融、招商、工商质监等相关部门要从商洛市农村经济发展大局出发，明确职责，齐抓共管，密切配合，同心协力推动食用菌产业发展。

2. 强化政策扶持

一是加大财政支持力度。市级每年设立食用菌产业发展专项资金，建立和完善食用菌产业支持保护政策体系，积极发挥财政性资金的引导作用，重点支持新品种新技术新模式引进研发、科技培训与推广、专业化菌包生产线、龙头企业固定资产投资贷款贴息和市场建设等环节。各县（区）也要设立食用菌产业发展专项资金，鼓励通过 PPP 等模式，引导社会资本和民营资本投入食用菌产业。二是加大金融支持力度。引导信贷资金、民间资本、外资企业投向食用菌产业，促进产业发展与资本市场相结合，尽快形成在资源保护、技术研发、基地建设、信息交流和宣传推广等公益性方面以政府投入为主，引导企业投入的多元化产业投入体制。农业、林业、水务、供销、商务、扶贫等相关部门要统筹整合相关资金，扶持食用菌产业发展，鼓励各类金融机构特别是涉农金融机构加大对食用菌基地、合作社、龙头企业等投资主体的信贷支持力度，促进食用菌产业加快发展。支持保险机构开展食用菌保险业务，鼓励和引导各类生产经营主体积极投保，提高抵御风险能力。三是研究制定针对性强的支持出口创汇的财税、信贷政策及招商引资尤其是加工、出口、科研项目的优惠政策。

3. 强化宣传引导

建立信息服务平台，充分利用新媒体，向食用菌从业人员发布食用菌生产技术、市场行情、行业动态等信息，实现信息共享，确保信息畅通。强化宣传，提高菇农资源保护意识和科学生产观念，引导菇农积极参与专业合作组织和产业化经营等现代生产方式，促进食用菌产业可持续发展。加强食用菌专业人才队伍培育，采取引进来、送出去等办法，培育食用菌科研、生产、加工、营销等领域人才，确保每个生产基地、企业都有一支业务精湛的食用菌人才队伍。强化培训和技术服务，提高食用菌生产经营水平。通过引导和带领做好产业、做强品牌、做大市场，努力把商洛市打造为全省乃至西北地区食用菌产业航母。

4. 强化督查考核

要突出规划引领，强化目标责任考核。将食用菌产业发展工作纳入对县（区）和市直相关部门年度目标责任制考核和特色农业攻坚战考核内容一并考核。强化督促检查，建立重点工作督查机制，定期督查、评比、通报，推进重点工作落实。各级各部门要切实履行职责，夯实工作责任，确保政策和各项任务的相互衔接。各县（区）要切实贯彻本规划，结合实际，突出特色，做好县级规划与本规划提出的发展目标和重点任务的衔接协调。

商洛市食用菌产业发展规划（2020—2025 年）

（商办发〔2020〕2 号）

为了进一步做优做强商洛食用菌产业，加快生产方式转变，优化区域布局，调整品种结构，延伸产业链条，促进废弃物利用，实现商洛食用菌产业规模化、产业化、可持续发展，促进农民持续快速增收。依据省委办公厅、省政府办公厅印发《关于实施"3+X"工程加快推进产业脱贫夯实乡村振兴基础的意见》（陕办发〔2018〕39 号）和《商洛市生态农业发展规划（2015—2020 年）》，结合实施乡村振兴战略，特制定本规划。

一、发展现状

1. 生产现状

商洛市是陕西省食用菌生产的适宜区，自然条件优越，产业基础良好，发展前景广阔。近年来，商洛市食用菌产业发展势头强劲，已成为促进农村经济发展、农民脱贫致富的特色产业。

（1）产业发展迅速　2019 年全市栽培食用菌 2.19 亿袋，鲜菇产量 28.47 万 t，产值 25.62 亿元。食用菌从业农户、人员分别达到 5 万多户、15 万余人，占比分别达到 5.2% 和 4.8%，食用菌专业村 383 个，主产区菇农户均收入 2 万多元、人均食用菌单项收入达到 5 000 元，菌农收入明显高于其他农户的收入，食用菌已经成为农民增收的主导产业。食用菌产业覆盖贫困户 3.38 万户，户均增收 5 000 元以上，成为商洛市脱贫的支柱产业。商洛市食用菌生产规模、香菇生产规模和总产量均居全省第一，优势显著。

表 1　商洛市近五年食用菌发展情况

时间（年）	规模（亿袋）	产量（万 t）	产值（亿元）
2015	1.51	15.9	15.4
2016	1.63	16	16.5
2017	1.72	16.9	17
2018	1.86	18.3	18
2019	2.19	28.47	25.62

（2）经济效益显著　2019年，香菇生产规模1.86亿袋，年产鲜菇26.97万t，产值22.92亿元；木耳生产规模0.23亿袋，产量1.27万t，产值1.45亿元；平菇和珍稀菌类规模0.1亿袋，产量0.23万t，产值1.25亿元。食用菌投入产出比在1:3以上，户栽1万袋，产值7万~8万元、纯收入3万~4万元，效益是大田作物30倍。年出口创汇500万美元，经济效益可观。

（3）科技水平提升　香菇、平菇、木耳等主栽品种全部实现良种化，专用菇料、微量元素、免割袋栽培、生物制剂拌料等先进技术得到应用，主产区菇农基本掌握食用菌栽培技术，科技意识、科技素质普遍增强。白灵菇、杏鲍菇、真姬菇、白玉菇、蟹味菇已实现工厂化生产。柞水建立李玉院士专家工作站，山阳聘请中国科学院院士为首席专家。全市发展食用菌农民专业合作社202个，成立食用菌生产加工企业64个，建成菌种生产场111个，发展食用菌物资、机械专卖店55个，从事食用菌购销大户达到3 000多人。

（4）生产方式快速转变　形成了以层架、吊袋、地栽为主的栽培模式，龙头企业+生产基地已成为主要生产模式，传统分散的家庭生产加快向规模化、集约化、工厂化方向转变。大力利用以关中苹果木屑为主要原料发展代料食用菌，加快食用菌生产由资源消耗型向农业废弃物再利用型转变。2012年，探索首创了食用菌"百万袋"生产模式，促进了资源高效利用，生产效率大幅提升，经济效益明显提高，基本上实现代料化生产。

（5）品牌开发稳步推进　商洛市7县（区）累计认证食用菌"三品"产品42个，食用菌产品质量安全合格率达到100%，产品在省内外形成一定知名度。"商洛香菇"入选中国特色农产品优势区、全国农产品区域公用品牌。"商洛香菇""柞水黑木耳"被认定为国家农产品地理标志产品，"商洛香菇"地标授权使用企业17家，标志使用110万枚；"柞水黑木耳"地标标志使用企业3家，标志使用20万枚。商南海鑫公司"秦骏"商标荣获陕西省著名商标。商洛香菇被中国餐饮产业联盟定为餐饮消费扶贫产品，丹凤双孢菇出口韩国、日本，商南在韩国建立了食用菌海外仓。柞水木耳登陆央视国家品牌公益广告，柞水"木耳小镇"已初步建成，商南"香菇小镇"和山阳"天麻小镇"正在规划建设之中。

2. 存在问题

（1）品种结构不合理，市场风险较大　商洛市食用菌以香菇、木耳为主，占到全市食用菌总产值的 95%，木腐菌类占比过高。食用菌产业品种过于单一，市场风险增大，对林木资源消耗较大，可持续发展受制约。

表 2　2019 年全市食用菌生产情况

菌类	产量（万 t）	产值（亿元）	占比（%）（全市食用菌）	占比（%）（全省）
香菇（鲜）	26.97	22.92	89.5	39.7
木耳（干）	1.27	1.45	5.6	7.9
其他菌类	0.23	1.25	4.9	0.6

（2）组织化程度较低，产业链条短　缺乏有较强带动性的贸易型和深加工型的龙头企业，行业协会发育不良，技术标准缺位，没有形成具有较高知名度的品牌，定价权不大，市场地位不高，竞争力不强，市场风险较大。

（3）企业投入不足，资金缺口较大　食用菌产业前期基础设施投入较大，大部分企业资金短缺。加之市财政困难，资金投入不足，食用菌产业发展资金缺口较大。

二、发展前景

1. 生态环境良好

商洛生态环境良好，气候条件天成，林木资源和野生食用菌种质资源丰富，素有"南北植物荟萃、南北生物物种库"之美誉。全市森林覆盖率67%，良好的生态条件适宜生产高质量的食用菌产品，是陕西省乃至国内食用菌生产的最佳适宜区。

2. 基础条件优越

商洛食用菌种植历史悠久，早在明清时期就有记载，人工栽培始于 20世纪 70 年代，是陕南地区"南菇北移"的重要承接地。群众种植基础深厚，技术掌握熟练，效益显著，前景可观，从业农户户均收入 2 万元，农业人口人均超过 500 元。专业村镇人均纯收入中食用菌占比高达 80% 以上，食用菌已成为商洛市农村继劳务输出之后现金收入主要来源。

3. 区位优势明显

沪陕、福银、西康高速横穿全境，西十、西康高铁即将动工，交通便利，商洛已融入西安 1 小时经济圈、武汉 1 天经济圈，为食用菌产品流通、保障西安及周边市场供给，提供了便利条件。

4. 发展前景广阔

当前，随着人们生活和消费理念的改变，由吃得饱到吃得好到吃得健康，进入"大健康，大消费"时代，食用菌巨大的潜在保健价值逐渐受到重视，被誉为健康食品和功能食品。据统计，我国食用菌年消费量以 7% 的速度持续增长，市场需求不断增加，食用菌产业发展潜力巨大，前景广阔，完全可能成为大产业。

三、发展思路和目标

1. 指导思想

以实施乡村振兴战略为统揽，以推进食用菌产业化为主线，以转变生产方式为核心，以推广先进生产模式为重点，以生态高效、循环发展为根本要求，以打造产业精准脱贫示范点为抓手，坚持科技带动，建立健全产业服务体系，突出代料生产，提高农业废弃物利用水平，优化品种结构，规模质量并重，加快加工能力和市场建设，延伸产业链条，全面提升食用菌产业发展水平，使其成为商洛农业高质量发展新增长点、生态高效农业典范和循环经济新亮点。

2. 基本原则

（1）坚持绿色发展原则　坚持绿色、生态、循环发展理念，依法处理好产业发展与森林资源保护的关系，大力推广农林废弃物代料栽培技术，示范推广果菌循环发展模式，加快食用菌生产由资源消耗型向农林废弃物再利用型转变，实现食用菌产业可持续发展。

（2）坚持科技创新原则　以科研攻关、技术集成与推广、科技机制创新为支撑，强化技术培训与指导，创新生产经营模式，推行规模化、科技化、标准化发展，不断提高生产水平和产业发展后劲。

（3）坚持市场导向原则　以市场为导向，加快绿色、有机产品认证。培育龙头企业，加大品牌建设，开拓市场，提高效益，提高农民组织化程度，推动食用菌产业化进程。

（4）坚持质量优先原则　以高质量发展为导向，大力推广绿色生产技术，强化质量管控，提高食用菌产品质量，实现产品由数量型向质量型转变。

3. 发展目标

2020 年，全市食用菌发展到 3 亿袋，食用菌总产量（鲜品）达到 35

万 t，产业综合收入 55 亿元以上，加工、出口实现突破，专业市场、香菇品牌具有区域影响力，使食用菌产业成为商洛市继核桃产业之后的又一名片式产业。

到 2025 年，全市食用菌达到 5 亿袋（瓶），食用菌总产量（鲜品）达到 50 万 t，主攻加工和出口，产业综合收入 100 亿元以上，建成全国重要的特色农产品优势区、"一带一路"重要的出口和加工基地、西北食用菌产业强市，"商洛香菇"品牌在全国具有较大影响力，使食用菌成为商洛经济新的增长点。

表3　2020—2025 年食用菌产业发展计划任务表　　单位：万袋（瓶）

年度	合计	商州	洛南	丹凤	商南	山阳	镇安	柞水
2020	30 000	3 000	2 700	3 750	13 500	3 000	1 800	2 250
2021	32 000	3 000	2 900	4 000	14 500	3 200	2 000	2 400
2022	35 000	3 500	3 150	4 375	15 750	3 500	2 100	2 625
2023	40 000	4 000	3 600	5 000	18 000	4 000	2 400	3 000
2024	45 000	4 500	4 050	5 625	20 250	4 500	2 700	3 375
2025	50 000	5 000	4 500	6 250	22 500	5 000	3 000	3 750

四、重点工作

1. 优化结构布局，持续提高规模化水平

一要调整品种结构。按照市场导向、突出特色、多菌类发展的原则，全市应稳定发展香菇，加快发展木耳、双孢菇、白灵菇、杏鲍菇等品种，积极发展羊肚菌、大球盖菇等珍稀菌类；稳定发展木腐菌类，加快发展草腐菌类；稳定发展干菇，加快发展鲜食菇；稳定发展顺季生产，加快发展反季和周年生产；加快发展食用菌，兼顾发展药用菌。力争到 2025 年，使香菇占比由现在的 89.5% 调整到 50%，平菇和木耳占 30%、珍稀菌类和药用菌占 20%，品种结构更趋合理，产业链条持续延伸。二要优化区域布局。针对区域类型气候特点，加快建立食用菌优势区域板块。一是以商南、商州、洛南、山阳、镇安为主，重点发展代料香菇生产基地；二是以柞水、山阳为主，重点发展代料木耳生产基地；三是以丹凤、商州为主，重点发展双孢菇、白灵菇、杏鲍菇等珍稀菌类；四是以洛南、山阳为主发展灵芝、天麻等药用菌；五是以海拔 1 000 m 以上

的冷凉山区为主，重点发展反季节生产，促进食用菌优势产区、产业板块、示范园区加快形成。

2. 转变生产方式，提高集约化水平

狠抓标准化基地建设，持续扩大产业规模，坚持绿色发展，坚持转变方式。一是加快"百万袋"生产模式复制推广，在合理利用当地资源的基础上，充分利用陕西1 000万亩苹果修剪枝条作为商洛市食用菌产业原料，完全能够承载全市食用菌发展原料需求。大力推行企业（合作社）承载带动、农户分散经营的生产模式，实现企业与农户的优势互补，达到农企共赢，实现可持续发展。二是利用农作物秸秆等为原料发展草腐菌，进一步优化品种结构，减少林木资源消耗。三是加快食用菌废弃物循环利用，积极推广商南海鑫果菌循环模式，即以市食用菌菌糠生产的有机肥物物交换关中苹果枝条作为食用菌生产原料，达到废弃物闭合循环高效利用。鼓励企业回收加工废弃食用菌包装袋，进行综合利用，减少污染，保护环境。

表4　食用菌标准化生产工程

名称		内容
"百万袋"模式复制推广项目		加快"百万袋"模式推广，有效提高食用菌生产组织化、规模化、标准化水平，推动农林废弃物资源化利用迈上新台阶。到2025年，全市建立年生产能力达到100万袋的专业化菌包生产线100条，其中商南20条，商州、丹凤、山阳、柞水各15条，洛南、镇安各10条。总投资5 000万元
生态标准园创建项目		到2025年，全市建设100个食用菌生态标准园，食用菌生产水平得到大力提升。总投资5 000万元
转型升级示范创建项目	食用菌转型升级重点县	加大食用菌转型升级重点县创建力度，到2025年，创建3个食用菌转型升级重点县，实现"一二三产"深度融合，提升食用菌产品附加值，增加菇农收入。总投资3 000万元
	食用菌标准化生产重点镇	依托食用菌生态标准园建设，聚集生产要素，提高产业集中度，到2025年，创建50个食用菌标准化生产重点镇。总投资10 000万元
	食用菌标准化生产重点村	选择基础较好的食用菌专业村，到2025年，创建200个食用菌标准化生产重点村。总投资10 000万元
	家庭农场培育项目	到2025年，培育认定食用菌家庭农场5 000个。总投资15 000万元
绿色发展项目	菌糠综合利用	到2025年，建设万吨级有机肥加工厂20个，食用菌废弃菌袋利用率80%以上。基料化利用率10%以上。总投资2 000万元
	废弃包装袋综合利用	到2025年，年回收加工废弃食用菌包装袋回收利用率70%以上。总投资1 000万元

3. 加快市场体系建设，搭建营销平台

统筹相关部门力量，加强食用菌出口政策、财税支持政策研究，引导、鼓励龙头企业积极申请外贸出口权，加盟阿里巴巴、京东等大数据平台，畅通食用菌出口通道，促进全市发展创汇菌业。同时，学习借鉴随州、西峡经验，采取高水平规划、分期建设方式，率先建成食用菌生产资料、设备、产品交易专业市场，尽快投入运营，逐步实现市域内食用菌就地加工、出口，转化增值。确定建设主体，启动商南县食用菌专业交易中心和西安专营门店的规划建设。在县（区）、主产镇村建设配套的产地市场和物资服务中心，加强质量安全监管，更好围绕中心市场服务，努力打造"商洛香菇"品牌，提升在区域乃至全国的影响力，最终实现"买区域，卖世界"。加快发展电子商务，充分利用电商服务平台，开展食用菌产品的推介与销售。

表5　市场体系建设工程

名称	内容
交易市场平台建设项目	建设商南食用菌专业交易中心；在县（区）、主产镇村建设配套的产地市场和物资服务中心，搭建产销对接销售平台；在食用菌主产镇村（社区）建立农村电子商务站点，利用电商平台，实现线上线下销售。总投资3 000万元
专营门店建设项目	在西安、北京、南京较大的农产品批发市场设立食用菌产品销售专营门店，建立产品销售窗口。总投资1 500万元
冷链物流建设项目	在食用菌批发交易中心和产地市场配套建设仓储、物流配送中心；在主产区、企业、合作社等配套建设冷藏库、冷链物流设施设备。总投资2 000万元
重点城市推介营销项目	通过在北京、南京、西安等城市举办食用菌产品推介和洽谈活动，拓宽产品营销渠道。总投资300万元

4. 突出加工出口，提升产业化水平

不断加大招商引资力度，改善投资环境，广泛吸引各类资本投入开发生产香菇酱、香菇脆、香菇罐头、菇粉、木耳粉、木耳露、木耳挂面等各类食品及保健品、化妆品、辅助疗品、药品等，延长产业链，提升附加值。建立食用菌产业园区，聚集生产要素，有效提高产业集中度。

表6　加工出口培育工程

名称	内容
加工企业 培育项目	以招商引资为突破口，每县（区）培育1~2个带动能力强、科技含量高、年销售收入超过3 000万元以上的加工型企业。总投资10 000万元
加工增值项目	鼓励有条件的县（区）建设食用菌加工产业园；鼓励企业积极研究开发以食用菌为原料的保健品、化妆品、辅助疗品、药品等，依靠精深加工延长产业链，提升附加值；支持新型经营主体开展分级、包装和食用菌各类食品加工生产。总投资5 000万元
出口企业培育项目	通过内引外联，培育10个以上注册地在商洛市的食用菌产品出口企业，扩大出口规模，增加出口创汇额。总投资10 000万元
出口备案基地建设项目	依托食用菌出口龙头企业，在主产区建立1个出口备案基地，为加工企业提供质量可靠的生产原料。总投资1 000万元

5. 充分发挥优势，助推乡村振兴

以产业兴旺为重点，推进脱贫攻坚与乡村振兴战略目标有效衔接，依托食用菌产业优势，促进产业兴旺。一是2020年引导有生产能力的贫困户，自主发展食用菌产业，强化金融扶持、政策支持和技术帮扶，确保实现稳定发展、稳定增收目标。二是2020年脱贫攻坚决战决胜后，不断巩固产业脱贫成果，鼓励各类新型经营主体积极发展食用菌产业，提高农户参与度和收益水平。三是持续推进农村集体产权制度改革，鼓励农民以土地、资金、劳动力入股经营，有效融入市场主体、村集体经济，"镶进"食用菌制种、生产、加工、经营全产业链条，激发产业发展"内生动力"。

表7　产业兴旺工程

名称	内容
产业兴旺工程建设项目	以产业兴旺为重点，每县（区）选择条件优越的村，引导发展食用菌产业，全市建设高标准、规模化食用菌产业基地100个以上。总投资2亿元
农村集体经济示范村建设项目	选择村级班子强、产业有基础的村，发展食用菌产业，壮大村集体经济，到2025年培育200个农村集体经济示范村。总投资1亿元

6. 强化创新驱动，提高科技支撑水平

一是在商洛市农业科学研究所加挂陕西食用菌研究所牌子，依托陕西省

微生物研究所建立食用菌菌种研发中心，积极引进高端人才，坚持内外并重，与柞水李玉院士工作站联合攻关，加大商洛食用菌优良菌种选育与生产，增强发展后劲。二是加强农技人员培训，提高其专业水平和服务能力。重视引导食用菌行业协会和专业合作社的发展，发挥民间团体在产业发展中的人才培养和技术研发推广作用。三是探索尝试在商洛学院、商洛职业技术学院开设食用菌课程，争取设立专业学科，为商洛市培养高素质食用菌专业人才。在县（区）职中举办学制灵活的各类食用菌培训班，重点培养职业菇农和有志于食用菌发展的农村青年。四是加快制定食用菌地方标准，实施标准化生产，推进高质量发展；五是建立信息服务平台，充分利用新媒体，向食用菌从业人员发布食用菌生产技术、市场行情、行业动态等有效信息，确保食用菌信息畅通。

表8 科技创新工程

名称	内容
食用菌优良菌种研发中心建设项目	建立市级食用菌研发中心1个，选育适合商洛主推的各菌类优良品种2~3个，建立规范化原种场2个，标准化三级菌种场100个。总投资2 500万元
产业技术体系建设项目	组建市级产业技术服务专家团，建立食用菌首席专家和岗位专家制度，实行首席专家和岗位专家负责制，建立院士工作站1个，专家工作站3个，专题研究和解决生产中技术难题。总投资200万元
职业菇农培育项目	依托新型职业农民培育，培训一批懂生产、懂经营、懂管理的职业菇农和土专家，提高菇农生产经营水平，增加菇农收入。总投资3 000万元
制定食用菌地方标准项目	制定香菇、木耳等食用菌生产、加工、包装、品牌等综合指标体系，实施标准化生产。总投资100万元

7. 着力打造品牌，促进融合发展

一是政府主导，以"商洛香菇"成功入选全国农产品区域公用品牌、中国特色农产品优势区为契机，加大商洛食用菌宣传力度，提升商洛食用菌知名度和影响力。二是加快研究制定以商洛香菇、柞水木耳为重点的食用菌技术综合指标体系，制定商洛香菇地方标准，用标准支撑品牌。三是鼓励龙头企业等市场主体注册商标，开展绿色、有机食品认证，大打秦岭生态牌，提高市场竞争力和美誉度。四是依托优势人文资源和生态资源，着力打造食用菌特色小镇，促进食用菌与休闲农业、乡村旅游融合。发掘香菇文化，开发系列菜品，建设食用菌博物馆；结合"秦岭生态文化旅游节"，策划举办

富有商洛特色的"秦岭香菇节"，举办食用菌产业发展高端论坛，推动一、二、三产业深度融合，提升商洛香菇影响力。

表 9　品牌培育及融合发展工程

名称	内容
品牌打造项目	以"商洛香菇"成功入选全国农产品区域公用品牌、中国特色农产品优势区为契机，鼓励龙头企业等市场主体注册商标，积极申创国家"香菇之乡"，加大品牌创建力度。总投资 500 万元
特色小镇培育项目	依托当地资源优势，建设 10 个以上食用菌特色小镇，在商州、洛南、商南、山阳、镇安分别建设香菇特色小镇，在丹凤建设双孢菇、天麻特色小镇，在山阳建设木耳、天麻特色小镇，对柞水木耳小镇进行升级改造。总投资 2 亿元
香菇文化培育项目	发掘香菇文化，建设食用菌博物馆；依托秦岭生态文化旅游节，策划举办富有商洛特色的"秦岭香菇节"，提升商洛香菇知名度；结合休闲农业和乡村旅游，开发富有特色的食用菌菜品，休闲食品，打造"舌尖上的商洛"。总投资 3 000 万元

五、投资概算及资金来源

经初步估算，总投资 14.31 亿元，其中，食用菌标准化生产工程投资 5.1 亿元，市场体系建设工程投资 0.68 亿元，加工出口培育工程投资 2.6 亿元，"产业兴旺"工程投资 3 亿元，科技创新工程投资 0.58 亿元，品牌培育及融合发展工程投资 2.35 亿元。拟申请国家投入资金 3 亿元，占总投资 20%，市、县（区）统筹资金 3 亿元，占总投资 20%，经营主体自筹资金 8.31 亿元，占总投资 60%。

六、保障措施

1. 加强组织领导

食用菌产业是农业的朝阳产业，对于改善农业产业结构、促进农村经济发展、农民持续增收、精准脱贫具有重要的意义。市上成立食用菌产业发展领导小组，下设办公室，统筹全市食用菌产业发展。各县（区）要将发展食用菌生产纳入农业产业的战略重点，制定相应的发展规划，落实各项措施，充分利用各项扶贫政策推动食用菌更好发挥精准脱贫的作用。发改委、财政、农业农村、林业、水利、商务、供销、科技、税务、金融、招商、工商质监等相关部门要从商洛市农村经济发展大局出发，明确职责，齐抓共管，密切配合，同心协力推动食用菌产业发展。

2. 加大财政支持

市级每年设立食用菌产业发展专项资金，积极争取国家财政资金支持食用菌产业发展，建立和完善食用菌产业支持保护政策体系，积极发挥财政性资金的引导作用，重点支持新品种新技术新模式引进研发、科技培训与推广、专业化菌包生产线、龙头企业固定资产投资贷款贴息和市场建设等环节。各县（区）也要设立食用菌产业发展专项资金，鼓励通过 PPP 等模式，引导社会资本和民营资本投入食用菌产业。

3. 加大金融支持

用足用活金融信贷政策，引导信贷资金、民间资本、外资企业投向食用菌产业，促进产业发展与资本市场相结合，尽快形成在资源保护、技术研发、基地建设、信息交流和宣传推广等公益性方面以政府投入为主，引导企业投入的多元化产业投入机制。农业农村、林业、水利、供销、商务、扶贫等相关部门要统筹整合相关资金，扶持食用菌产业发展，鼓励各类金融机构特别是涉农金融机构加大对食用菌基地、合作社、龙头企业等投资主体的信贷支持力度，促进食用菌产业加快发展。研究制定针对性强的支持出口创汇的财税、信贷政策及招商引资尤其是加工、出口、科研项目的优惠政策。支持保险机构开展食用菌保险业务，鼓励和引导各类生产经营主体积极投保，促使食用菌保险投保率不断提升，提高抵御风险能力。

4. 强化科技支撑

加强食用菌专业人才队伍培育，采取引进来、送出去等办法，培育食用菌科研、生产、加工、营销等领域人才，确保每个生产基地、企业都有一支业务精湛的食用菌人才队伍。强化培训和技术服务，提高食用菌生产经营水平。

5. 强化督查考核

要突出规划引领，强化目标责任考核。将食用菌产业发展工作纳入对县（区）和市直相关部门年度目标责任制考核和特色农业攻坚战考核内容一并考核。强化督促检查，建立重点工作督查机制，定期督查、评比、通报，推进重点工作落实。各级各部门要切实履行职责，夯实工作责任，确保政策和各项任务的相互衔接。各县（区）要切实贯彻本规划，结合实际，突出特色，做好县级规划与本规划提出的发展目标和重点任务的衔接协调。

第三十章　实施意见

关于加快食用菌产业发展的实施意见

（商政办发〔2017〕94号）

为加快转变食用菌生产方式，促进食用菌产业持续健康发展，根据《商洛市食用菌产业发展规划（2017—2021年）》，结合产业发展实际，现就加快全市食用菌产业发展提出如下实施意见。

一、总体要求

1. 指导思想

以推进食用菌产业化为主线，以转变生产方式为核心，以推广"百万袋"生产模式和"借袋还菇"产业精准扶贫等先进模式为重点，以生态高效、循环经济为根本要求，以打造产业精准脱贫示范点为抓手，坚持科技带动，建立健全产业服务体系，突出代料生产，提高农业废弃物利用水平，优化品种结构，规模与质量并重，加快加工能力和市场建设，全面提升食用菌产业发展水平，不断壮大村级集体经济实力，使其成为商洛农业经济新增长点、生态高效农业典范和循环经济新亮点。

2. 目标任务

到2021年，全市食用菌稳定在2亿袋，食用菌总产量（鲜品）达到25万t，产业综合收入20亿元以上，加工、出口实现突破，专业市场、香菇品牌具有区域影响力，使食用菌产业成为商洛市继核桃产业之后的又一名片式产业。"十四五"期间，稳定种植规模，主攻加工和出口，产业综合收入超过30亿元，建成全国重要的特色农产品优势区、重要的出口和加工基地、区域性食用菌产品集散地，"商洛香菇"品牌在全国具有较大影响力，食用菌成为商洛经济新的增长点。

二、加快产业转型

1. 调结构优布局

按照突出特色、多菌类发展的原则，稳定发展香菇，加快发展木耳、平菇、双孢菇、金针菇等品种，积极发展杏鲍菇、羊肚菌、大球盖菇、茶树菇等珍稀菌类；稳定发展木腐菌类，加快发展草腐菌类；稳定发展干菇，加快发展鲜食菇；稳定发展顺季生产，加快发展反季和周年生产；加快发展食用菌，兼顾发展药用菌。到 2021 年，使香菇占比由现在的 88% 调整到 70%，平菇和木耳占 20%，珍稀菌类和药用菌占 10%，品种结构更趋合理。针对区域类型气候特点，加快建立食用菌优势区域板块。重点建设代料香菇、代料木耳、珍稀菌类和反季节生产基地，促进食用菌优势产区、产业板块、示范园区加快形成。

2. 转变生产方式

加快"百万袋"生产循环模式复制推广。依托一条专业化菌包生产线，采取"工厂化菌包生产+农户分散出菇管理"的方式组织生产，实行"七统一分"管理方式，有效提高食用菌生产组织化、规模化、标准化水平，推动农林废弃物资源化利用迈上新台阶。到 2021 年，全市建立年生产能力达到 100 万袋的专业化菌包生产线 100 条，建设 100 个食用菌生态标准园，食用菌生产水平得到大力提升。

3. 加快转型升级

培育壮大一批食用菌生产、加工、流通龙头企业和专业合作社，加快形成集产加销、科工贸于一体的食用菌产业链，推动产业转型升级。加快食用菌转型升级示范县、示范镇、示范村创建，引导食用菌产业向规模化、标准化、工厂化生产方向发展，促进食用菌由粗放型向集约化转变。到 2021 年创建 3 个食用菌转型升级示范县，创建 30 个食用菌标准化生产示范镇，创建 100 个食用菌标准化生产示范村。实现"一二三产"深度融合，提升食用菌产品附加值，增加菇农收入。

三、加强市场建设

1. 加快市场建设

一是建设专业交易市场。启动商南县食用菌专业交易中心，尽快投入运营。着力将其打造成为西北地区食用菌原料供应基地、价格发布平台、产品集散流通中心。在县（区）、主产镇村建设配套的产地交易市场，更好围绕中心市场服务。二是加强专营门店建设。在西安、南京、北京等地大型批发市场设立食用菌专营门店，建立产品销售窗口。三是加强冷链物流建设。在食用菌批发交易中心和产地市场配套建设仓储、物流配送中心；在主产区、企业、合作社等配套建设冷藏库、冷链物流设施设备。

2. 加强产品营销

加快发展电子商务，充分利用电商服务平台，开展食用菌产品推介与销售。通过在北京、南京、西安等城市举办食用菌产品推介和洽谈活动，拓宽产品营销渠道。鼓励食用菌生产加工企业参加各类产品推介会、交易会、展销会，提高市场占有率和产品竞争力。

四、加大加工出口

1. 培育加工企业

培育一批具备市场竞争能力的食用菌生产、冷藏保鲜、分级包装、深加工龙头企业，带动产业发展。以招商引资为突破口，每县（区）培育1~2个带动能力强、科技含量高、年销售收入超过3 000万元以上的加工型企业。

2. 发展精深加工

引进和培育一批食用菌精深加工企业，支持企业引进新设备、集成新技术、探索新工艺、开发新品种，促进食用菌由食品向药品、保健食品、休闲食品、化妆品等精深加工领域和高端产品发展，不断深化拓展食用菌产业链条，提高产品科技含量和附加值。

3. 促进出口创汇

扶持建设食用菌出口创汇型企业，通过内引外联，培育3个以上注册地在商洛市的食用菌产品出口企业，引导、鼓励食用菌企业申请外贸出口权，扩大出口规模，增加出口创汇额。依托食用菌出口龙头企业，在主产区建立出口备案基地。

五、推进产业扶贫

1. 产业扶贫基地建设

鼓励新型经营主体投入食用菌产业，探索和完善产业精准扶贫模式，引导贫困户发展食用菌，全市建设食用菌产业扶贫基地100个以上。

2. 集体经济示范村建设

选择村级班子强、产业有基础的贫困村，发展食用菌产业，壮大村集体经济，到2021年培育50个以食用菌产业为主的集体经济示范村。

六、强化科技支撑

1. 加快技术研发

依托市农业科学研究所，组建商洛市食用菌技术研发中心。强化与科研院所和企业合作，加大新品种、新技术、新模式引进试验示范与推广应用；围绕全产业链，开展标准化生产关键技术研究和推广，牵头组织技术攻关，积极研究和突破菌糠循环利用、食用菌产品贮藏和精深加工等技术难题；充分发挥企业创新主体作用，鼓励和支持企业开展技术研发尤其是精深加工技术创新，全面提升自主创新能力。

2. 加强人才培养

试点探索在商洛学院、商洛职业技术学院开设食用菌专业课程，争取建设专业学科，培养高素质食用菌专业人才。依托新型职业农民培育，培训一批懂生产、懂经营、懂管理的职业菇农和土专家，建成一支多层次、结构合理的食用菌专业技术队伍。鼓励企事业单位、科技人员领办、创办食用菌企业产业园、产业基地。

3. 强化技术服务

依托农技推广机构，充实专业技术人员，强化技术培训，不断提升技术服务能力和服务实效；加快建立和完善食用菌产业技术体系，聘请市内外知名专家担任顾问、首席科学家和岗位专家，为食用菌产业发展提供智力支撑；充分发挥食用菌行业协会的作用，关注国内外最新市场变化、贸易变化等信息，加强信息共享，强化行业自律，规范市场秩序，防止价格无序竞争；加强菌种生产技术指导，强化菌种市场管理，为生产主体提供优质菌种。

七、着力打造品牌

1. 打造公用品牌

加快完成商洛香菇农产品地理标志认证工作，加大宣传力度，授权符合条件的市场主体加贴使用，提高商洛香菇知名度。

2. 培育特色品牌

鼓励企业、专业合作社和种植大户开展"三品一标"认证、注册商标和创建名牌产品。依托当地资源优势，在商南、丹凤、商州建设香菇特色小镇，在柞水下梁建设木耳特色小镇。全力打造商洛香菇、商洛木耳等知名品牌，发挥品牌效应，提高产品市场竞争力和美誉度。

3. 挖掘香菇文化

依托优势人文资源和生态资源，建设食用菌博物馆；结合秦岭旅游节，策划举办富有商洛特色的秦岭香菇节，提升商洛香菇知名度；结合休闲农业和乡村旅游，开发富有特色的食用菌菜品，休闲食品，打造"舌尖上的商洛"。

八、加强组织领导

1. 强化组织领导

成立以分管副市长为组长，市发改委、财政局、农业局、林业局、水务局、扶贫局、国土局、科技局、商务局、供销社、招商局、金融办等部门主要负责人为成员的食用菌产业发展领导小组，领导小组办公室设在市农业局，具体负责全市食用菌产业发展组织管理和协调工作。

2. 强化部门协作

各成员单位要切实履行职责，加强协作，合力推进，共同筹划、研究全市食用菌产业发展目标，并积极配合农业部门做好业务指导、任务分解、综合协调、调度考核等工作。发改部门要加强对食用菌项目培育、筛选、评审、申报、备案、核准工作，在申报产业项目时要优先考虑食用菌项目；财政部门要搞好资金的筹集、使用监管和绩效考评等工作；国土部门要在用地方面提供有力支持；农业部门要牵头负责，做好产业发展规划和技术指导服务工作；林业部门要用活林业政策，依法科学管控，有效保护和利用森林资源；交通、水务、电力等部门要大力支持食用菌产业基地水、电、道路等基础设施建设；商务部门要指导县（区）做好食用菌市场规划和建设，大力扶持食用菌产品出口，积极指导发展电子商务；招商部门要加大食用菌项目招商引资力度；金融办要支持新型经营主体贷款贴息，引导金融机构开发"菇农贷""菇企贷"等新产品，有效突破产业发展的资金"瓶颈"；工商、税务、扶贫、供销等部门要结合各自职能，大力扶持食用菌产业发展。

3. 加大扶持力度

"十三五"期间，市级设立食用菌产业发展专项资金，列入每年财政预算，主要对食用菌发展考核的先进县（区）以奖代补。各县（区）也要设立食用菌产业发展专项资金，制定相应的扶持政策，重点支持食用菌标准化生产、示范创建、市场体系、冷链物流、加工出口、技术支撑、品牌培育等方面的关键环节，推进食用菌产业快速发展。

4. 强化督查考核

建立和完善考核评价体系，把食用菌产业发展纳入对县（区）和部门目标责任考核内容，实行专项考核督查。建立重点工作督查机制，实行定期督查、评比、通报，推进重点工作落实。对食用菌产业发展成绩突出的县（区）政府、部门、企业及个人给予表彰奖励；对措施不实、成效不佳的，实行问责。切实推进食用菌产业持续健康发展，努力促进农民增收。

关于加快商洛木耳产业高质量发展的指导意见

（商办发〔2020〕10 号）

为认真贯彻落实习近平总书记来陕考察重要讲话重要指示精神，切实将"小木耳"做成"大产业"，促进农民持续稳定增收，推动乡村振兴，按照市委办公室、市政府办公室关于印发《商洛市实施特色产业工程巩固产业脱贫成果夯实乡村振兴基础方案的通知》（商办发〔2020〕2 号）要求，结合商洛市实际，现就加快商洛木耳产业高质量发展提出如下指导意见。

一、指导思想

认真贯彻落实习近平总书记来陕考察重要讲话重要指示精神，坚持生态优先，市场主导，绿色循环发展，聚焦"农业产业结构调整的新选择、大健康产业的新机遇、精准扶贫的新去向、一带一路的新方向、乡村振兴的新模式"五个路径，实行"政府推动、企业实施、农户参与"的共建机制，以特色小镇、产业园区为载体，全产业链打造，一二三产融合发展，努力将木耳产业做大做强做优，使商洛成为全省乃至全国木耳产业高质量发展先行区。

二、基本原则

坚持绿色发展原则。树立生态优先理念，当好"秦岭生态卫士"，走绿色循环发展之路，有效保护生态资源，实现木耳产业可持续发展。

坚持科技创新原则。以科技研发攻关、技术集成推广、智慧物联应用为支撑，强化创新驱动，加大新技术、新产品、新工艺引进、研发和推广应用，不断提升木耳产业科技贡献率。

坚持市场导向原则。以市场为导向，充分发挥市场在资源配置中的决定性作用，推动木耳产业高质量发展。

坚持高质量发展原则。以量的合理增长、质的稳定提升，实现木耳产业高质量发展。

三、发展目标

到 2021 年，全市木耳发展到 1.2 亿袋，年鲜品产量达到 6 万 t，产值 5 亿元，全产业链综合收入 40 亿元，主产区农户年人均增收 5 000 元以上。到 2025 年，全市木耳达到 3 亿袋，年鲜品产量达到 15 万 t，产值 12 亿元，全产业链综合收入 100 亿元以上，主产区农户年人均增收万元以上。建成全国木耳产业强市、中国特色农产品优势区、全国木耳产业高质量发展先行区。

四、工作重点

1. 实施菌种培育工程

依托李玉院士柞水工作站木耳研发团队，加强木耳菌种研发、选育、试验示范与推广。实施菌种繁育项目，在柞水建立市级菌种繁育中心，山阳县、镇安县、商州区建设三级菌种厂，建立菌种繁育生产体系；加强菌种市场监管，提高菌种质量，为生产主体提供优质菌种。

2. 实施标准化生产工程

建立木耳产业标准体系，制定颁布商洛木耳生产技术标准，指导制定企业标准，用标准规范生产。实施菌包生产工厂化，以工厂化实现标准化。合理利用现有原料，实施储备林项目，培育新的原料资源。建立南京国家农业高新技术产业示范区商洛木耳产业基地，推广大棚吊袋、地栽为主的标准化种植方式，规范种植和管理。以农业废弃物为原料，实施有机肥加工项目，充分利用废弃菌袋生产有机肥，支持企业建立有机肥加工厂，建立生物炭生产线，实现废弃物资源综合利用，推进循环经济发展。

3. 实施加工增值工程

坚持引育结合，发展壮大龙头企业。加强宁商深度合作，实施精深加工项目，招商引资 1~2 个农业高新企业落户商洛，开展木耳高端产品研发和精深加工。鼓励本地企业引进新技术、新工艺、新设备，加强与科研院所合作，开发新产品，促进木耳产品由低端食品型向高端功能型产品发展。通过延链补链强链，延长产业链，提高价值链。实施外贸出口项目，引导、鼓励龙头企业积极申请外贸出口权，畅通木耳产品出口通道，建立海外仓，发展创汇菌业。

4. 实施市场品牌工程

发展数字经济，建立商洛木耳大数据中心，对木耳产业信息采集、分析、筛选，实现数字产业化，产业数字化。掌握木耳产业动态，收集发布产销信息，建立木耳价格、信息发布平台。建好"线上、线下"两个市场，建立以商洛木耳为主的食用菌网络交易平台，开辟网上交易市场；在柞水建立以木耳为主的食用菌专业交易市场，拓展销售渠道，增强市场影响力。实施国家农产品地理标志示范县创建和国家农产品"出村进城"工程，打造全市农产品区域公用品牌和"柞水黑木耳"品牌，创建柞水木耳中国特色农产品优势区，建立木耳产品追溯体系，实现木耳产品质量可溯源。鼓励龙头企业等市场主体注册商标，开展绿色、有机食品认证，实施农产品气候品质认证，打造"中国气候好产品"。强化木耳产品质量安全监管，推行食用农产品合格证制度，加强市场监管，严厉打击掺杂使假、以次充好、虚冒商标侵权等损害商洛木耳声誉的违法行为，保障群众消费权益，提升商洛木耳产品品牌价值和市场公信力。

5. 实施融合发展工程

突出适生优生，优化产业布局，以特色小镇、产业园、智慧园区为载体，实施柞水、山阳现代农业产业园（木耳）项目，带动其他县（区）发展木耳产业，提升产业规模，培育产业集群，促进木耳产业深度融合。依托优势人文资源和自然生态环境，深度挖掘木耳文化，拓展观光旅游、科普宣传、健康养生等功能，促进木耳产业跨界融合发展。深入打造系列木耳文旅产品，将每年4月20日确定为"柞水木耳文化节"，推进木耳产业与休闲农业、乡村旅游有机结合，展销推介与招商引资有效结合，不断提升商洛木耳知名度和影响力，把商洛打造成为全国食用菌产业公认的新高地。

五、保障措施

1. 加强组织领导

市级已成立由市委、市政府主要领导任组长的商洛市木耳产业高质量发展工作领导小组和市委、市政府分管领导分任组长、副组长的商洛市"柞水木耳"工作专班。各县（区）也要成立相应的领导机构，从组织体系上保障木耳产业发展。

2. 强化项目保障

坚持以规划引领项目，以项目支撑产业发展。市、县两级制定木耳产业"十四五"专项规划，发改部门要对木耳产业项目进行专项立项，重点支持。市级各相关部门单位要结合各自职责，精心包装策划，积极争取上级项目支持，强化项目监管，确保项目绩效发挥。

3. 强化科技支撑

充分发挥李玉院士工作站等科技创新平台的作用，提升科技水平。加强与科研院所、企业合作，建立产业技术体系，加大新品种、新技术、新模式研发和推广。试点探索在商洛职业技术学院开设食用菌专业课程，争取建设专业学科。加强专业人才队伍培育，采取引进来、送出去等办法，培养一批懂技术、善经营、会管理的复合型木耳生产专业人才，建成一支多层次、结构合理的木耳产业专业技术队伍。利用高素质农民培育平台，强化技术培训，不断提升技术能力和服务实效，为商洛木耳产业发展提供科技支撑。

4. 强化金融扶持

市、县两级要加大资金投入，设立专项资金，重点支持木耳标准化生产、市场体系、加工出口、技术支撑、品牌培育等关键环节，推进木耳产业快速发展。农业农村、林业、水利、供销、商务、扶贫、招商、税务等部门单位要统筹整合相关资金，制定针对性强的优惠政策，支持木耳产业发展。鼓励各类金融机构特别是涉农金融机构加大对木耳基地、合作社、龙头企业等投资主体的信贷支持力度。支持保险机构开展木耳自然灾害保险、价格保险业务，鼓励引导各类生产经营主体积极投保，提高抵御风险能力。

5. 强化督查考核

建立完善考核评价体系，将木耳产业发展工作纳入对县（区）和市直相关部门单位年度目标责任制考核内容，定期督导检查，推进重点工作落实，推动木耳产业持续健康高质量发展。

商洛市支持木耳产业高质量发展若干财税政策措施

（商政办发〔2021〕20 号）

为深入学习贯彻习近平总书记来陕重要讲话重要指示精神，认真落实省委、省政府的安排部署和市委、市政府工作要求，进一步推动商洛市木耳产业高质量发展，结合本市实际，制定如下措施。

一、全面落实中省税费优惠政策

1. 企业开办环节税收优惠政策

利用好优化土地资源配置税收政策，降低木耳产业用地成本。对通过转让土地使用权、承包地流转给木耳生产者用于木耳生产的纳税人免征增值税；直接用于木耳生产用地免缴城镇土地使用税；农村集体土地承包经营权的转移不征收契税；对招用包括建档立卡贫困人口在内的重点群体的企业，在3年内按每人每年7 800元定额依次扣减相关税费；企业从事木耳产业项目的所得，可以免征或者减半征收企业所得税；"公司+农户"经营模式从事木耳生产企业，可以减免企业所得税；对个人、个体户从事木耳种植所得暂不征收个人所得税；木耳企业安置残疾人员的，在按照支付给残疾职工工资据实扣除的基础上，可以在计算应纳税所得额按照支付给残疾职工工资的100%加计扣除；抓住政策优惠时限，对专门经营农产品的农产品批发市场、农贸市场使用（包括自有和承租）的房产，暂免征收房产税和城镇土地使用税。

2. 生产环节税收优惠政策

农业生产者销售的自产木耳免征增值税，包括鲜木耳以及经晾晒、冷藏、冷冻、包装、脱水等工序加工的木耳等；规定限额内的木耳生产取用水，免征水资源税；收回集体资产签订产权转移书据免征印花税；对农用三轮车免征车辆购置税。

3. 流通环节税收优惠政策

落实促进农产品流通税收优惠，从事木耳批发、零售的纳税人销售的产品免征增值税；批发和零售木耳菌包免征增值税；对农民专业合作社销售本社成员生产的木耳，视同农业生产者销售自产农产品免征增值税；包括木耳菌种在内的制种企业利用自有土地或承租土地，雇用农户或雇工进行种子繁育，再经深加工后销售的种子以及制种企业提供亲本种子委托农户繁育并从农户手中收回，再经深加工后销售的种子，属于农业生产者销售自产农产品，免征增值税；国家指定的收购部门与村民委员会、农民个人书立的木耳收购合同，免纳印花税；木耳保险合同暂不贴花；农民专业合作社与本社成员签订的木耳产品和生产资料购销合同，免征印花税。

4. 出口环节税收优惠政策

木耳出口实行出口退税政策，退税率按照内销环节征税率13%、9%分别对应退税率13%、9%，自产免税木耳直接出口或购进免税木耳且按照税法规定不得抵扣进项税额的出口木耳退税率为0。

5. 减免的收费项目

落实对小微企业免征的18项行政事业性收费的免征范围扩大到所有企业和个人，尤其对相关部门涉及木耳产业属于免征范围的相关收费予以免征。

二、财政资金投入政策

1. 设立木耳产业高质量发展专项资金

市级每年设立1 000万元木耳产业发展资金，通过政府补助、贷款贴息、投资参股等形式，专项用于全市木耳产业高质量发展，重点支持优良品种选育、科技成果转化、产业链条延伸、资源品牌整合等环节。各县（区）应参照市级相关办法，按照每年不低于500万元的规模设立木耳产业发展资金。

2. 优化涉农整合资金投向

按照涉农整合资金向产业发展倾斜的要求，投入木耳产业的比例不低于已整合资金的25%。要突出重点和关键环节，避免资金"撒胡椒面"。整合资金支持范围和环节遵照中省有关政策执行。

3. 实现集体经济发展资金与木耳产业发展的有效衔接

合理利用沉淀在村集体经济的财政扶持资金，以股权方式投入木耳生产企业，达到双赢，加强股权管理，确保集体经济组织的收益。

4. 创新资金投入方式

充分发挥财政资金的引导和杠杆作用，实行揭榜挂帅、政府购买服务、股权投资方式、财政补助等贴息以及超额奖励方式。

三、引导信贷资金投入政策

1. 扩大担保范围，降低担保费率

除龙头企业、农民合作社等市市场独立主体外，向家庭农场、种植大户、个体工商户和普通农户的担保延伸；对小微企业减少收取融资担保费，

担保金额在300万元以下的担保费率为0.8%，300万～1 000万元的担保费率为1%，1 000万元以上的担保费率为1.5%。

2. 开发木耳贷担保产品，优化反担保措施

深入调研研究，开发专门用于木耳产业发展的"木耳贷"金融担保产品；结合财政补助、贴息、保险等手段，激励担保公司采取信用担保、非标抵押、生产性生物资产抵押等方式降低反担保门槛，解决木耳产业发展资金瓶颈。

3. 完善风险补偿机制

建立木耳产业风险补偿机制，市本级设立1 000万元政府性融资担保业务风险补偿资金池，专项用于代偿风险补偿。对通过涉农整合资金设立的脱贫人口小额信贷风险补偿金，按照后续政策调整，积极探索向木耳产业信贷风险补偿方向调整转换。

4. 完善金融机构奖励政策

人民银行商洛市中心支行运用扶贫再贷款、再贴现等货币政策工具以及差别化存款准备金率制度，增加地方法人金融机构的资金来源和放贷意愿。针对以木耳为代表的特色农业产业链量身打造应收账款融资等金融产品，积极探索多样化供应链金融产品和服务模式，探索建立"农民专业合作社+龙头企业+购销平台+银行"等产业链融资模式，丰富木耳产业金融服务方式，更好地服务县域发展木耳产业的小微企业、专业合作社、家庭农场、农户等，按照当年累计投放贷款金额，财政给予金融机构0.19%的奖励。对新发放的个人和小微企业创业担保贷款利息，LPR-150BP以下部分，由借款人和借款企业承担，剩余部分财政给予贴息。由中央财政分担70%，省级财政分担21%，市县财政分担9%。市级财政设立地方金融机构支持实体经济发展奖励引导资金，年终将对木耳产业发展中做出贡献的银行、保险、担保等予以奖励。

四、完善木耳保险政策

1. 设立市县木耳保险专项资金

市级每年设立1 000万元政策性农业保险专项资金，降低木耳产业的风险压力，充分调动木耳企业生产的积极性。

2. 加大木耳保险覆盖面

对木耳产业要做到应保尽保，县（区）财政要多方筹措资金，对木耳产业全产业链做到全覆盖。积极落实政策性农业保险设施农业（食用菌）险种承保任务，提高木耳产业占比，推动木耳保险全覆盖。

3. 降低企业保险缴费比例

鼓励木耳保险承保企业降低木耳经营主体缴费比例，并将降低比例作为重要因素纳入下年度政策性农业保险增量部分分配依据。

五、支持科技创新政策

1. 支持选育商洛适生优生新品种

支持组建县（区）木耳产业研发中心，对选育出商洛适生和具有良好抗病抗杂能力的广适性新品种的研发中心、龙头企业等实行揭榜挂帅、政府购买服务。

2. 支持木耳研发中心建设

支持有条件的企业设立木耳产业研发中心，达到省级规定研发中心评定标准的，对企业新增研发投入按照 10% 的比例给予不超过 500 万元的补助。

3. 支持木耳品牌建设

对获得绿色食品、有机食品和取得良好农业规范认证（GAP）的单位或组织，财政给予 5 万元和 10 万元奖励。

4. 支持木耳加工企业技术改造

鼓励龙头加工企业进行技术改造，按照技术改造投资额的 10% 予以奖励，通过企业技术改造，支持产品提档升级。

六、支持木耳营销政策

1. 支持木耳展示体验示范店建设

支持有条件的木耳销售企业建设木耳展示体验示范店建设，验收达标后一次性给予 20 万元奖励。建立质量安全可追溯体系，积极推动木耳产品进专柜、专馆、专区，对其直销网点建设一次性给予 2 万元奖励。

2. 支持木耳网络销售平台建设

大力发展木耳电子商务平台，降低物流费用，开发木耳销售 App，建立综合考核评定机制，对考核前十名企业予以奖励。

3. 对木耳销售龙头企业实行销售递增奖励

对年木耳销售额较上年增长 500 万~1 000 万元的奖励 10 万元，对增长 1 000 万~3 000 万元的奖励 20 万元，增长幅度超过 3 000 万元以上的奖励 30

万元。

4. 支持木耳企业出口创汇

对首次出口并达到 300 万美元的，一次性给予 10 万元奖励；对年度增幅超过 300 万美元的给予 10 万元奖励，超过 600 万美元的给予 20 万元奖励。

七、促进产业集群发展政策

1. 支持企业专业化分工协作

围绕龙头企业鼓励专业化生产、分工协作、降低企业生产成本，促进产业聚变、形成产业集群。对木耳企业将相关配套产业转至商洛市的，予以一次性奖励。促进上下游产业不断延伸拓展，发展锯末、麦麸、菌用器械、编织袋等菌用物资生产厂商，积极推动仓储、物流、回收等配套服务产业发展，构建分工协作、衔接配套的专业化、社会化生产格局。

2. 鼓励龙头企业兼并重组

政府通过奖补方式，鼓励龙头木耳企业兼并重组，整合品牌资源，延链补链强链，鼓励木耳产业精深加工不断提高附加值，推动一、二、三产业融合，每个县形成 2~3 个龙头企业。

3. 支持设立木耳产业发展平台

各县（区）要积极打造木耳产业投资平台，市级将以股权注资的方式参股县（区）木耳产业投资平台。通过平台创新木耳产业投资方式，将直接投资变为股权投资，待企业成熟后，由企业优先回购；或在市场上出售股权、收回资金；或待企业上市后，出售股权变现，收回的资金再用于木耳产业的发展。

商洛市木耳产业发展专项资金管理办法（试行）

（商财办发〔2021〕65 号）

一、总　则

第一条　为进一步规范和加强市级木耳产业发展专项资金（以下简称专项资金）使用与管理，提高资金使用效率，助推乡村振兴与脱贫攻坚有效衔接，全力支持全市木耳产业高质量发展工作。根据有关法律法规和制度规定，结合商洛市实际，特制定本办法。

第二条　本办法所称的木耳产业发展专项资金是指由市本级财政安排，用于促进商洛市木耳产业高质量发展，提升木耳产业核心竞争力，助推产业振兴的财政专项资金。

第三条 专项资金应按照以下原则使用安排:

(一)市场主导,政府推动。充分发挥市场基础性作用,调动木耳产业主体的积极性,针对产业发展中的薄弱环节和关键瓶颈制约,适当给予扶持和引导。

(二)集中资金,重点扶持。围绕木耳产业规划,选择重点领域和关键环节,集中资金重点扶持,引导产业链协同创新。

(三)区别对象,创新方式。根据木耳产业发展特点,针对不同对象、不同阶段、不同问题,创新体制机制和支持方式,促进木耳产业高质量发展,充分发挥财政资金"引导撬动"的作用。

第四条 专项资金由市财政局和市农业农村局负责管理。

市财政局主要负责本级专项资金筹措,审核资金分配方案并下达预算,开展项目资金监管,指导县(区)加强资金使用管理监督和预算绩效管理等。

市农业农村局主要负责编制相关项目计划,提出资金分配建议方案,会同市财政局下达年度任务计划,做好预算绩效管理,督促和指导县(区)做好项目实施、资金使用、预算绩效管理的具体工作等。

各县(区)可参考市级具体制定责任分工。

第五条 专项资金的安排、拨付、使用和管理,依法接受审计机关的审计监督,主动接受市人大和社会的监督。

二、支持范围和方式

第六条 专项资金主要支持对象为:木耳龙头企业、村组集体经济组织及种植大户、家庭农场、专业合作社组织、木耳技术研发中心、电子商务平台、农业技术推广和研究机构等。

第七条 围绕木耳产业高质量发展的总体目标,以科技研发推广为支撑,提升产业标准化生产能力,推动农业科技创新成果转化,延长产业链条,支持电子商务发展,提高抵御市场风险能力,优化产业体系。专项资金主要用于以下方向:

(一)支持科技创新及成果转化。重点支持木耳品种研发、选育、木耳核心生产技术引进、木耳栽培技术试验示范研究与推广、技术标准制定与推广、技术培训、产销对接、品牌培育等。

（二）支持精深加工。支持木耳企业技术改造，实施精深加工，支持木耳企业加工转化、功能开发、提高附加值。

（三）支持木耳龙头企业机制创新。支持木耳企业做大做强、兼并重组、品牌资源整合，打通上下游，不断壮大集体经济建设，促进木耳一、二、三产业深度融合发展。

（四）支持流通环节建设。支持物流、仓储、木耳产品展示体验示范店建设，支持电子商务发展，开发木耳销售 App，开辟网上交易市场，增强市场影响力。支持开拓国际市场，对出口创汇给予奖励。

（五）支持品牌体系建设。支持绿色食品、有机食品和良好农业规范认证（GAP），支持申请国际商标注册。

（六）支持围绕木耳产业链招商。根据年度重点和实际到位的招商引资规模给予奖励。

支持奖励具体标准由市农业农村局商市财政局后另行下发。

第八条 产业专项资金采用补助、奖励、政府购买服务、先建后补、贷款贴息、设立基金、股权注资等支持方式。

三、项目管理

第九条 市县（区）农业农村主管部门做好项目正式申报前的准备工作，根据木耳产业规划和重点支持方向，明确项目申报条件，申报程序，包括制定开发规划、建立项目库、编制项目可行性研究报告等，具体项目从项目库中提取。项目须经财政部门审核后纳入项目库，实行动态管理，根据实际情况及时调整完善。

第十条 各县（区）对项目申报单位附报的社会中介机构出具的审计报告、征用土地的批准文件等进行认真审查和评价，确保资料齐全、真实可靠，项目合规合法。

第十一条 市级农业部门组织专家或委托中介机构对上报的项目进行评估（评审）论证，形成综合评估（评审）结论，按照程序纳入项目库。

第十二条 在项目评估可行的基础上，按照项目管理权责，市级财政部门会同市农业农村局根据财力可行，遵循合理布局的原则，报经市政府分管领导审核后，报市木耳产业高质量发展领导小组研究审定，由市农业农村局和市财政局联合下达项目计划。

第十三条 加强项目档案管理。各级农业主管部门及项目单位要建立和完善专项资金项目档案。确保有据可查，有据可依。

四、资金管理

第十四条 市级财政部门根据市木耳产业高质量发展小组审定的年度项目计划将资金下达到县（区）或市级项目承担单位，县级财政部门按照资金预算文件和项目计划文件将资金进行分解下达。

第十五条 资金可按项目进度拨付或先建后补等方式支付。各县（区）财政部门应结合实际情况制定县级报账制办法并报市财政局备案。

第十六条 属于政府采购、招投标管理范围的严格按照相关法律、法规和有关规定执行。

第十七条 各级农业农村部门是专项资金执行的责任主体，做好项目实施和资金使用的全过程监管。项目单位对专项资金执行负直接责任，做好项目具体实施工作，严格按照项目计划执行，建立健全财务制度，合理使用资金，确保高效运行。

第十八条 专项资金不得用于以下支出：单位基本支出、交通工具及通信设备、修建楼堂馆所、各种奖金津贴和福利补助、偿还债务和垫资等。

第十九条 建立专项资金预算扣减机制，对超过规定时限、逾期3个月以上未开工、未下达预算的，财政部门可按照一定比例扣减预算，逾期6个月仍未下达的，扣减全预算，扣减资金由市级财政部门统筹安排。

五、绩效管理与监督检查

第二十条 农业农村部门是木耳产业发展专项资金绩效管理的主体，要牢固树立"花钱必问效、无效必问责"的绩效管理理念，对专项资金支出实行全过程绩效管理，设立专项资金绩效目标，做到与专项资金预算同步编报、同步审核、同步下达、同步公开。

第二十一条 各级农业农村部门和财政部门采取网络监管、专项检查等方式，对专项资金进行跟踪管理。县级农业农村部门对项目建设进行全程技术指导和质量监管。

第二十二条 项目完成后，项目实施单位及时对项目资金使用情况进行财务决算，项目主管部门委托有资质的机构进行审计并出具项目资金审计报告，市级农业农村部门会同财政部门自行或通过第三方机构对项目及时组织验收和绩效评价。

第二十三条　专项资金要专款专用，任何单位和个人不得套取、挤占、截留和挪用，对违反资金使用规定，截留、挪用或造成资金损失的单位或个人，将依照《财政违法行为处罚处分条例》（国务院令第 427 号）及其他法律、法规的有关规定处理。

六、附　则

第二十四条　本办法由市财政局、市农业农村局负责解释。

第二十五条　本办法自发布之日起施行，有效期两年。

商洛市林业支持食用菌产业发展十条意见

一是坚持"限额管理、凭证采伐、科学规划、有序发展"的原则。认真落实林木采伐政策规定，在"有指标、有资源"的前提下，合理安排采伐限额，优先保障食用菌产业发展需求，积极引导群众依法合理利用栎类资源，促进食用菌产业健康发展。

二是坚持采伐限额上予以倾斜。在下达林木采伐限额时，要根据森林资源现状，对栎类资源丰富的镇办优先安排食用菌生产用材指标，并结合当地实际，最大限度地向食用菌产业用材倾斜。

三是简化采伐审批程序。积极推行"一站式办证"和"简易采伐设计"制度，简化办证程序和采伐设计。林木采伐前，林权所有者可凭林木权属证明及相关材料，向所在地镇办林业办事机构提出采伐申请，镇办林业办事机构根据限额和资源状况，按照管理权限，及时审核协助办理采伐手续；林农个人申请采伐，可自行或委托他人根据要求进行简易伐区调查设计，企业和集体经济组织申请采伐，依据相关技术标准进行伐区调查设计。

四是多渠道解决食用菌产业用材。要积极引导群众充分利用经济林科管中的修剪枝、废弃物、木材加工下脚料等生产食用菌。在实施森林抚育、低产低效林改造等林业工程项目时，可以将产出物用于解决食用菌产业发展原料所需。鼓励群众从外地调入木屑，用于食用菌产业发展。

五是加强木材流通监管。进一步加强木材运输管理，规范执法检查行为。县境内用于食用菌生产的木材运输，凭林木采伐证运输；对于外地调入木材和木制品，必须持木材运输证和植物检疫证运输，严禁没有经过植物检疫的木材和木制品入境，坚决杜绝植物检疫对象流入境内；禁止本地食用菌用材流出，各县（区）要加大执法检查力度，对用于食用菌生产的木材、木制品，不得办理出境运输手续，检查站不得放行。

六是积极推行"三变"改革。鼓励"企业+农户、合作社+农户"发展模式，通过农户依法办理采伐手续，以栎类林木资源入股，解决贫困户脱贫和企业、合作社发展食用菌用材来源问题，促进食用菌产业健康有序发展。

七是实行企业、大户挂牌保护制度。对辖区内发展食用菌的企业、大户实行"林木采伐证、木材运输证"挂牌保护制度，通过企业、大户挂牌公开木材来源等形式，减少执法检查，确保食用菌生产企业、大户依法、守规经营。

八是加大山林流转步伐。鼓励农户进行林地、林木流转，帮助食用菌生产企业、大户通过流转山林，开发利用林木资源，以满足自身食用菌生产所需原料。

九是加快食用菌原料林储备步伐。大力开发种苗来源广泛、适应性强、成活率高、生长快、适宜本地生长条件的速生食用菌专用林或兼用林，有目的地进行栽植造林，加大后备资源储量，以满足食用菌产业长期发展的需要。

十是强化服务管理。各县（区）林业局、镇办林业办事机构要积极履行职责，强化管理，主动服务，搞好法律法规和政策宣传，及时办理有关手续，引导群众科学合理、依法有序利用森林资源，促进食用菌产业健康发展。

第三十一章　区县扶持政策

商州区大力发展食用菌产业助推脱贫攻坚指导意见（试行）

（商州发〔2017〕4号）

为进一步加大食用菌产业扶贫力度，全面打赢全区特色产业脱贫攻坚战，根据省、市产业扶贫相关精神，结合商州区建档立卡贫困村和贫困户生产发展实际，特制定商州区大力发展食用菌产业助推脱贫攻坚指导意见如下。

一、目标任务

2017 年到 2020 年，全区每年新增食用菌 2 000 万袋，带动贫困户不少于 4 000 户。2020 年达到 1 亿袋，带动贫困户不低于 2 万户，每户发展食用菌不少于 2 000 袋，每年户均收入不低于 4 000 元，全面实现贫困村摘帽，贫困户脱贫。

二、实施对象

一是卡内贫困村；二是卡内贫困户。

三、生产模式

1. 自主经营

有发展意愿和条件的贫困户，以每户不低于 2 000 袋为标准，分户管理，自主经营。

2. 集体带动

鼓励以行政村为单位，成立食用菌专业合作社，采取"村集体+合作社+基地+贫困户"的发展模式，带动贫困户入股，实行"统一土地流转，统一基地建设，统一生产经营"。

3. 企业或合作社带动

食用菌生产企业或合作社向镇办申报，并与卡内贫困村签订带动脱贫协议，企业或合作社"统一基地建设、统一菌包发放、统一技术指导、统一产品回收"，贫困户可通过托管、领养、借棒、入股等形式参与生产经营。

四、扶持政策

1. 资金扶持

（1）资金投入　区政府每年整合资金 5 000 万元用于食用菌产业发展。

（2）贷款贴息　贫困户贷款用于发展食用菌产业的，按照《商州区贫困户脱贫贴息贷款实施办法》规定给予全额贴息。企业和新型经营主体贷款用于食用菌产业发展，带动贫困户 30 户以上的，按照生产规模以贷款基准利率给予最多不超过 3 年贴息。

（3）风险保障　将设施大棚、香菇菌袋等自然灾害和市场价格风险纳入保障范围，设立风险保障基金，每年安排资金不少于 500 万元，并积极争取农业政策性保险。

2. 补贴标准

（1）自主经营　对于贫困户新发展的食用菌给予每袋一次性2元设施补贴，2 000袋以下不予补贴。

（2）集体带动　村集体成立专业合作社，带动贫困户30户以上，以贫困户入股为基础，根据新发展的食用菌产能给予每袋一次性2元设施补贴。村集体收益与参股贫困户分红按照合作社章程约定执行。

（3）企业、合作社带动　一是土地流转给予每年500元/亩补贴。二是按带动贫困户规模，根据每年新增食用菌产能给予每袋一次性设施补贴0.5元。三是按照标准建设冷库不低于200m³以上的给予一次性补贴5万元。四是对企业或合作社牵头带动贫困户的，由镇办、企业或合作社、贫困户签订三方协议，将贫困户每袋2元的设施补贴资金作为股金直接拨付企业或新型经营主体，用于大棚设施建设。五是对直接在企业或合作社参与生产经营的贫困户，收益分配按双方协议约定执行；对无能力直接参与经营的贫困户实行年底保底分红，贫困户参股分红周期为四年，分红总额不低于补贴资金的1.3倍，年分红比例由双方在协议中约定。六是企业或合作社用于生产发展的主要设施设备，由企业或合作社直接向区农业局申请，经区农业局、财政局、扶贫局与镇办联合验收合格后，报区食用菌产业扶贫领导小组研究审定，按投资规模给予适当补贴。

（4）对食用菌产品深加工企业贴息补贴　一是按照贷款额度给予基准利率贴息，贴息最高不超过三年；二是按照具体项目投资总额的30%给予一次性补贴。

3. 技术支持

（1）技术指导　根据镇办发展食用菌规模，每年给予10万元、15万元、20万元食用菌技术专项经费，由镇办落实技术人员。

（2）技术支撑　在区特色产业发展中心加挂区食用菌产业发展指导中心牌子，实行一套人马二块牌子，安排专项工作、培训经费每年不少于30万元。

（3）技术研发　鼓励区内有资质的食用菌企业积极进行食用菌产业技术研发、新品种引进和试验示范，达到一定规模和取得技术成果的，经验收考核合格，区政府挂牌后，给予 20 万~30 万元奖励。

4. 创业扶持

（1）鼓励在职创业　鼓励区内退二线职工、事业单位专技人员，带头创办食用菌产业扶贫基地，带动贫困户脱贫，创业期间保留工资福利和身份待遇。

（2）支持返乡创业　支持返乡青年、回乡大学生等创办食用菌产业扶贫基地，优先给予项目申报和创业贷款贴息，并享受相关创业创新扶持政策。

（3）鼓励能人创业　鼓励非贫困户的食用菌生产大户和致富能人，带动贫困户从事食用菌生产，扶持办法参照本意见。

5. 基础设施扶持

对新建的食用菌产业扶贫基地给予水、电、路等基础设施支持。

五、保障措施

1. 加强组织领导

成立商州区食用菌产业扶贫工作领导小组，区委主要领导任组长，区政府区长、区委和区政府分管领导任副组长，各镇办及区发改、财政、农业、扶贫、审计、监察、人社、国土、交通、水务、电力、市场监管、科技、林业、商务、供销等部门主要领导为成员，领导小组下设办公室，办公室设在区农业局，区农业局局长任办公室主任，负责日常工作。各镇办和相关部门应按照各自承担的工作职责认真做好配合，确保工作顺利开展。

2. 加大宣传力度

区委宣传部、区扶贫局、区农业局以及驻商新闻媒体要加强对食用菌产业扶贫政策、先进典型等方面的宣传报道，及时总结食用菌产业精准扶贫做法和经验，营造全社会关注、关爱食用菌产业扶贫的良好氛围。

3. 加快平台建设

为了保障产品销售及市场风险，各相关部门要积极引进龙头企业，加大食用菌加工企业引进；投资建设商州、西安、河南、广州、上海等食用菌销售门店，健全收购加工、农资销售、产品回收、冷链物流、电子商务等产业服务平台，确保商州区食用菌产业健康持续发展。

4. 建立示范基地

抓点示范，重点在牧护关、杨斜、夜村、大赵峪、麻街、板桥、黑山、北宽坪等镇（办）建设百万袋食用菌示范基地 10 个以上，辐射带动全区食用菌产业精准脱贫。

5. 严格资金兑付

（1）严格兑付程序　自主经营的。个人完成选址，提出申请，镇办牵头、村两委会和驻村工作队评估确认，镇办审核造册申请，区财政局将 50% 补助资金一周内拨入贫困户一折通账户；剩余补助资金在设施建成后，经镇办、工作队共同验收合格的，在正式生产前一周内由区财政局拨付贫困户一折通账户。

集体带动的。由村集体完成合作社注册、章程制定和基地选址、土地流转、三方协议签订，由镇办和驻村工作队联合评估确认后，镇办审核造册申请，区财政局将 50% 补助资金一周内拨入村集体领办的合作社账户；剩余补助资金在基地建成后，经镇办、工作队共同验收合格的，在正式生产前一周内由区财政局拨入合作社账户。

企业、合作社带动的。同时完成证照注册、基地选址、土地流转、三方协议签订和收益分红细则后，由镇办牵头、村两委会和驻村工作队联合评估确认，镇办审核造册申请，区财政局将每袋 2 元贫困户入股补助资金总额的 50% 和土地流转补贴资金一周内拨入企业或合作社账户；剩余贫困户入股补助资金和每袋 0.5 元的设施补贴在基地建成、菌袋进棚后，经镇办确认上报，由区农业局牵头，区财政局、扶贫局综合验收合格后一周内由区财政局拨付企业、合作社账户。

（2）严格资金监管　项目实施过程中严格执行财政专项资金有关制度，确保专款专用，及时兑付，严禁挪用、拖欠、挤占和改变资金用途。对于套取、骗取补贴资金的，依法追究法律责任。

6. 建立考评机制

将食用菌产业扶贫工作任务列入镇办和部门年度目标责任考核，按照《商州区脱贫攻坚考核办法》的要求进行考核，对在食用菌产业脱贫工作中成绩优异的镇、办和部门给予表彰奖励并在年终考核中给予加分，对工作完成不力的镇、办和部门实施责任追究。

商州区政策性食用菌产业保险工作实施方案

（商州政办发〔2020〕56 号）

为认真贯彻落实中省（市）关于加快农业保险高质量发展的决策部署，做好商州区政策性食用菌保险实施工作，充分发挥农业保险助推商州区产业脱贫、支持"三农"发展的保障作用，为全区食用菌产业发展提供风险保障，提高菇农生产积极性，保障菇农收入。根据商洛市财政局等《关于印发2020 年商洛市政策性农业保险工作实施方案的通知》（商财办企〔2020〕40号）文件精神，结合全区工作实际，经区食用菌产业脱贫领导小组研究讨论制订了《商州区政策性食用菌产业保险工作实施方案》，具体内容如下：

一、保险政策

1. 承保单位

（1）全区设施农业（食用菌）保险由中国平安产险股份有限公司商洛中心支公司承保。

（2）全区食用菌收入保险（包括自然灾害保险和价格保险）由中国人民财产保险股份有限责任公司商州支公司、中国平安产险股份有限公司商洛中心支公司、中华联合财产保险股份有限公司商洛中心支公司 3 家保险公司共同承保。

2. 承保范围

商州区辖区内符合保险标的的食用菌菌袋（香菇、木耳、平菇等）和大棚设施（简易大棚、标准大棚、智能大棚）。

3. 保险标准

（1）设施农业（食用菌）保险（含棚内作物）　以每个食用菌种植企业（合作社、家庭农场、个体种植户）为单位，以食用菌实际种植的大棚面积投保。每亩保险金额 12 500 元（其中：棚体 9 200 元、薄膜 1 700 元、菌袋 1 600 元），每亩保险费 400 元。

（2）食用菌收入保险（包括自然灾害保险和价格保险）　①保险金额。香菇 4 元/袋（菌袋至全部发白成本 3 元/袋，采收、加工、运输等人工成本 1 元/袋）；木耳（平菇）3 元/袋（菌袋至全部发白成本 2 元/袋，采收、加工、运输等人工成本 1 元/袋）。②保险费率。4%。保费为：香菇 0.16 元/

袋，木耳（平菇）0.12元/袋。③其他类食用菌根据成本价参照香菇、木耳执行。

每次事故绝对免赔率为10%。

4. 政策扶持

商州区辖区内所有食用菌种植企业（合作社、家庭农场、个体种植户）全部享受保险政策扶持；保费收缴：企业（主体）自缴30%，财政补贴70%，设施农业（食用菌）保险财政补贴部分按照商洛市财政局等《关于印发2020年商洛市政策性农业保险工作实施方案的通知》（商财办企〔2020〕40号）文件执行。

5. 实施办法

在食用菌产业保险实施过程中，设施农业（食用菌）保险根据商洛市财政局等《关于印发2020年商洛市政策性农业保险工作实施方案的通知》（商财办企〔2020〕40号）文件精神，由中国平安产险股份有限公司商洛中心支公司承保；食用菌收入保险采取政策扶持标准统一、保险条款标准统一，保险公司分片负责承保的办法。

根据各镇办食用菌产业发展情况，食用菌收入保险进行分片承保：北宽坪镇、夜村镇、沙河子镇、闫村镇、黑山镇、大赵峪办由中华联合财产保险股份有限公司商洛中心支公司负责承保；牧护关镇、三岔河镇、麻街镇、金陵寺镇、杨峪河镇、杨斜镇由中国人民财产保险股份有限责任公司商州支公司承保；大荆镇、腰市镇、板桥镇、城关办、陈塬办、刘湾办由中国平安产险股份有限公司商洛中心支公司负责承保。

二、时间安排

商州区2020年度食用菌产业保险工作自7月31日启动，8月31日前全面完成投保并投入运营，具体分为三个阶段分步实施：

1. 宣传动员阶段（7月31日至8月5日）

制订实施方案，召开动员会议，宣传保险政策，做好业务培训。

2. 保费收缴阶段（8月6日至8月20日）

开展保费收缴工作，全面完成保费收缴任务。

3. 建立档案阶段（8月21日至8月31日）

建立健全食用菌种植大棚设施保险档案资料。

三、组织实施

1. 加强组织领导

区政府成立由主管区长为组长，区农业农村局、区财政局、区气象局、3 家保险公司主要负责人为成员的领导小组，负责全区食用菌产业保险工作的组织实施、指导协调。3 家保险公司负责日常业务对接、服务工作。

2. 明确职责分工

农业部门负责召开保险政策宣传会议，由区食用菌行业协会组织食用菌种植企业（合作社、家庭农场、个体种植户）参加会议，3 家保险公司具体宣讲保险详细条款；区农业部门及时向 3 家保险公司提供辖区内食用菌产业脱贫带动企业（合作社、家庭农场）相关信息，各镇办及时向 3 家保险公司提供辖区内非带动企业（合作社、家庭农场、个体种植户）相关信息；财政部门做好保费补贴资金的预算、拨付和管理；气象部门负责做好预报预警和理赔配合工作；3 家保险公司负责做好食用菌产业保险政策的宣传、承保、理赔等服务；各镇办负责组织食用菌种植企业（合作社、家庭农场、个体种植户）踊跃参保，力争做到应保尽保，确保此项支农惠农政策落实到位。

3. 广泛宣传动员

各镇办、区级相关部门要高度重视，积极宣传引导，要针对广大群众风险防范意识淡薄的实际，通过广播、电视等新闻媒体，以及印发传单、召开政策宣讲会等多种有效形式，切实做好保险政策的宣传和解释工作，引导各食用菌种植企业（合作社、家庭农场、个体种植户）正确认识保险机制的重要功能和意义。特别要加强对多发、易发灾害区域的宣传工作，充分调动食用菌种植企业（合作社、家庭农场、个体种植户）投保积极性，全力推动商州区食用菌种植大棚设施保险工作的顺利开展。

4. 提高服务水平

农业部门、气象部门和保险公司要相互配合、协作，做好保费收缴、资料收集整理和出险查勘定损等工作，切实落实防灾减灾措施，降低全区食用菌产业的经营风险。保险公司要以"投保方便、定损准确、赔付快速、回访及时"为服务准则，进一步完善和规范理赔操作流程，合理简化赔付手续，不断提高保险服务水平和质量。

商州区进一步发展壮大食用菌（木耳）产业扶持政策具体措施

（商州字〔2020〕111号）

为了深入贯彻落实习近平总书记来陕考察重要讲话重要指示精神，使商洛区食用菌产业进一步发展壮大，现根据产业发展实际，特制定《商州区进一步发展壮大食用菌（木耳）产业扶持政策具体措施》。

一、财政金融扶持

1. 区财政每年列支不少于2 000万元用于食用菌产业发展。

2. 降低贷款门槛，在现有融资担保资金5 000万元额度中，划出3 000万元用于食用菌产业贷款担保。

3. 从事食用菌产业的经营主体及法人贷款，按贷款市场报价利率（LPR）给予不超过3年贷款贴息。

4. 食用菌经营主体及种植户购买种植保险的，给予70%保费补贴。

二、土地流转扶持

1. 食用菌产业带贫经营主体，每亩每年继续补贴500元。

2. 新建食用菌基地，集中连片10亩以上的，每亩每年补贴500元。

三、基础设施扶持

1. 新建、重建食用菌（反季节香菇、平菇等）钢架大棚每亩一次性补贴6 000元，0.5亩以下不予补贴。

2. 新建智能食用菌大棚（含吊袋木耳和冬菇钢架大棚），每亩一次性补贴1万元，2亩以下不予补贴。

3. 新建工厂化食用菌生产车间，净化设备、恒温设施齐全，投入使用后按照建设成本综合招商引资政策一次性补贴30%，10亩以下不予补贴。

4. 新建食用菌冷藏库容积100m³以上的，每个一次性补贴2.5万元；容积200m³以上的，每个一次性补贴5万元；容积500m³以上的，每个一次性补贴10万元，容积100m³以下不予补贴。

5. 食用菌基地内水、电、路等基础设施，根据需要按一事一议予以解决。

四、生产种植扶持

1. 农户种植食用菌的（10亩以下），每年每袋补贴0.7元；经营主体种植食用菌的（10 亩以上），每年每袋补贴 0.5 元。

2. 区内经营主体带动农户销售菌袋的，每成活一袋给予销售主体每袋补贴 0.1 元。

3. 经营主体及种植户购买辖区内合法生产的菌种，成活率达 100% 的，每斤菌种补贴 0.2 元；工厂化生产企业（瓶栽工厂）引进国内或国外试管原种自繁自育并试种推广成功的，给予一次性原种补贴 5 万元。

4. 新引进区外的经营主体或种植户在商州区内从事食用菌种植的，新建基地生产规模达到 50 万袋以上的，同等享受扶持政策，对引进的镇办或个人，参照有关招商引资政策给予奖励。

五、辅料经营扶持

1. 在商州区内开办食用菌辅料生产的企业，按投资总额一次性补贴 30%。

2. 在商州区内销售食用菌辅料的个体及企业，一次性补贴店面租金 3 万元。

六、生产设备扶持

1. 新购食用菌生产设备单价 5 000 元以上的，按照购置总额一次性补贴 30%。（自动化生产线、环保锅炉、装袋机、环保烘干设备、初加工设备、催花设备及冷藏车辆等）

2. 从事食用菌产品深加工企业的生产设备，按照购置总额一次性补贴 30%。

3. 以食用菌废料为主要原料，生产有机肥、颗粒燃料、饲料的企业，在建成投产后，按照生产设备购置总额一次性补贴 30%。

七、技术服务扶持

1. 经营主体引进食用菌技术人才，且服务期限在 1 年以上，每年给予奖励补贴，引进初级职称（中级工）技术人才每名每年补贴 3 万元，引进中级职称（高级工）技术人才每名每年补贴 5 万元，引进高级职称（技师）技术人才每名每年补贴 8 万元。

2. 农户自主发展的，由镇办统一聘请技术人员进行技术指导，按种植规模每年给予 5 万~10 万元技术补贴。

3. 安排区特色产业发展中心（区食用菌产业发展指导中心）专项工作、

培训经费每年不少于 30 万元。

八、科技创新扶持

1. 引进食用菌新品种，并试种成功的，每引进 1 个新品种补贴 5 万元。

2. 引进食用菌种植新技术，并示范成功的，每项新技术补贴 5 万元。

3. 具有菌种生产许可的企业，在商州区内年销售菌种 25 万 kg 以上，一次性补贴 10 万元。

4. 鼓励和支持利用食用菌空闲大棚轮作种植蔬菜，每亩补贴 300 元。

5. 利用菊芋秸秆种植食用菌，种植面积达到 1 亩以上的，每亩补贴 800 元。

6. 对食用菌生产、研发、技术指导有突出贡献的专业技术人才优先给予职称晋升与奖励。

九、产品销售扶持

1. 通过淘宝、京东或自建电商平台销售商州区食用菌干鲜产品 100t 以上的，一次性补贴平台建设费 2 万元。

2. 联结大型超市、专营店，进行供货的，年销售商州区食用菌产品 500t 以上的，一次性补贴进店条码费 5 万元。

3. 开设食用菌产品专营店，年销售商州区食用菌产品 300t 以上的，一次性补贴店面租金 3 万元。

4. 完成产品认证、商标注册，并进行包装线上线下销售，年销售额在 300 万元以上的经营主体，一次性补贴品牌建设费 3 万元。

十、创业创新扶持

1. 鼓励区内退二线职工、事业单位专技人员，带头创办食用菌产业基地，创业期间保留工资福利和身份待遇。

2. 支持返乡人员、回乡大学生创办食用菌产业基地，优先给予项目申报和创业贷款贴息，并享受相关创业创新扶持政策。

3. 鼓励致富能人，从事食用菌生产，优先给予项目支持。

十一、资金兑付程序

一般农户种植食用菌的，由所在镇办组织验收和资金兑付，经营主体种植食用菌的，由区农业农村局牵头，会同区财政局、区审计局及经营主体所在镇办进行综合验收，区财政局负责资金兑付。

本扶持政策解释权归商州区农业农村局，有效期5年，自2021年元月1日起执行，商州发〔2017〕4号文件同时废止。

洛南县进一步发展壮大食用菌（木耳）产业扶持政策具体措施

（洛政办发〔2020〕81号）

为了深入贯彻落实习近平总书记来陕考察重要讲话指示精神，使洛南县食用菌产业进一步发展壮大，现根据产业发展实际，特制定《洛南县进一步发展壮大食用菌（木耳）产业扶持政策具体措施》。

一、财政金融扶持

1. 县财政每年列支不少2 000万元用于食用菌产业发展。

2. 由县融资公司划出3 000万元额度用于食用菌产业贷款担保。

3. 从事食用菌产业的经营主体及法人贷款，按贷款市场报价利率（LPR）给予不超过3年贷款贴息。

4. 食用菌经营主体及种植户购买种植保险的，给予70%保费补贴。

二、土地流转扶持

1. 食用菌产业带贫经营主体，每亩每年补贴500元。

2. 新建食用菌基地，集中连片10亩以上的，每亩每年补贴500元。

三、基础设施扶持

1. 新建、重建食用菌（反季节香菇、平菇等）钢架大棚每亩一次性补贴6 000元，0.5亩以下不予补贴。

2. 新建智能食用菌大棚（含吊带木耳和冬菇钢架大棚），每亩一次性补贴1万元，2亩以上不予补贴。

3. 新建工厂化食用菌生产车间，净化设备、恒温设施齐全，投入使用后按照建设成本综合招商引资政策一次性补贴30%，10亩以下不予补贴。

4. 新建食用菌冷藏库容积100m³以上的，每个一次性补贴2.5万元；容积200m³以上的，每个一次性补贴5万元，容积500m³以上的，每个一次性补贴10万元，容积100m³以下不予补贴。

5. 食用菌基地内水、电、路等基础设施，根据需要按一事一议予以解决。

四、生产种植扶持

1. 农户种植食用菌的（10亩以下），每年每袋补贴0.7元；经营主体种植食用菌的（10亩以下），每年每袋补贴0.5元。

2. 县内经营主体带动农户销售菌袋的，每成活一袋给予销售主体每袋补贴0.1元。

3. 经营主体及种植户购买辖区内合法生产的菌种，成活率达100%的，每斤菌种补贴0.2元；工厂化生产企业（瓶栽工厂）引进国内或国外试管原种自繁自育并试种推广成功的，给予一次性原种补贴5万元。

4. 新引进县外的经营主体或种植户在洛南县内从事食用菌种植的，新建基地生产规模达到50万袋以上的，同等享受扶持政策，对引进的镇办或个人，参照有关招商引资政策给予奖励。

五、生产设备扶持

1. 新购食用菌生产设备单价5 000元以上的，按照购置总额一次性补贴30%（自动化生产线、环保锅炉、装袋机、环保烘干设备、初加工设备、催花设备及冷藏车辆等）。

2. 从事食用菌产品深加工企业的生产设备，按照购置总额一次性补贴30%。

3. 以食用菌废料为主要原料，生产有机肥、颗粒燃料、饲料的企业，在建成投产后，按照生产设备购置总额一次性补贴30%。

六、技术服务扶持

1. 经营主体引进食用菌技术人才，且服务期限在1年以上，每年给予奖励补贴，引进初级职称（中级工）技术人才每名每年补贴3万元，引进中级职称（高级工）技术人才每名每年补贴5万元，引进高级职称（技师）技术人才每名每年补贴8万元。

2. 农户自主发展的，由镇办统一聘请技术人员进行技术指导，按种植规模每年给予5万~10万元技术补贴。

3. 安排县特色产业发展中心专项工作、培训经费每年不少于30万元。

七、科技创新扶持

1. 引进食用菌新品种，并试种成功的，每引进1个新品种补贴5万元。

2. 引进食用菌种植技术，并示范成功的，每项新技术补贴5万元。

3. 具有菌种生产许可的企业，在洛南县内年销售工菌种 50 万元以上，一次性补贴 10 万元。

4. 鼓励和支持利用食用菌空闲大棚轮作种植蔬菜，每亩补贴 300 元。

5. 对食用菌生产、研发、技术指导有突出贡献的专业技术人才优先给予职称晋升与奖励。

八、产品销售扶持

1. 通过淘宝、京东或自建电商平台销售洛南县食用菌干鲜产品 100t 以上的，一次性补贴平台建设费 2 万元。

2. 联结大型超市、专营店，进行供货的，年销售洛南县食用菌产品 500t 以上的，一次性补贴进店条码费 5 万元。

3. 开设食用菌产品专营店，年销售洛南县食用菌产品 300t 以上的，一次性补贴店面租金 3 万元。

4. 完成产品认证、商标注册，并进行包装线下线上销售，年销售额在 300 万元以上的经营主体，一次性补贴品牌建设费 3 万元。

九、创业创新扶持

1. 鼓励县内退二线职工、事业单位专技人员，带头创办食用菌产业基地，创业期间保留工资福利和身份待遇。

2. 支持返乡人员、回乡大学生创办食用菌产业基地，优先给予项目申报和创业贷款贴息，并享受相关创业创新扶持政策。

3. 鼓励致富能人，从事食用菌生产，优先给予项目支持。

十、资金兑付程序

一般农户种植食用菌的，由所在镇办组织验收和资金兑付，经营主体种植食用菌的，由县农业农村局牵头，会同县财政局、县审计局及经营主体所在镇办进行综合验收，县财政局负责资金兑付。

本扶持政策解释权归洛南县农业农村局，有效期 5 年，自 2021 年元月 1 日起执行。

丹凤县人民政府关于加快双孢菇产业发展的实施意见

（丹政发〔2018〕13 号）

为贯彻落实乡村振兴战略，加快现代农业产业化发展，优化丹凤县食用菌产业发展结构，推进产业转型升级，把贫困户镶嵌在产业链上，助推脱贫致富奔小康，特制定如下实施意见。

一、指导思想和基本原则

1. 指导思想

以党的十九大精神为指引，深入贯彻落实中央一号文件精神，以农业供给侧结构性改革为引领，以市场为导向，以资源为依托，以效益为中心，依靠科技创新，按照"大企业引领、大加工支撑、大园区承载"的总体思路，通过技术引进、示范推广、建立基地、加工营销、出口创汇、聚集要素、三产融合、绿色发展，壮大优势产业，实现农业提质增效，农民增收。

2. 基本原则

（1）坚持生态循环原则 按照循环经济"减量化、再利用、再循环"的原则，走绿色、生态、清洁的双孢菇生产发展之路。

（2）坚持市场导向原则 以市场需求为导向，推动双孢菇产业向标准化、规模化、集约化方向发展。

（3）坚持产业化经营原则 按照强化政府引导，做大龙头企业，带动农户（贫困户）种植，实现产加销、贸工农一体化发展。

（4）坚持资金规范化使用原则 严格按照《关于印发陕西省产业扶贫项目管理办法的通知》（陕扶办发〔2013〕29号）、《关于进一步加强财政专项扶贫资金和涉农整合资金精准使用管理工作的通知》（商脱贫办发〔2018〕1号）、《丹凤县财政专项扶贫资金产业项目管理办法》（丹政办发〔2017〕58号）要求，渠道不乱，规范使用扶贫资金支持双孢菇产业发展。

二、目标任务

2018年，建设双孢菇标准棚1 000个，建现代化棚1处；新建年生产加工1万t的双孢菇速冻生产线一条及配套设施。鲜菇产量达4 000t以上，实现出口销售2 000t，产业综合收入达到6 000万元以上。

到2020年，建成双孢菇种植标准棚2 000个、3万t出口产品生产线，配套建设菌种厂、冷藏物流设施等，新增产值3亿元以上。初步建成中国双孢菇出口基地，打造双孢菇种植、加工贮藏、生鲜物流配送、出口创汇、特色旅游全产业链。

三、重点工作

1. 标准化生产基地建设

建设双孢菇基地，做大产业规模。每镇建 30 ~ 50 个棚的产业示范基地一个，推动废弃物综合利用，实现"种养循环"发展，"投入品—农产品—废弃物"循环发展，建立低碳循环的产业体系，强化农业对生态的保育功能，推进绿色发展。

2. 市场体系建设

指导双孢菇种植示范基地建立相应的农民专业合作经济组织，提高菇农的组织化程度。积极发展双孢菇产业化龙头企业，推行"公司+合作社+基地+农户（贫困户）"模式。支持企业与种植户签订产品保价回收、技术指导协议，与农户（贫困户）建立利益联接机制。

3. 加工出口

扶持双孢菇产品深加工出口，做大做强大企业，帮助扶持小企业，扶持和培育一批能带动双孢菇产业发展的加工、运输、仓储、配送、出口销售企业和项目，补齐和加强双孢菇产业发展链条，促使双孢菇第二产业快速发展。按食品行业标准管理生产，积极扶持龙头企业新建标准化厂房、生产设施、研发中心等配套设施，建成速冻生产线、出口产品加工生产线，实行订单式收购，统一集中加工各种植基地双孢菇产品。

4. 科技创新

强化科技支撑，围绕产业发展和双孢菇市场需求，引进技术、试验示范。引进优质双孢菇品种，繁育菌种、开展适应性种植试验示范；引进双孢菇现代大棚工厂化生产技术，建设隧道发酵窖；引进利用鸡粪、玉米秸秆发酵生产双孢菇基质技术，开发利用双孢菇废料生产草菇、有机肥，有效解决丹凤县畜禽养殖污染问题，提高秸秆利用率，形成农业废弃物资源化利用的良性循环。丰富食用菌品种，改善食用菌种植结构，促进食用菌可持续发展。建设现代农业园区，延伸特色旅游功能，促进一二三产融合发展。

5. 品牌培育

指导生产加工企业与种植户签订产品保价回收协议和技术指导协议，安排技术人员实地现场指导，按照统一的生产标准，对双孢菇产品的整个生产环节实行全面质量管理和农产品质量安全全程监管，打造绿色、有机、无公害种植、现代化加工产品品牌。创建丹凤县出口农产品品牌，最终达到直接出口。

6. 产业精准扶贫

采取"政府引导+公司+村级集体经济组织（合作社）+基地+贫困户"的产业扶贫模式，将产业发展与脱贫攻坚深度融合，构建"大产业、大扶贫、大生态"格局，有序推进冷链物流仓储等第三产业，扩大就业扶贫，实现增收；支持农村电商参与双孢菇产业发展。

四、扶持政策

1. 扶持标准化棚建设

对符合用地政策，建设规格在 10m×15m 以上，且种植面积不小于 500m² 的标准化棚给予财政补助。根据经营方式不同，分以下几个类型补助。

（1）农户自主建设经营的标准化双孢菇棚，每棚用财政农业专项资金补助 1 万元；业主为贫困户的，用财政专项扶贫资金再补助 1 万元。

（2）企业（或村集体股份合作社、农民专业合作社）筹资建设，基地规模达到 30 棚以上的，每棚用财政农业专项资金补助 1 万元。由贫困户租赁经营，建棚业主和贫困户签订三年租赁合同，每年缴租金 5 000 元，贫困户自负盈亏经营。再用财政专项扶贫资金，按照每户 1 万元的标准，补贴贫困户。三年后产权（双孢菇棚）归建棚者所有。

（3）企业（或村集体股份合作社、农民专业合作社）筹资建设并自主经营的标准化双孢菇棚，按两种方式补助。第一种方式是基地规模 30 棚以上的，县财政用涉农整合资金每棚补助 2 万元，补助资金形成资产（双孢菇棚）产权归所在地村集体所有，并折股量化到股民名下，按照 8% 固定收益分红，在脱贫攻坚期内全部分配给所在村的贫困户；脱贫攻坚期结束后，根据实际经营利润按持股比例给村集体分红。第二种方式是企业（或村集体股份合作社、农民专业合作社）有偿使用财政专项扶贫资金，项目资金总额不高于 30 万元，财政扶贫资金的 30% 用于业主建设菇棚等基础设施，形成资产归业主所有；财政扶贫资金的 70% 部分折股量化到贫困户名下，标准为每户不超过 1 万元，按照不低于该部分资金 8% 保底分红 3 年，期满后，按《公司法》《专业合作社法》等有关法律法规规定执行。

2. 扶持现代化棚建设

业主建设符合用地政策，规格在 8m×30m、数量达 32 棚以上的现代化大棚种植小区（或厂、场），全部正常投产经营后，县财政按两种方式给予补贴。

（1）扶贫资金补助 现代化棚建成投产后，按每棚 25 万元标准，使用现代农业精准扶贫试点项目进行扶持，扶持资金的 30% 用于该业主自身购置设备、小型基础设施建设等费用补助，形成的资产归业主所有。扶贫资金的 70% 以每 10 万元带 3 户贫困户的标准确定贫困户，由兴丹扶贫公司代为持股。脱贫攻坚期内业主经营净收益高于 9% 时以实际收益分红，低于投资额的 9% 时，业主须以补助金额的 8% 实行固定分红，分红资金先由业主交兴丹扶贫公司，再由兴丹扶贫公司将分红资金分配给所带贫困户。70% 部分资金使用期满三年后，由企业交回兴丹扶贫公司，扶贫公司按照县上统一安排循环使用。

（2）贷款贴息 业主用银行贷款资金建设现代化双孢菇棚，县财政给予贷款贴息，贷款限额为 20 万元/棚，县财政按产业扶贫贷款贴息政策连续贴息 3 年。

3. 支持龙头企业发展壮大

（1）支持发展双孢菇加工企业 金融部门要优先为双孢菇加工企业新建扩建提供贷款支持，县财政按产业扶贫贷款贴息政策连续贴息三年。

（2）企业（或合作社）建设双孢菇基质培育站的，每批次达到 400t 产能以上，与种植基地签订基质供应协议，给 50 个以上标准化棚供应基质的，给予财政扶贫专项资金项目补助 30 万元。扶持资金的 30% 用于业主购置设备、隧道发酵窑设施建设等费用补助。扶贫资金的 70% 以每户不超过 1 万元的标准带动贫困户，折股量化到贫困户名下，每年按不低于股金 8% 保底分红，连续分红 3 年，期满后，按《公司法》《专业合作社法》等有关法律法规规定执行。企业（或合作社）使用银行贷款建设双孢菇基质培育站，每年向 50 个以上标准化棚供应基质的，给予不超过 3 年的贷款贴息，贷款限额为 100 万元，县财政每年度按产业扶贫贷款贴息政策执行贴息。

（3）支持龙头企业引进双孢菇生产、加工技术人才 采取政府购买服务的办法，对引进相当于工程师以上职称的专业人才，技术承包 100 棚以上并提供优质服务、技术支撑的，财政给予每人每年 5 万元补助。

（4）鼓励出口创汇　企业产品出口额在 500 万元以上，在执行有关退税政策的基础上，给予企业出口额 1% 的奖励。同时，县经贸局、县域工业集中区管委会积极鼓励和配合支持出口企业争取国家东部承接转移资金，并全额用于企业工业化管理原料基地和工业加工基础设施建设。

4. 其他配套政策

（1）支持规模种植小区　集中连片建设 30 棚以上的规模种植小区，由所在镇村将水、电、路等基础设施项目纳入脱贫攻坚基础设施计划统筹实施。

（2）支持保险试点　将双孢菇大棚纳入农业保险范畴，县财政在 3 年内给予每棚 500 元保险补助。

（3）支持种植户参加职业农民培育　县农业局将双孢菇种植户优先纳入职业农民进行培育，享受相应扶持政策。

（4）支持资源化利用农业废弃物　对利用当地畜禽粪便和农作物秸秆生产双孢菇基质的，县财政给予每吨 100 元补助；对积极消化双孢菇废料的种植户、有机肥厂，县财政给予每吨 50 元补助。

5. 补助资金筹集及验收兑现办法

（1）资金筹措　用于发展双孢菇产业的扶持资金由县财政统一筹措，根据资金来源由县财政局、扶贫局、农业局、经贸局分类安排。

（2）兑现办法　大棚建成后由业主申请，农业局牵头，财政局、扶贫局、经贸局参加验收，符合规定的，常态化兑现补助。

五、保障措施

1. 加强组织领导

坚持项目"六个一"包抓制度，落实项目包抓领导，县特色农业现代农业建设领导小组负责协调推进，相关部门负责人为成员，领导小组办公室设在农业局，农业局长兼任办公室主任，县经贸、扶贫局、财政局、发改局长任副主任，各相关部门抽调专人负责领导小组日常工作，审定建设规划、督促各责任主体单位制订工作计划、落实工作任务，确保项目建设各项工作顺利开展。按照产业发展和加工出口建设要求，结合产业基础和建设现状，科学制订实施方案，细化任务，落实责任。

2. 落实工作职责

采取"政府引导，企业主导、部门协作，农户（贫困户）参与"的模式，县农业局负责做好示范点的筛选和产业龙头企业的认定工作，积极组织大棚基地建设，协调做好生产技术培训和指导工作；县经贸局负责双孢菇加工及出口工作，督促协调企业落实加工场地、车间建设及生产线安装调试等工作，确保双孢菇产品完成统一收购和加工出口；县扶贫局、县发改局、县财政局负责落实产业扶贫资金、苏陕协作项目资金和双孢菇产业扶持政策措施，按照财政资金使用管理相关规定，为双孢菇产业发展提供资金支持；县环保局配合做好环境影响评价相关工作；县国土局负责项目用地选址、备案工作；县水务局负责做好产业基地用水保障工作；县供电局负责做好产业基地电力保障工作；县交通局负责产业基地道路设施建设工作；各镇（办）负责宣传动员和产业示范点建设工作，配合相关部门和企业做好政策宣传及环境保障工作，确保双孢菇产业建设任务顺利完成，达产达效。

3. 强化运营保障

双孢菇产业采取"政府支持、企业（加工龙头企业）主导，合作社（村集体经济组织）建基地，农户（贫困户）参与"的产业扶贫模式进行建设和管理。按照涉农资金由县级整合、精准使用于产业脱贫的要求，县财政每年筹集 5 000 万元支持双孢菇产业发展。引导企业落实产业政策，加强行业自律，促进产业调整和健康发展。完善产业信息网络，为龙头企业和菇农及时提供信息、技术服务。创新机制加强与金融机构合作，完善农业信贷担保体系，促进新型经营主体与担保公司对接，撬动更多的金融资本投入产业发展。推进产业参保，创新双孢菇产业设施保险产品，深入宣传产业参保政策，加强产业发展主体投保意愿，理顺参加保险渠道。引导产业经营主体积极参加保险，提高抵御风险的能力。积极探索建立政府扶持的政策性产业保险机制，通过保费补贴等必要手段引导产业发展主体积极参加保险。

4. 加强督查考核

产业建设各责任主体，每月度向领导小组办公室报送工作进度相关情况。县政府督查室、县考核办要根据特色农业攻坚战考核办法，加强对双孢菇产业开发建设督查考核和结果应用。

5. 营造舆论氛围

各级各部门要积极利用各种媒体和宣传平台大力宣传发展双孢菇产业，

及时总结推广典型经验，充分发挥典型的示范引领作用，努力营造双孢菇产业发展的良好氛围。

此实施意见自发布之日起施行，至 2020 年 12 月 31 日废止。此前出台的关于双孢菇产业发展的扶持政策同时废止。

丹凤县重点推进六大产业发展支持办法

（丹办字〔2019〕11 号）

一、总　则

第一条　为全面加快"六大产业"助力脱贫攻坚步伐，进一步夯实脱贫攻坚和乡村振兴的产业基础，如期实现整县脱贫摘帽目标，根据《丹凤县脱贫攻坚三年行动计划》和《丹凤县 2018—2020 年产业扶贫规划》等文件精神，结合丹凤县实际，特制定本办法。

第二条　按照"建龙头、提基地、扩规模、增效益"的思路，重点支持发展以双孢菇为主的食用菌、以天麻为主的中药材和核桃、肉鸡、艾草、毛驴六大产业，强化政策保障，完善带贫机制，为决胜脱贫攻坚奠定坚实的产业基础。

第三条　六大产业发展坚持因地制宜、重点突出、分类指导和品牌战略原则，按照"南药材、北菌菇、川林果、畜进壑"产业布局，整合产业发展各类资金，建设一批加工示范基地，扶持一批脱贫增收企业，打造一批名优农特产品，将贫困户紧密镶嵌在产业链上，走出一条产业为基、富民为要的可持续发展之路。

第四条　六大产业的扶持对象为建档立卡贫困户（农户）和一般企业（专业合作社）、重点产业化龙头企业等新型经营主体。

第五条　六大产业发展资金主要包括中央财政专项扶贫资金、省级产业扶贫专项资金、省级产业帮扶资金和县级产业脱贫发展基金。扶持环节包括产业基地、加工生产线和其他配套设施。

二、扶持标准及方式

（一）贫困户（农户）扶持方式

第六条　在国家法律法规及政策允许范围内支持贫困户（农户）自主发展六大产业，实现脱贫增收。奖补资金包括财政专项扶贫资金、省级产业帮扶资金和县级产业扶贫发展基金三大部分。

1. 财政专项扶贫资金

使用财政专项扶贫资金（贫困户生产发展项目）补助的，每户最高不超过 5 000元，双孢菇作为新兴产业，每户最高不超过 10 000元，具体扶持标准以《丹凤县财政专项扶贫资金产业项目管理办法》（丹政办发〔2017〕58 号）文件为准。

2. 省级产业帮扶资金和县级产业脱贫发展基金

（1）贫困户新发展 150m² 双孢菇大棚1 个以上的，在产业到户资金一次性补助 10 000元基础上，每棚（投产达效）由省级产业帮扶资金和县级产业脱贫发展基金分别再补助 10 000元；非贫困户新发展 150 m² 双孢菇大棚1 个以上的，每棚在投产达效基础上由省级产业帮扶资金和县级产业脱贫发展基金分别补助 10 000元。

（2）贫困户新养殖毛驴 2 头以上的，每头在产业到户资金补助 2 000元基础上，县级产业脱贫发展基金再补助 1 000元，非贫困户新养殖毛驴 2 头以上的，每头由县级产业脱贫发展基金补助 1 000元。

（二）一般企业（合作社）扶持方式

第七条　当年计划安排的产业化扶贫项目和省级产业帮扶项目优先支持"六大产业"，申报主体必须符合规定条件和要求，具体参照相应管理办法执行。

第八条　企业（合作社）申报产业化扶贫项目的，根据产业规模和带贫户数，可安排 30 万~50 万元扶持资金。扶持环节中30%资金用于企业（合作社）自身购置设备、良种引进、小型基础设施建设及技术培训等费用补助，70%资金按照每户 5 000~10 000元标准量化到贫困户，可给贫困户发放相应标准的产业物资，并提供产前、产中、产后的服务指导工作，带动贫困户参与产业发展；或作为原始股金入股到企业（合作社），每年按不低于6%比例给贫困户分红，连续分红不低于 3 年，期满后与贫困户协商，继续入股或退还原始股金。

第九条　企业（合作社）申报省级产业帮扶项目的，根据产业发展情况，可安排 20 万~80 万元扶持资金，主要用于企业（合作社）发展特色农业产业。按照 10 万元带动 3 户贫困户标准，方式以基地务工为主，带动期限不少于 3 年，每户每年收入不低于 1.2 万元，实现企业壮大与贫困户增收"共赢"目标。

（三）龙头企业扶持方式

第十条 对"六大产业"龙头企业支持主要包括产业化扶贫项目、集体经济资金整合、金融保险、基础设施配套以及人才品牌等 5 个方面。

第十一条 用财政专项扶贫资金支持"六大产业"龙头企业，每个企业按 100 万~500 万元标准，30% 资金用于企业发展产业自身补助，70% 资金按每户 5 万元标准量化给贫困户，每户每年按不低于 6% 比例给贫困户分红，脱贫攻坚结束后，将贫困户股权转入未享受集体经济项目支持的村（社区），按照村集体经济管理办法执行。

第十二条 按照《丹凤县扶持农村集体经济组织发展资金管理暂行办法》，对产业基础好、有自主发展意愿和能力的村支持发展以"六大产业"为主的集体经济项目，实现集体经济增收积累；对自主发展乏力、资金增值无保障的村按照自愿原则，引导通过入股分红方式将集体经济资金注入"六大产业"龙头企业，每年按不低于注资总额 6% 比例向村集体分红，推动集体经济发展壮大。

第十三条 加大"六大产业"龙头企业信贷支持力度，创新担保方式，放大授信权限，简化审批流程，为产业发展提供最大的资金保障，由县级产业脱贫发展基金按银行贷款总额的 3% 予以贴息支持，连续贴息 3 年，每个企业每年贴息总额不超过 90 万元。同时，按照应保尽保原则，加大"六大产业"保险保障力度，从产业基地到产品全部纳入保险范畴，发挥保险"护航"和"兜底"作用，形成严密的风险防控体系。核桃、肉鸡产业按照原保险办法继续支持，食用菌、中药材、艾草、毛驴产业保险保费由县级产业脱贫发展基金补助 40%，其余 60% 资金由企业自行承担。

第十四条 "六大产业"基地实行基础设施提前配套原则，在项目开工前由县级主管部门负责保障产业路、生产用水、电力通信等设施，达到项目开工的基本条件。项目建成后，做好后续绿化、亮化和休闲设施配置工作。对"六大产业"龙头企业电费、水费按"就低不就高"原则收取。

第十五条 "六大产业"需要的科研、技术人才，出台扶持政策，在人才引进、落户等方面优先保障；对当年获得无公害、绿色、有机、地理标志农产品认证的"六大产业"法人实体，分别奖励 1 万元、2 万元、3 万元、5 万元。

三、项目申报与监管

第十六条　贫困户（农户）自主发展"六大产业"的，采取"户申请、村审核、镇审批、县备案"程序执行。以贫困户生产发展项目兑付的，由贫困户提出产业发展申请，镇村两级审核后报县农业、扶贫部门备案。每年 4 月、8 月各集中报账一次，由镇村两级负责监督、检查、验收等工作，实行镇级报账制，兑付结果报县农业、扶贫部门建档备查。用于支持双孢菇、毛驴产业的省级产业帮扶资金、县级产业脱贫发展基金参照贫困户生产发展项目管理办法执行，由镇村两级按程序做好核查、验收等工作，提出资金申请，由县农业、财政部门负责拨付资金，实行镇级报账制。

第十七条　产业化扶贫项目支持"六大产业"的，按照项目库选定原则，以镇（街道）为单位提出申请，县农业局组织专家对项目可行性进行评审，结果报县脱贫攻坚领导小组审批，并上报省市备案。县农业局负责指导企业（合作社）编制《项目实施方案》，由企业（合作社）组织实施，项目完成后由企业提出申请，镇村初验合格后，由县农业局牵头，组织县扶贫局、县财政局和部分相关专家进行现场复验，出具验收结果，验收合格的在县农业局报账。以省级产业帮扶资金支持"六大产业"的，具体程序参照《省级产业帮扶资金管理办法》执行。

第十八条　以产业化扶贫项目支持"六大产业"龙头企业的，由县农业局监证，龙头企业与贫困户签订合作协议，每年按比例给贫困户分红，项目实施完成后在县扶贫局报账。三年期满后，将贫困户股权转入未享受集体经济项目支持的贫困村，按比例向村集体分红；以集体经济资金参股"六大产业"龙头企业的，由企业提出申请，经参股村三分之二以上股民同意并经镇（街道）审批后，由企业、镇（街道）、村签订三方协议，并报县农业局备案，将集体经济资金注入"六大产业"龙头企业，每年按比例向村集体分红。

第十九条　信贷贴息支持由"六大产业"龙头企业提出申请，经县级金融机构评估并给出贷款额度，县财政、扶贫、农业部门审核，县脱贫攻坚领导小组审批后，金融机构将贷款投放到项目主体，由县财政按比例将贴息资金拨付承贷银行。

第二十条 保险支持由县级保险机构提出方案，县财政、扶贫、农业等部门初审，提交县脱贫攻坚领导小组审核同意后，由企业将60%保费资金转入承保公司，财政部门将剩余40%配套资金一并拨付。

第二十一条 当年获得"三品一标"认定的"六大产业"法人实体提出书面申请，县农业、市监等部门现场认定，并出具认定结果，由县财政、农业部门按程序兑付落实。

四、保障措施

第二十二条 按照重点产业包抓责任制，每个产业实行一名县级领导包抓、一个县级部门牵头、一个方案推进、一个专班落实、一个方案考核的"五个一"工作机制，严格按照时间节点抓好产业项目的落地实施。

第二十三条 成立"六大产业"发展工作专班，食用菌产业专班组长由县政府副县长李鹏担任，县农业局、经贸局具体实施；中药材产业专班组长由县委常委、常务副县长王博担任、副组长由县委常委、副县长张海毅担任（负责山茱萸产业），县林业局具体组织实施；核桃产业专班组长由县政府副县长李传伟担任，县林业局具体组织实施；肉鸡产业专班组长由县政府副县长曹安良担任，县畜牧中心具体组织实施；艾草产业专班组长由县政府副县长杨思飞担任，县林业局具体组织实施；毛驴产业专班组长由县委常委、县委统战部部长韩寿山担任，县畜牧中心具体组织实施。"六大产业"发展由各专班组长牵头，协调各责任单位抓好推进落实。

第二十四条 县财政、发改、扶贫等部门要加大资金整合筹措力度，县国土、住建等部门要在项目用地、手续审批等方面从快办理，县交通、水务、供电、通信等部门要做好产业路、生产用水、电力通信等保障工作，县林业、住建等部门要做好项目区域内的绿化、亮化等工作，项目所在地政府要全力做好项目实施地的环境保障工作，为项目建设营造宽松的发展环境。

第二十五条 在集体经济发展中，对自主发展乏力、资金增值无保障的贫困村，采取自愿入股原则，由镇（街道）引导将资金优先注入"六大产业"龙头企业，庾岭镇、峦庄镇优先向秦岭天麻小镇聚集，武关镇、铁峪铺镇优先向2个现代化肉鸡小区聚集，蔡川镇、竹林关镇、土门镇、商镇、棣花镇优先向现代化双孢菇基地和西北农特（核桃）产品交易中心聚集，龙驹寨街道、寺坪镇、花瓶子镇优先向艾草种植加工基地、雨丹中药材产业园和毛驴养殖基地聚集，严防资金"滞留""趴窝"。

第二十六条 将六大产业发展情况纳入镇（街道）和部门年度目标责任制考核内容，对工作推进迅速、如期完成建设任务的，在年度目标责任制考核中对牵头单位和责任部门分别加 0.5 分、0.3 分；对任务落实不力、欠账较大的，分别扣 0.3 分、0.2 分，并取消评先树优资格。

五、附　则

第二十七条 本办法自 2019 年 2 月 1 日起施行，至 2020 年 12 月 31 日废止。

商南县"借袋还菇"香菇产业脱贫方案

（商南政办发〔2016〕36 号）

为了扎实推进商南县香菇产业由种植基地向加工、营销基地转变，切实提高香菇附加值，减轻菇农投资风险，实现菇农增收与生态保护双赢，全面加快菇农脱贫致富步伐，特制订本方案。

一、指导思想

以科学发展观为指导，以建成陕南香菇产销基地为目标，以脱贫攻坚为统领，以市场需求为导向，以财政资金为杠杆，以金融机构依托，以龙头企业为主体，按照"生产科学化、生态化、集约化，加工精深化、产业化、品牌化"的思路，推进香菇产业可持续发展，为脱贫致富奔小康提供产业支撑。

二、目标任务

通过 3 年时间，采取"公司+合作社+基地+农户"的模式，依托海鑫食用菌等龙头企业，外调木屑种植香菇 5 000 万袋，其中，贫困户种植香菇 3 000 万袋，户均增收 1.5 万元，同时减少对林木资源的过度依赖；发展食用菌工厂化菌包生产线 10 条，建设标准化钢架结构大棚生产基地 200 亩，初步实现香菇生产集约化；年均回收废弃菌包 1 200 万袋；培育省级知名香菇品牌 1 个，年产鲜香菇产品 6 万 t，推动商南县香菇产业由生产基地向加工基地转变，实现产业做强、群众致富的目标。

三、扶持政策

对 2016 年 5 月至 2019 年 4 月，外调木屑生产香菇的在册贫困户和贫困户占总户数达到50%以上的香菇专业合作社予以扶持。自行采伐加工木屑生产香菇的，不在扶持补贴范围。

（一）扶持统一外调木屑生产香菇的贫困户

1. 扶持标准

对每镇办前100名使用统一外调木屑生产香菇的贫困户，且当年新种植香菇5 000袋以上的一次性补助500元（以预订木屑并交纳定金时间先后为准，100名以后的不予补助）。

2. 操作流程

每年10月上旬前，县农业局负责将《海鑫食用菌公司外调木屑购置协议》《建档立卡贫困户发展香菇产业补贴申领表》发至各镇办；10月底前，各镇办汇总木屑需求总量，并收缴、预付40%定金；11月中旬前，海鑫食用菌公司负责将木屑配送至镇办指定地点（每镇办不多于3个投送点）；《建档立卡贫困户发展香菇产业补贴申领表》经村、镇审核公示后，汇总报县农业局、财政局审核后报县政府审批，并由镇办兑付到贫困户。

（二）扶持"借袋还菇"模式生产香菇的贫困户

1. 扶持标准

对每镇办前100名通过"借袋还菇"模式发展香菇，且当年新种植香菇5 000袋以上的贫困户，一次性补助500元（以预订菌袋并交纳定金时间先后为准，100名以后的不予补助，贫困户在香菇合作社中参与种植的享受本项补助政策）。

2. 操作流程

每年10月上旬前，县农业局负责将《海鑫食用菌公司香菇菌袋购置协议》（18cm×60cm 袋子，接种后发菌30d，每袋优惠价3.2元）、《建档立卡贫困户发展香菇产业补贴申领表》发至各镇办；10月底前，各镇办汇总菌袋需求总量，并收缴、预付每袋1元定金；次年3月中旬前，海鑫食用菌公司负责将菌袋配送至镇办指定地点（每镇办不多于5个投送点），镇办负责收缴剩余每袋2.2元尾款或者由海鑫食用菌公司回收香菇冲抵；《建档立卡贫困户发展香菇产业补贴申领表》经村镇审核公示后，由镇办汇总报县农业局、财政局审核后报县政府审定，由镇办兑付到户。

（三）扶持食用菌龙头企业开展香菇深加工和回收废弃香菇菌袋循环利用

扶持标准及操作流程：食用菌龙头企业建设食用菌工厂化生产线，开展香菇深加工的，回收废弃香菇菌袋循环利用，若企业向金融机构申请信贷支持，经县农业局、财政局审核、县政府审定后，给予每年不超过100万元额度的贷款贴息支持。

四、保障措施

1. 加强组织领导

成立以县政府分管领导任组长，县农业局、财政局、扶贫局主要负责人为副组长，县林业局、国土局、发改局、经贸局、审计局等部门和各镇人民政府主要负责人为成员的"借袋还菇"香菇产业脱贫工作领导小组。领导小组办公室设县农业局，县农业局局长兼任办公室主任，负责"借袋还菇"香菇产业脱贫工作的组织实施。

2. 明确工作职责

县农业局牵头负责"借袋还菇"香菇产业脱贫工作。各镇办、各包扶单位负责汇总本镇办木屑、菌袋、标准化种植大棚等信息，并指导群众发展香菇产业。县林业局负责严格落实林木采伐限额管理，严厉打击乱砍滥伐林木种植食用菌行为。县财政局负责抽查补助、贴息资金。各相关部门严格按照职能职责配合抓好香菇产业发展工作。

3. 加强监督管理

县农业局要进一步明确"借袋还菇"模式的操作流程，既要通过政府引导，扶持企业和产业发展，又要确保政府资金安全高效。县扶贫局、财政局、监察局、审计局等部门，要加强对资金使用情况的监督管理，对挪用专项贴息资金的企业，不得减免贷款利息，对套用、挤占专项补贴资金的，对相关责任人及单位负责人严肃问责。

商南县木耳产业发展奖励扶持办法（试行）

（商南政发〔2020〕38 号）

一、总则

第一条　根据《商洛市人民政府办公室关于加快食用菌产业发展的实施

意见》（商政办发〔2017〕94号）《中共商洛市委办公室商洛市人民政府办公室关于加快商洛木耳高质量发展的指导意见》（商办发〔2020〕10号）《中共商南县委商南县人民政府关于进一步加快推进特色农业发展的决定》（商南字〔2017〕25号）《中共商南县委商南县人民政府关于加快推进食用菌产业转型升级的意见》（商南字〔2017〕90号）等文件精神，结合商南县实际，制定本办法。

第二条　本办法旨在吸引社会资金支持木耳产业高质量发展，进一步优化产业布局，不断扩大产业规模，促进三产业融合发展，把木耳产业打造成商南县贫困群众长期稳定增收的新型产业。

第三条　自2021年起，县财政每年整合涉农资金不低于500万元，用于扶持木耳产业基地建设、经营主体培育、木耳科技创新、木耳品牌创建、木耳产品营销等。

第四条　县域内从事木耳产业且符合国家法律法规、行业规范、县域发展规划等基本要求的个人及企业、专业合作社、种植大户、经销商等经营主体，可按本办法享受奖励扶持政策。

二、奖励扶持项目与标准

第五条　支持木耳生产企业、合作社、家庭农场、村股份经济合作组织等经营主体建设标准化吊袋木耳栽培基地，配套自动化喷灌设施，实行标准化管理。鼓励木耳经营主体积极购买果树主产区废弃枝材种植袋料木耳。

（一）新型经营主体新建标准化设施大棚，种植规模5万袋（菌包规格：16cm×36cm）以上的，按种植规模，给予菌包1元/袋限额补助，最高额度不超过100万元；设施大棚补助，按种植规模，给予2元/袋一次性补助限额补助（含出耳棚、晾晒棚及配套设施补助），最高额度不超过100万元。

（二）新型经营主体种植标准化地栽木耳，种植规模5万袋（菌包规格：15cm×55cm）以上的，按种植规模，给予1.5元/袋限额补助，最高额度不超过100万元。

（三）农户自主发展袋料木耳5 000袋（菌包规格：15cm×55cm）以上的，给予1.5元/袋限额补助，最高额度不超过2万元。

第六条　鼓励木耳生产企业、合作社、家庭农场、村股份经济合作组织等经营主体投资建设木耳菌包加工厂，促进木耳菌包工厂化生产。对新建木耳菌包加工厂，根据日生产能力及供应情况，给予 0.5 元/袋一次性限额机械补助，最高额度不超过 100 万元。

第七条 鼓励木耳生产企业、合作社、家庭农场、村股份经济合作组织等经营主体投资建设木耳精深加工厂，促进木耳产业由单一的初级产品向药品、保健食品、休闲食品、化妆品等精深加工领域和高端产品发展，不断深化拓展木耳产业加工链条，提高产品科技含量和附加值。对新建木耳产品精深加工厂，按照精深产品开发投资额度，给予一次性限额补助，补助资金不超过固定资产投资总额的 30%，最高额度不超过 100 万元。

第八条 积极开展木耳产业化企业（示范社）创建活动，对获得国家级、省级、市级产业化龙头企业（示范社）称号的，一次性分别补助 20 万元、10 万元、5 万元，并优先安排申报产业项目。

第九条 对初次获得木耳产品"两品一标"（绿色食品、GAP《良好农业规范》和农产品地理标志）认证的企业、专业合作社，县财政给予一次性资金奖补。奖励获得绿色食品认证的企业（合作社）1 万元，奖励获有机食品认证的企业（合作社）5 万元。

第十条 鼓励木耳产业经营主体建立网络平台，开辟网上交易市场。对在淘宝、天猫、京东等国内外主流第三方电子商务平台开设网店，合法经营销售木耳产品且网络年零售额达到 10 万元以上的，给予一次性奖励 2 000 元；达到 100 万~300 万元的（含 300 万元），给予一次性奖励 1 万元；达到 300 万~500 万元（含 500 万元）的，给予一次性奖励 2 万元；达到 500 万元以上的，给予一次性奖励 3 万元。

三、项目实施与资金拨付

第十一条 项目实施前由经营主体（农户）向所在村（社区）镇（办）申报并逐级审核公示；公示无异议后由镇（办）向县木耳产业发展工作领导小组办公室提出申请，相关部门按程序进行验收。

第十二条 验收公示无异议的项目，由相关部门报县木耳产业发展工作领导小组审批后，由项目主管部门拨付奖补资金。

四、监督管理

第十三条 按照"谁管项目、谁用资金、谁负主责"和"资金跟着项目走、责任跟着资金走"的原则，建立全过程、全方位、公开透明、网格化的项目监管机制，形成条块结合、上下联动、群众参与、齐抓共管的监管格局，确保项目和资金安全运行。

第十四条 如有与其他扶持政策相冲突的，按照就高不就低的原则执行，不重复奖励。多重资质的社会经济组织享受木耳扶持政策不能叠加，同一项目和内容只能申报一次项目扶持。

第十五条 对虚报冒领等手段套取、骗取奖励扶持资金的，依法进行查处，全额追缴资金，情节严重的，依法追究其法律责任。

第十六条 新型经营主体获得奖励扶持资金后，应当按照国家有关财务管理制度的规定，自觉接受财政、审计等部门的监督检查，并按照国家档案管理有关规定妥善保管申请和审核材料，以备核查。

五、附 则

第十七条 财政扶持资金包括财政专项扶贫资金、涉农整合资金、部门专项资金等，各类用于木耳产业发展的财政资金均参照本办法执行。

第十八条 本办法由县木耳产业发展工作领导小组办公室负责解释，自印发之日起施行，有效期三年。

山阳县木耳产业高质量发展扶持办法

（山办发〔2020〕16号）

一、总 则

第一条 为进一步加快推进木耳产业高质量发展，全力打造特色农业产业增长极，巩固拓展脱贫攻坚成果和夯实乡村振兴产业基础，持续促进农业增效、农民增收，结合山阳县实际，特制定本办法。

二、扶持范围及对象

第二条 扶持范围、对象

本办法重点围绕山阳县木耳产业高质量发展实施意见，重点对木耳在财政金融、土地流转、基础设施、生产种植、辅料经营、生产设备、技术服务、科技创新、产品营销等方面进行扶持。扶持对象包括从事袋料木耳产业生产、加工、销售的企业、合作社、村集体经济组织等经营主体及农户。

三、扶持办法

第三条 财政金融扶持

1. 从 2021 年起，县财政每年设立木耳产业高质量发展专项资金 1 000 万元。

2. 从事木耳产业的经营主体及法人贷款，按照人民银行基准利率给予 2 年的贷款贴息。

3. 持续加大木耳产业保险支持力度，木耳经营主体及种植户购买保险的，给予 80% 保费补贴。

第四条　土地流转扶持

1. 按照陕西省自然资源厅、陕西省农业农村厅《关于设施农业用地管理有关问题的通知》（陕自然资源规〔2020〕4 号），对袋料木耳产业项目涉及的生产设施用地、辅助设施用地优先办理用地手续。

2. 对新建木耳基地 10 亩以上，按照土地流转面积，每亩一次性补贴 300 元。

第五条　基础设施扶持

1. 对从事木耳生产、加工的企业用电，按照国家农用电相关政策执行。

2. 木耳基地、园区建设涉及电力、通信杆线迁移的，相关部门要及时解决，并按最低成本价收取费用。

3. 木耳基地内水、电、路等基础设施，由木耳产业高质量发展工作专班根据需要按一事一议予以解决。

4. 经营主体自己新建标准化钢管骨架木耳大棚 10 个以上，按建棚面积每平方一次性补贴 60 元。

5. 经营主体新建木耳冷藏库（气调库），优先纳入冷链项目扶持。对未享受项目扶持的按容积给予补贴，$100m^3$ 以上的，一次性补贴 5 万元；$200m^3$ 以上的，一次性补贴 10 万元；$500m^3$ 以上的，一次性补贴 20 万元。

第六条　生产种植扶持

1. 农户新发展木耳 1 万袋以上，每袋一次性补助 0.5 元，每户最高补贴不超过 2 万元；经营主体租赁县扶投公司大棚新发展吊袋木耳 30 万袋以上、且带动农户 20 户以上，并完成生产任务满棚生产的，每袋一次性补助 0.3 元，未完成生产任务满棚生产要求的不予补贴；经营主体自建大棚新发展吊袋或地栽木耳 30 万袋以上、且带动农户 20 户以上，每袋一次性补助 0.3 元；经营主体新发展地栽木耳基地 20 万袋以上，每袋一次性补贴 0.5 元。

2. 实行工厂化生产的龙头企业，政府通过项目在基础设施建设、平台体系建设等方面给予重点支持。企业按照"柞水木耳"或"山阳富硒木耳"生产标准生产菌袋的，凭销售合同，每销售一袋一次性补贴 0.05 元。对符合市级、省级、国家级龙头企业申报标准的木耳龙头企业，优先向上级推荐申报。建设规模和标准达到市级以上农业园区标准的，优先向上级推荐。

第七条　辅料经营扶持

1. 在县内开办木耳辅料生产的企业，按照投资总额一次性补贴 10%（含项目资金），最高补贴不超过 100 万元；在县内销售食用菌辅料的个体及企业，每年补贴店面租金 1 万元，补贴不超过 2 年。

2. 按照国家林木限额采伐管理政策，全力做好木耳袋料生产用材指标审批工作，优先保障生产用材，最大限度地保障木耳产业发展。

第八条　生产设备扶持

新购或更新木耳生产设备、深加工设备、木耳废弃物综合利用机械设备的，优先给予项目扶持或适当补贴。

第九条　技术服务扶持

1. 对年产规模 50 万袋以上的木耳基地、产业园区，引进技术人才驻地指导，且服务年限在 1 年以上，每年给予工资补贴，引进初级职称（中级工）技术人才每名每年补贴 3 万元，引进中级职称（高级工）技术人才每名每年补贴 4 万元，引进高级职称（技师）技术人才每名每年补贴 5 万元；鼓励大力培育本土技术人才，木耳基地、产业园区培育本土技术人才在基地或者园区工作 1 年以上的，经县级农业农村部门考核认定合格后，每人每年补贴 1 万元，每个基地补贴不超过 2 人。

2. 每年安排 30 万元专项资金，用于开展木耳技术培训、指导等技术服务工作。

第十条　科技创新扶持

1. 引进木耳新品种，试种成功、具有明显增产效应并在县内推广应用的，每个新品种一次性补贴 5 万元；引进木耳种植新技术，示范成功、并在县内推广应用的，每项技术一次性补贴 5 万元；对开展木耳产品精深加工进行技术攻关，研发成果获省级以上认证并在县内推广应用的，每项奖励 10 万元。

2. 对木耳生产、研发、技术指导有突出贡献的专业技术干部优先给予职称晋升与奖励。

第十一条 *产品销售扶持*

1. 鼓励木耳企业加强品牌创建，对创建为市知名商标、省著名商标、国家驰名商标的，分别一次性奖励 5 万元、20 万元、50 万元。

2. 在木耳产品上推行食用农产品合格证制度和质量追溯二维码体系的，每个产品一次性奖补 1 万元；获得绿色产品、有机产品认证的企业（合作社）分别一次性奖励 2 万元、3 万元，获得国家地标产品认定的一次性奖励 10 万元。获得"名特优新"农产品认定的，一次性奖励 1 万元。

3. 鼓励木耳企业积极参加省内外产品推介展销、产销对接活动，省外每场次每个企业一次性补贴 0.5 万元，省内市外每个企业一次性补贴 0.2 万元。

4. 鼓励线上线下各类渠道销售木耳产品的，按销售额给予奖励。销售 30（含 30）万~50 万元奖励 1 万元，50（含 50）万~100 万元奖励 3 万元，100（含 100）万~300 万元奖励 5 万元，300（含 300）万~500 万元奖励 10 万元，500（含 500）万元以上奖励 20 万元。

四、组织实施

第十二条 县财政设立木耳产业高质量发展资金，由木耳产业高质量发展工作领导小组和工作专班统筹、协调使用。

第十三条 实行"农户和经营主体申请、镇（办）和相关部门验收、领导小组审核、财政部门拨付"的资金兑现办法。即：发展产业的农户或经营主体向所在镇（办）或相关部门提出验收申请。镇（办）或相关部门组织验收。验收合格后，以镇（办）或部门文件上报工作专班，工作专班汇总提交领导小组审核后拨付资金。

五、附　则

第十四条 本办法由县农业农村局会同财政、发改等部门负责解释，自 2021 年 1 月 1 日起实施，原脱贫攻坚领导小组印发的《山阳县食（药）用菌产业扶持办法（试行）》（山脱贫组发〔2019〕9 号文件）自行废止。

关于加快镇安县木耳产业高质量发展的实施意见

（镇办发〔2021〕1号）

为认真贯彻落实习近平总书记来陕考察重要讲话重要指示精神，切实将"小木耳"做成"大产业"，促进农民群众持续稳定增收，推动乡村振兴，按照市委办公室、市政府办公室印发《关于加快商洛木耳产业高质量发展的指导意见》的通知（商办发〔2020〕10号）精神，结合镇安县实际，现就加快木耳产业高质量发展提出如下实施意见。

一、指导思想

认真贯彻落实习近平总书记来陕考察重要讲话重要指示精神，坚持生态优先，市场主导，绿色循环发展，实行"政府推动、企业实施、农户参与"的共建机制，以示范基地、产业园区、特色小镇为载体，加快标准化生产、精细化加工、功能化拓展、品牌化提升、产业化发展、全产业链打造，全力推进一、二、三产业融合发展，努力将木耳产业做大做强做优，成为县域群众增收新的增长极。

二、基本原则

坚持绿色发展原则。树立生态优先理念，当好"秦岭生态卫士"，走绿色循环发展之路，有效保护生态资源，实现木耳产业可持续发展。

坚持科技创新原则。以技术集成推广、智慧物联应用为支撑，强化创新驱动，加大新技术、新产品、新工艺引进、研发和推广应用，不断提升木耳产业科技贡献率。

坚持市场导向原则。以市场为导向，充分发挥市场在资源配置中的决定性作用，推动木耳产业高质量发展。

坚持高质量发展原则。以量的合理增长扩大产业发展规模，用标准推动质量稳定提升，实现木耳产业高质量发展。

三、发展目标

按照"适度规模，提质增效"的总体要求，2021年，全县发展黑木耳1 000万袋，实现产值0.4亿元，主产区农户年人均增收5 000元以上。到2025年，全县木耳生产规模达到3 000万袋，全产业链综合收入4.5亿元，主产区农户年人均增收1万元以上。

四、工作重点

（一）实施菌种培育工程。依托龙头企业，加大木耳新品种、新技术、新模式引进试验示范与推广。实施菌种繁育项目，在云盖寺、西口、木王等镇建立 2~3 个三级菌种厂，扩大菌种繁育生产规模，满足全县生产需要；加强菌种市场监管和执法力度，提高菌种质量，为生产主体提供优质菌种。

（二）实施标准化生产工程。按照以标准化促进产业化的思路，在云盖寺镇启动建设木耳标准化产业园项目。支持秦绿公司创建省级食用菌（木耳）种植标准化示范区，为全县木耳标准化种植提供示范。制定镇安木耳企业生产技术标准，推广大棚吊袋、地栽等标准化种植方式。推行"工厂化菌袋生产+群众分户管理"的生产方式，实行"六统一分"（合作社或企业统一原料采购、统一优良菌种、统一菌包制作、统一接种点菌、统一技术指导、统一产品回收，群众分户管理），实现企业与农户的优势互补，提高产业发展效益。实施有机肥加工项目，全县建立有机肥加工厂 1~2 个，实现废弃物资源综合利用，推进循环经济发展。

（三）实施主体培育工程。结合新型职业农民培育，培养一批有文化、懂技术、会管理的职业耳农，打造专业化的产业队伍；采取补助、奖励、资源配置等方式，扶持建立专业营销队伍，确保木耳产业货畅其流；支持企业自建基地，发展订单生产，联结农民专业合作社、基地和农民。全县扶持 1~2 个年产 1 000 万袋的菌袋加工厂和 50 个年栽培量在 5 万袋以上的合作社、大户，年培训从业群众 1 000 人，持续提高产业主体经营水平。

（四）实施加工增值工程。坚持引育结合，发展壮大龙头企业。加强浦镇深度合作，招商引资开展木耳高端产品研发和精深加工。鼓励本地企业引进新技术、新工艺、新设备，加强与科研院所合作，开发新产品，促进木耳产品由低端型食品向高端型产品发展，通过延链补链强链，延长产业链，提高价值链。实施外贸出口项目，引导、鼓励龙头企业积极申请外贸出口权，畅通木耳产品出口通道，建立海外仓，发展创汇菌业。

（五）实施市场品牌工程。实施国家农产品地理标志示范县创建和国家农产品"出村进城"工程；鼓励产业经营主体注册商标、开展"三品一标"和农产品气候品质认证；建立木耳产品追溯体系，实现木耳产品质量可溯源。强化木耳产品质量安全监管，推行食用农产品合格证制度，加强市场监管，严厉打击掺杂使假、以次充好、虚冒商标侵权等损害镇安木耳声誉的违法行为，保障群众消费权益，提升县域木耳产品品牌价值和市场公信力。

（六）实施融合发展工程。突出适生优生，优化产业布局，以特色小镇、产业园、智慧园区为载体，实施云盖寺镇现代农业产业园（木耳）项目，带动其他镇办发展木耳产业。依托云盖寺镇古街优势人文资源，拓展观光旅游、科普宣传、健康养生等功能，促进木耳产业跨界融合发展，提升产业规模，培育产业集群。

（七）实施产业增收工程。强化金融政策扶持和技术帮扶，引导有能力、有意愿的农户自主发展木耳，投身关联产业，实现稳定增收。鼓励有实力的产业经营主体通过"联业"得薪金、"联股"得股金、"联产"得酬金、"联营"得租金等方式，深化与一般农户的利益联结，形成"企业带产业、产业促增收"的双赢发展局面。用好江苏、陕西协作对口支援、省"两联一包"等扶持政策，开展系列推介活动，积极与外地餐饮集团、批发市场合作，推进木耳产业消费扶贫，打造镇安木耳出省进京直通车。

五、保障措施

（一）加强组织领导。成立镇安县木耳产业高质量发展工作领导小组，领导小组由县委副书记、县长贾建刚任组长，县委副书记王璟、县政府副县长朱雪彬任副组长，县财政局、县水利局、县农业农村局、县林业局、县扶贫局等有关部门负责同志为成员，办公室设在县农业农村局，统筹协调推动全县木耳产业发展，办公室主任由王環同志兼任，副主任由朱雪彬同志兼任，方震同志具体负责办公室日常工作。各镇（办）也要成立相应的领导机构，从组织体系上保障木耳产业发展。

（二）强化项目保障。坚持以规划引领项目，以项目支撑产业发展。县农业农村局牵头制定木耳产业"十四五"专项规划，发改部门要对木耳产业项目进行专项立项，重点支持。县级各相关部门单位要结合各自职责，精心包装策划，积极争取上级项目支持，强化项目监管，确保项目绩效发挥。

（三）强化科技支撑。利用柞水李玉院士工作站等毗邻科技创新平台的作用，提升科技水平。加强与科研院所、企业合作，加大新品种、新技术、新模式研发和推广。加强专业人才队伍培育，采取引进来、送出去等办法，建成一支多层次、结构合理的木耳产业专业技术队伍。

（四）强化金融扶持。加大资金投入，设立专项资金，重点支持木耳标准化生产、市场体系、加工出口、技术支撑、品牌培育等关键环节，推进木耳产业快速发展。农业农村、林业、水利、供销、商务、扶贫、招商、税务等部门单位要统筹整合相关资金，制定针对性强的优惠政策，支持木耳产业发展。鼓励金融机构特别是涉农金融机构加大对木耳基地、合作社、龙头企业等投资主体的信贷支持力度。支持保险机构开展木耳自然灾害保险业务，鼓励引导各类生产经营主体积极投保，提高抵御风险能力。

（五）强化督查考核。建立完善考核评价体系，将木耳产业发展工作纳入对镇（办）和县直相关部门单位年度目标责任制考核内容，定期督导检查，推进重点工作落实，推动木耳产业持续健康高质量发展。

镇安县发展壮大食用菌（木耳）
产业扶持政策具体措施

（镇脱领组办发〔2021〕22 号）

为认真贯彻落实习近平总书记来陕考察重要讲话重要指示精神，切实将"小木耳"做成"大产业"，促进农民持续稳定增收，推动乡村振兴，特制定本扶持措施。

一、扶持对象

县内从事食用菌（木耳）产业且符合国家法律法规、行业规范、县域发展规划等基本要求的企业、专业合作社、家庭农场、生产联合体、种植大户、经销商等经营主体。

二、扶持标准

（一）菌袋生产

新发展食用菌（木耳）5 000 袋以上的，每袋补助 1 元。新引进县外的经营主体或种植户在镇安县内从事食用菌种植的，新建基地生产规模达到 50 万袋以上的，同等享受扶持政策，对引进的单位或个人，参照有关招商引资政策给予奖励。

（二）基础设施

1. 新建大棚：按实际种植食用菌（木耳）数量每袋 0.5 元的标准进行补助。

2. 设施设备：新购生产设备（自动化生产线、环保锅炉、装袋机、环保烘干设备、净化设备、恒温设施、加工设备及冷藏车辆等）单价 5 000 元以上的，予以一次性限额补助，补助资金不超过投资总额的 20%。其中投资 1 000 万元以下的，按照不超过投资总额 10% 的比例进行补助；投资 1 000 万元以上的，按照不超过投资总额 20% 的比例进行补助，最高额度不超过 200 万元。

3. 基地内水、电、路等基础设施，根据需要按"一事一议"予以解决。

（三）精深加工

鼓励龙头企业加强技术研发和技术创新，加快食用菌（木耳）精深加工产品研发。以食用菌（木耳）为原料加工产品获得国家药品批准号的，按每个批准号奖励 200 万元；获得保健品批号的，按每个批号奖励 100 万元。企业开发的食用菌（木耳）新产品经省级及以上部门认定，有独立的生产线，新产品单品年销售额达 500 万元以上，按每个新产品单品奖励 50 万元。

（四）品牌建设

1. 品牌认证：新获得绿色食品、有机食品、农产品地理标志或地理标志产品认证的，一次性各奖励 10 万元、20 万元、30 万元。同一企业只享受一次奖励，已享受同类补助的不重复奖励。

2. 生产许可：经营主体取得生产许可（SC 认证），给予一次性补助 20 万元。

3. 质量追溯：建立产品质量可追溯体系的，给予一次性补助 20 万元。

4. 产品销售：经营主体参加农业、供销等行政主管部门组织的农产品展示展销会，省外（市级政府及以上部门举办）、市外、县外，分别给予补助 0.5 万元、0.3 万元、0.2 万元，特装摊位补助 0.5 万元（不重复享受）。通过淘宝、京东或自建电商平台销售镇安县食用菌干鲜产品 100t 以上的，一次性补贴平台建设费 5 万元。联结大型超市、专营店，进行供货的，年销售镇安县食用菌产品 500t 以上的，一次性补贴进店条码费 10 万元。开设食用菌产品专营店，年销售镇安县食用菌产品 300t 以上的，一次性补贴店面租金 5 万元。完成产品认证、商标注册，并进行包装线上线下销售，年销售额在 300 万元以上的经营主体，一次性补贴品牌建设费 5 万元。

（五）金融保险

1. 财政支持：县财政每年筹资不少于 1 000 万元支持用于食用菌（木耳）产业发展。

2. 小额信贷：对建档立卡脱贫户、边缘户发展食用菌（木耳）且符合信贷条件的，可提供每户不超过 5 万元的小额信贷贴息。

3. 创业贷款：在镇安县发展食用菌（木耳）生产，符合创业担保贷款贴息条件的个人，可申请不超过 20 万元的创业担保贷款；合伙创业的借款人，可申请不超过 50 万元的创业担保贷款；小微企业创业贷款不超过 300 万元的，可享受不超过两年的贴息政策。

4. 农业保险：将食用菌（木耳）菌袋及大棚等相关设施纳入农业综合政策性保险范围并给予保费补贴；探索推行价格指数保险，保费由财政补助 70%、经营主体承担 30%，具体按实际缴纳保费数量核算。

（六）技术支持

每年安排专项经费，用于经营主体引进食用菌技术人才、镇办聘请技术人员扶持和业务单位日常工作及培训。

（七）科研支持

1. 县内企业或产业有关单位与农业科学院、中国科学院、中国工程院等省内外科研院所合作，在县内建立食用菌（木耳）研发中心、院士工作站等科研机构的，由县政府配套一定的研发资金。

2. 食用菌（木耳）产业化龙头企业掌握具有自主知识产权的核心技术，每新增技术类专利 1 项，一次性奖励 5 万元。

3. 引进食用菌（木耳）新品种，并试种成功的，每引进 1 个新品种补贴 5 万元。

4. 引进食用菌（木耳）种植新技术，并示范成功的，每项新技术补贴 5 万元。

5. 成功选育食用菌（木耳）新菌种并经行业主管部门认定，且年推广种植在 300 万袋以上的，一次性奖励 20 万元。

（八）创业创新

1. 县内事业单位专技人员，带头创办食用菌（木耳）产业基地，创业期间保留工资福利和身份待遇。

2. 返乡人员、回乡大学生创办产业基地，优先给予项目申报和创业贷款贴息，并享受相关创业创新扶持政策。

3. 产业经营主体从事食用菌（木耳）生产，优先给予项目支持。

（九）其他配套政策

1. 企业及个人购买县内菌渣用于有机肥、颗粒燃料等循环利用产品的，按照 50 元/t 的标准给予菌渣购买补贴。

2. 可再生资源回收企业回收废弃菌袋的，按照 100 元/t 的标准给予废袋回收补贴。

三、附则

（一）严禁生产经营主体违法使用农业违禁投入品、违规使用禁限用农药，农产品抽检或日常监管连续 2 次被认定不合格及存在虚报冒领、骗取惠农资金等违法行为的生产经营主体，不得享受本扶持政策。

（二）本政策实施期限 3 年，即从发布之日起到 2023 年 12 月 31 日止。

（三）本政策由县农业农村局负责解释。

柞水县关于深入贯彻落实习近平总书记来陕考察重要讲话重要指示精神全面推进木耳产业高质量发展的决定

（柞发〔2020〕7 号）

为深入贯彻落实习近平总书记来陕来柞考察重要讲话重要指示精神，努力推进木耳产业高质量发展，促进农业增效、农民增收、农村繁荣，推动乡村振兴，结合柞水县实际，现作出如下决定：

一、充分认识推进木耳产业高质量发展的战略意义

1. 贯彻落实习近平总书记来陕西考察重要讲话重要指示精神的具体行动

4 月 20—23 日，习近平总书记再次亲临陕西考察，特别是在柞水考察小岭镇金米村脱贫产业时，对柞水县大力发展木耳产业带动贫困群众增收高度肯定，这是对大力发展木耳产业的殷殷嘱托，也是对大力发展木耳产业的巨大鞭策和鼓舞。全县上下要深刻认识习近平总书记来柞考察的重大意义，深入领会习近平总书记重要讲话重要指示的核心要义和精神实质，准确把握其丰富内涵和实践要求，自觉用其武装头脑、指导实践、推动工作，真正将习近平总书记的谆谆教导和殷殷期盼转化为推动工作的强大动力，举全县之力把木耳产业基地做大、产品做精、品牌做靓、增收做实、链条做长，推进木耳产业高质量发展。

2. 全面提升柞水木耳产品品质的现实需要

"柞水木耳" 2010 年获得国家农产品地理标志保护产品，2012 年认定为地理标志证明商标，2017 年将木耳确定为 "一主两优" 脱贫主导产业，2018 年入选 "国家品牌计划——广告精准扶贫" 项目，2019 年被全国名特优新农产品名录收录，并荣获 2019 年全国绿色农业十佳蔬菜地标品牌，为 "柞水木耳" 打开了市场，形成了较高的品牌影响力和市场竞争力。特别是习近平总书记来柞考察后，柞水木耳出现了热销景象。更加需要努力提升产品质量，严守产品品质，呵护多年树立的 "柞水木耳" 品牌形象，确保 "柞水木耳" 保持持续竞争力。

3. 巩固脱贫成果促进贫困群众持续增收的重要抓手

当前，柞水县脱贫攻坚已取得阶段性胜利，现行标准下农村贫困人口绝大多数实现脱贫，已正式退出贫困县序列。在决战决胜脱贫攻坚进程中，木耳产业扮演着带动贫困群众增收的关键性和核心性角色，对有效巩固脱贫攻坚成果起着基础性和决定性作用。但由于多方面原因，加之新冠肺炎疫情的影响，一些脱贫人口还存在返贫风险，一些边缘人口还存在致贫风险，必须把防止返贫摆到更加重要的位置，把脱贫攻坚的重心转移到扶持发展增收致富产业上，始终咬定木耳产业不放松，把木耳产业做大做强，让小木耳成为贫困群众增收的金耳朵，增强贫困群众造血功能，树立起防止返贫的产业靠山，实现全县贫困群众可持续脱贫，巩固提升来之不易的脱贫成果。

4. 实现乡村振兴产业兴旺的有效途径

实施乡村振兴战略，是党的十九大作出的重大决策部署，是决胜全面建成小康社会、全面建设社会主义现代化国家的重大历史任务，是新时代做好三农工作的总抓手。必须深刻认识到产业是农村各项事业可持续发展的基础，产业兴旺是乡村振兴的根本出路，也是乡村振兴的重要引擎。要答好这个时代命题，必须充分发挥木耳产业的引领作用，坚定不移地把木耳产业作为乡村产业兴旺的主导产业来抓，加快构建以木耳产业为主导产业的乡村产业发展体系，跑好脱贫攻坚与乡村振兴的接力赛，真正实现产业兴旺，促进农民增收。

二、推进木耳产业高质量发展的总体思路和目标

1. 总体思路

以习近平新时代中国特色社会主义思想为指导，全面贯彻落实习近平总书记来陕考察重要讲话重要指示精神和中央、省委、市委关于推进农业高质量发展工作部署，以实施乡村振兴战略为总抓手，以推进农业供给侧结构性改革为主线，以农民持续稳定增收为目标，坚持"科技兴耳、质量优先、市场主导、三产融合、上下联动"六大原则，大力实施"生产布局优化、产品质量提升、科技研发支撑、经营主体培育、延链补链强链、产业支持保护"六大行动，促进"要素驱动向创新驱动、注重数量向数质并重、分散经营向集约经营、单一生产向二三产拓展、初级产品向精深加工、管理为主向服务为主"六大转变，实现"规模化、标准化、创新化、市场化、产业化、持续化"六化发展，推进木耳产业高质量发展，使"柞水木耳"唱响全国、走向世界，柞水真正成为木耳名县。

2. 发展目标

到 2022 年，全县木耳栽植总量达到 1.1 亿袋，产量达到 5 500t；到 2025 年，木耳栽植总量达到 1.5 亿袋，产量达到 7 500t。建成乾佑河流域和南线、北线三个"千万袋木耳产业带"，肖台、西川等 50 个"百万袋"木耳专业村，有组织发展 5 000 户"万袋"种植户；培育木耳生产类企业 10 家、精深加工类企业 10 家，在"柞水木耳"区域公共品牌下做成 1~2 个全国知名木耳子品牌，开发木耳精深加工产品 10 种以上，建成中国柞水木耳交易中心 1 个，木耳集散交易市场 3 个、木耳卖场 30 家，淘宝、天猫、京东、拼多多主流"线上"销售平台和"淘宝、抖音、快手"等主流直播带货平台全覆盖。全产业链综合产值达 50 亿元，带动全县农民群众年人均增收 3 500 元以上。通过努力，把柞水建成全国木耳产业集散地、全国最大的木耳信息数据中心和科技研发基地、生产加工基地、货源配送基地。

三、推进木耳产业高质量发展的基本原则

坚持科技兴耳。做好木耳科学研究和木耳技术成果转化推广，把先进科学技术具体运用到木耳全产业链中。

坚持质量优先。在扩大木耳栽植总量、提升木耳产量的同时，加强质量

体系标准化建设，确保"柞水木耳"具有特性特质，实现优质优价。

坚持市场主导。遵循市场和木耳产业发展规律，充分发挥市场在资源配置中的决定性作用，依托"国内、国外"两个市场和"线上、线下"两个渠道，实现柞水木耳"产销两旺"。

坚持三产融合。深入挖掘木耳产业多功能要素，赋予传统农业新的竞争力，从三产端培育木耳新业态，实现产业融合效益。

坚持上下联动。发挥政府引导作用，完善体制机制，形成县抓龙头、镇村抓基地、部门抓服务、群众齐参与的发展格局。

四、推进木耳产业高质量发展的战略重点

1. 实施生产布局优化行动，推动产业规模化发展

一是优化产业布局。按照"因地适宜、错位发展、产业集聚、链条协同、分步推进"原则，合理配置资源，建设乾佑河流域和南线、北线三个"千万袋木耳产业带"，设置中博农业菌包生产区、西川木耳产业科技创新区、金米流域木耳产业示范区、金凤木耳深加工区、常湾废弃菌包综合利用区、县城木耳产品市场营销区六个产业功能区，发展肖台、西川等50个"百万袋"木耳产业专业村，有组织培育5 000户"万袋"种植户，形成"三带、六区、多专业村支撑、大户带动"的木耳产业新格局。争创省级、国家级柞水木耳现代农业产业园。二是释放菌包产能。着力打通制约菌包生产产能的瓶颈，构建更加科学合理、协作紧密的菌包生产企业联合运营机制；在保护生态环境的前提下，用足用活林业政策，探索原材料自给方式方法，逐步建立自给和外购相结合的供应体系；加强菌包生产各环节质量控制，提升菌包质量，推动全县5个菌包厂达到设计产能。三是扩大产业规模。按照"壮大总量、提升产量、培育增量、保障质量"原则，采取"露地、吊袋、塔架"三种栽培方式相结合，构建"新型经营主体+基地+农户"的"三位一体"利益联结发展模式，推行"借袋还耳、借棚还耳"的"两借两还"发展方式，按照镇建500万袋基地、村发展50户"万袋"木耳种植户、全县栽培木耳1.5亿袋目标，逐步扩大栽培体量，形成小农户、大规模。

2. 实施产品质量提升行动，推动产业标准化发展

一是建立生产全过程监管体系。制定出台《柞水木耳生产操作规程》，对木耳实行生产全过程监管。建立木耳生产投入品记录、田间生产日志、销售记录等制度，制定基地建设、产品销售、质量安全、体验采摘的柞水木耳行业标准。二是建立产品分级管理体系。按照"优于国家标准、体现柞水特色"的原则，依据《地理标志产品保护规定》和《木耳国家标准》，从感官、理化、微生物、污染物等方面，制定《柞水木耳标准》。三是建立质量追溯体系。加大柞水木耳"两品一标"认证和原产品地保护力度，推行木耳标准化生产，以"源头可溯、全程可控、风险可防、责任可究、公众可查"为目标，对进入市场销售的柞水木耳建立"二维码"全程溯源体系，赋予木耳"电子生产履历"，实现木耳产品"数字化""身份证"管理。

3. 实施科技研发支撑行动，推动木耳产业创新化发展

一是强化木耳品种选育。进一步加大对木耳品种研究开发工作的支持力度，提升"李玉院士工作站"和食用菌良种资源中心软硬件设施水平，切实改善科研条件，着力培育推广适宜柞水生长的木耳品种，确保成功选育"柞水木耳"地方品种2~3个，至少1个柞水木耳品种通过国家审定，实现从源头上控制木耳产品品质。二是强化产学研相结合。立足科技创新制高点，加强与吉林农业大学、西北农林科技大学、陕西省科学技术研究院等科研机构的合作，大力引进一批全国范围内权威木耳产业科研团队，围绕木耳全产业链，开展标准化生产关键技术研究和推广。三是强化废弃菌包科学化利用。加强废弃菌包利用新方法、新工艺的研发，扩大应用领域，重点突破燃料、密度纤维板、生物质燃料颗粒、有机肥、活性炭、饲料等方面技术课题，围绕新型燃料、新型肥料、新型材料，支持建设一批废弃菌袋包综合利用项目，形成资源高效利用的闭合式循环。

4. 实施经营主体培育行动，推动产业市场化发展

一是做强龙头。按照"扶优、扶大、扶强"的原则，把发展新型经营主体作为木耳产业发展的龙头来抓，实行定点培植、重点引进、强强联合，培育壮大一批规模大、科技含量高、带动力强的新型经营主体，积极推进各类资源向优势经营主体集中，优势经营主体向优势区域集聚，经营主体集中向木耳产业链条集群发展，打造木耳产业化经营联合体。二是做靓品牌。按照"以标准创品牌、依质量树品牌、靠品牌拓市场"的品牌发展战略，打造"柞水木耳"区域公共品牌。策划设计柞水木耳整体品牌形象标识，并进行国内外集体商标注册和版权登记，依法取得产权保护。鼓励各类新型经营主体开展"两品一标"认证、注册商标和创建名牌产品。构建"柞水木耳"公共品牌和企业产品品牌融合共生的"母子品牌"，形成相互提升、协同推进、共享发展的良性品牌创建工作机制。三是做畅渠道。大力发展现代物流配送、储运，计划 2020 年在柞水落地京东云仓，在县内建设全国性大型木耳交易市场，在全县 3A 级以上景点景区建设柞水木耳系列产品直销店，在全国大中城市开设一批柞水木耳销售网点，积极调动菜鸟物流运输能力，快速打通"货源组织+销售推广+快递物流+消费者"的售卖服务链条。利用品牌优势，积极建设木耳交易所，为符合柞水木耳标准的木耳产品提供交易信息、品牌授权、商标冠名等服务，吸引全国木耳商户、木耳企业在柞水开展大宗木耳交易，形成聚集效应，打造全国木耳产业集散地。加大主流"线上"销售平台和直播带货平台合作推广力度，形成主流电商平台有"柞水木耳"专卖店、定期有促销活动；主流直播带货平台有新型经营主体主播和个人主播定期"直播带货"，提升线上销售占木耳总销售额比重达到 30% 以上。积极拓展哈萨克斯坦等丝路沿线国家市场，打造"丝路驼背上的三秦珍品"国际名片。

5. 实施延链补链强链行动，推动产业融合化发展

要把发展壮大木耳产业作为培育现代农业的主抓手，对木耳产业升级进行战略性部署，重点构建布局原种研发物料回收等生产端产业链、仓储物流市场营销等销售端产业链、包装设计休闲食品等加工端产业链、用药制剂美容保健等生物科技端产业链。一是大力促进木耳产品深加工。围绕木耳产品研发、基地建设、分级包装、废袋回收利用、附加产品开发等环节，精心策划包装一批对投资者吸引力强的优势招商项目。引进和培育一批具备市场竞争能力的木耳生产、分级包装、精深加工龙头企业。支持企业引进新设备、集成新技术、探索新工艺、开发新品种，不断提升和完善木耳代餐粉、木耳益生菌、木耳菌草茶、木耳挂面等已开发的木耳深加工产品品质，积极促进木耳由食品向药品、保健品、化妆品等精深加工领域和高端产品发展，不断深化拓展木耳产业加工链条，提高产品附加值。二是大力促进木耳产业接二连三。充分挖掘柞水木耳饮食、药用、历史等文化，拓展观光采摘、科普宣传、健康养生等功能，推进木耳产业向农工融合、农商融合、农旅融合纵向延长产业链，建设一批木耳主题公园、休闲农庄、特色小镇和田园综合体，全力打造西川国家级田园综合体，将金米村创建为 AAAA 国家旅游景区。鼓励新型经营主体发展多种形式的创意木耳、景观木耳，设计和举办木耳节庆，将 4 月 20 日确定为"柞水木耳节"。三是大力促进木耳产业信息化。利用物联网、云计算、移动互联等现代信息技术和农业智能装备，进一步提升和完善金米柞水木耳大数据中心功能，为全县木耳从业者提供木耳生产、储藏、销售实时信息。

6. 实施产业支持保护行动，推动木耳产业持续化发展

一是健全投入支持机制。严格落实《柞水县木耳产业奖励扶持办法》，建立和完善木耳产业支持保护体系和长效投入机制，每年统筹整合财政涉农资金不低于 5 000 万元用于发展木耳产业，创新金融投资方式，大力撬动金融资金、社会资金、政策扶持资金进行多方投入，通过扶贫产业化项目资金、政府贴息贷款、以奖代补等方式，重点支持木耳栽培设施、品牌培育、产品加工和产品营销，促进木耳产业持续健康发展。二是健全技术支持机制。加大木耳栽培专业技术人才的招聘和引进力度，从木耳生产先进地区逐步引进一批栽培经验丰富的专业技术员，招聘一批具有大学专科以上学历的食用菌专业技术人才，培养一批本地木耳种植技术能手，壮大技术服务队伍，提升木耳栽培专业化技术指导和服务水平。加大对木耳产业管理人员、企业技术骨干、栽培大户的培训力度，充分利用高校、科研院所的科教资源，采取走出去、请进来的方式，培养一批懂技术、善经营、会管理的复合型木耳生产专业人才。三是健全保险保护机制。多层次、多渠道建立木耳产业防风险体系，防范决策风险、自然风险、市场风险、生产风险、经营风险，制定出台产业风险防控指导意见，按照"市场主导、企业主体"的原则，建立木耳产业大灾保险基金，构建商业保险和国家政策性保险相结合的、多层级的木耳产业灾害风险分担机制，降低木耳生产经营风险。

五、推进木耳产业高质量发展的工作保障措施

1. 加强组织领导

成立以县委书记任第一组长，县长任组长，县委、县政府分管领导任副组长，县委办、政府办、县委组织部、县委宣传部、县委督查办、县发改局、县资源局、县财政局、县农业农村局、县林业局、县卫健局、县市监局、县扶贫局、县经贸局、县招商局、县文旅局、县供销社、县科技局、县环保局、县邮政局等部门主要领导为成员的柞水县木耳产业发展工作领导小组。领导小组下设办公室，办公室设在县农业农村局，由木耳产业发展中心负责具体办公。领导小组主要负责统筹部署木耳产业发展工作，研究、协调和解决工作过程中的困难和问题，督导工作任务的落实，确保各项工作高效有序推进。各镇（办）党委、政府，县直各有关单位，务必高度认识推进木耳产业高质量发展的重要性和紧迫性，把加快木耳产业发展摆到重要议事日程，做到认识到位、政策到位、组织到位、工作到位。各镇（办）要成立发展木耳产业发展工作领导小组，把木耳生产任务分解到村，落实领导包村责任制，切实加强对木耳生产工作的领导。

2. 夯实工作责任

建立推进木耳产业高质量发展工作任务清单、责任清单、考核清单，逐级、逐部门压实责任。各任务落实责任部门和单位由主要领导负总责，配合部门按照工作职责协助抓好落实。各级各部门要按照县委、县政府的统一安排部署，逐一对照本部门、本行业承担的任务，制订出每项行动的工作方案，量化任务到岗到人、完成节点明确到时限。各责任部门、各单位，要牢固树立一盘棋思想，在领导小组统一领导、协调和部署下，按照"统筹规划、明确责任、密切配合、全面推进"的原则，心往一处想，劲往一处使，坚持把推进木耳产业高质量发展作为当前和今后一段时期"三农"工作的重点工作来抓，摆在突出位置，列入议事日程，既要各司其职，又要密切配合，齐心协力抓好领导、组织、协调等工作，形成推进木耳产业发展的强大工作合力。

3. 优化发展环境

县发改、资源、农业农村、文旅等部门要将木耳产业园、特色小镇、重点木耳基地与乡村旅游、休闲农业、村庄规划等一体规划，用科学规划引领木耳产业发展；县资源、卫健、税务、市监等部门，对木耳生产龙头企业、合作社等经营主体在登记、注册、土地使用规费和税收等方面依法予以优惠和减免。对木耳生产基地必需的管理用房、晒场、仓库等生产附属设施按照农业用地管理，简化审批手续；县财政局要积极整合各类涉农资金，向木耳产业倾斜；县发改、农业农村、林业、水利、招商等部门要主动争取上级产业发展政策，积极申报、谋划、包装、招引木耳生产、加工和基地配套设施类项目，吸引多种经营主体主导、参与、带动木耳产业生产发展；县公安、交通、农业农村、市监等部门要制定有效措施，开辟全县木耳产业"绿色通道"，对来柞运销木耳的客商，主动搞好服务，严厉打击耳霸、欺生排外、强买强卖等违法行为。要定期或不定期联合开展木耳市场专项检查活动，严厉打击假冒伪劣、以次充好等不正当竞争行为，净化"柞水木耳"销售市场，充分保护耳农、耳商和木耳生产企业的合法权益，齐心协力为木耳产业发展创造良好环境。

4. 强化宣传导

充分利用柞水电视台、报纸、广场大屏幕、宣传标语等平台载体，在各大主流媒体持续开展高密度、高频率宣传推介柞水推进木耳产业高质量发展优惠扶持政策、木耳品牌、木耳产品、木耳生产企业等等，实现中省市县四级上下联动。县电视台和新媒体每期发布内容中木耳相关信息不少于 1 条。全年在各类新兴媒体推送柞水木耳信息不少于 500 条。全县范围内的高速公路、县城集镇主街道、景点景区等地布置柞水木耳固定宣传内容不少于 50 处。将柞水木耳作为专题宣传片和文化画册的一项重要内容，常年摆放在县域内各大酒店、餐馆。每年定期开展"柞水木耳"微视频大赛，对优秀视频进行评选表彰，用鲜活的视频画面诠释"柞水木耳"的内在品质和外在形象，助推柞水木耳全面发展。

5. 从严督查考核

充分发挥考核指挥棒作用，县委、县政府把推进木耳产业高质量发展工作纳入对各单位目标责任考核体系。县木耳产业发展领导小组办公室要会同县考核办，围绕木耳产业发展工作任务，确定年度工作考核办法和激励处罚措施，严格组织实施专项考评。县委督查办要紧紧围绕任务清单、领导小组决议的有关事项，细化任务分解，紧盯时间节点，认真开展联合督查、专项督查活动，持续跟踪工作完成情况，督查落实进度，查看工作实效，并将督查结果分类归档、实行销号管理。对工作任务落实不力、推进缓慢的单位要通报批评，对影响产业发展的个人要予以严厉查处和问责。县委、县政府每年开展一次评比活动，表彰一批标准化生产基地、优秀经营主体、工作先进单位、先进镇（办）、先进村（社）、先进个人等，激发全县人民投身木耳产业的热情。

柞水县木耳产业管理办法（试行）

（柞政办发〔2021〕4号）

一、总则

第一条　为认真贯彻落实习近平总书记来陕考察重要讲话重要指示精神，加快柞水县木耳产业高质量发展，切实将"小木耳"做成"大产业"，按照《中共柞水县委关于深入贯彻落实习近平总书记来陕考察重要讲话重要指示精神全面推进木耳产业高质量发展的决定》（柞发〔2020〕45号）要求，结合工作实际，特制定本办法。

第二条　本办法适用于各镇办和相关部门及在柞水从事木耳生产、加工、销售等活动的经营主体或个人。

第三条　坚持市场牵动、龙头带动、科技驱动、政府推动的原则；坚持企业示范引领、群众广泛参与、户受益县增效的原则；坚持精准施策、重点扶持、跟踪问效的原则。

第四条　县木耳产业发展领导小组办公室负责落实县委、县政府及领导小组关于木耳产业发展的各项决策部署，制定全县木耳产业发展规划，完善木耳产业利益联结机制，统筹协调解决木耳产业发展过程中的困难和问题。

第五条　各镇办对本辖区内木耳产业发展负总责，承担组织管理、产业发展、技术指导、政策落实、风险防范、木耳销售、环境保护、资金安全等职责。

二、产业规划

第六条　县木耳产业发展中心根据木耳产业发展规划和发展布局，细化木耳产业高质量发展工作任务清单、责任清单和考核清单。

第七条　各镇办根据辖区实际，在巩固原有木耳产业发展规模的基础上，逐步扩大基地建设及木耳发展规模。

第八条　各镇办应于每年5月底前上报秋季木耳发展计划，10月底前上报下年度春季木耳发展计划，并与菌袋生产企业签订菌袋订购协议。

第九条　县木耳产业发展中心根据各镇办上报的木耳发展计划，统筹协调菌袋生产企业做好菌袋生产。

三、菌袋生产

第十条 县科技局负责抢抓国家科技部定点帮扶机遇，依托院士工作站科研平台，加快研发本土适生性、高产性木耳菌种，并推广使用。建立木耳产业网络信息化平台，实现木耳基地与菌袋厂生产联动，菌袋调运与生产环境联动，木耳产量与市场销售联动。

第十一条 县林业局负责做好储备林建设工作，积极争取木耳生产用材指标，保障产业的适度规模发展。

第十二条 木耳菌袋生产经营企业，应取得《食用菌菌种生产许可证》，选用鉴定机构认定合格且适合县气候条件的木耳菌种，按照《柞水木耳代料栽培技术规程》（陕市监函〔2020〕1335号）要求生产菌袋。

第十三条 出库菌袋高度为22cm±1cm，直径10cm，料袋重量1.3kg±0.025kg，菌龄达到35d以上且长满菌丝，无杂菌、无异味、无拮抗现象。

四、木耳栽培

第十四条 各镇办督促指导本辖区木耳基地和耳农做好起垄、覆膜、清棚、消毒等菌袋进地进棚的前期工作。

第十五条 全面推行"两借两还"（即"借袋还耳""借棚还耳"）木耳产业发展模式，鼓励农户、能人大户、专业合作社、家庭农场等自主发展，村集体经济组织指导服务木耳产业发展，不直接栽培种植。

1. 各村集体经济组织要积极筹措资金购买菌袋。可用自有资金，包括上级下达的产业专项资金购买菌袋，也可通过产业贷以及吸纳社会资金的办法购买菌袋，还可以从种植户中收取部分菌袋款或保证金。

2. 农户可通过承包土地、林山抵押或诚信担保等形式与村集体经济签订"两借两还"协议。

3. 鼓励农户通过"农户贷"、贴息贷款、互助资金等形式自行购买菌袋。

4. 鼓励企业、专业合作社等组织或个体，自行建设基地，发展种植木耳。

5. 菌袋由村集体经济组织负责统一调运，"两借两还"户负责菌袋的卸车搬运。

6. 废弃菌袋由"两借两还"户按要求运送到指定地点，由县木耳产业发展中心协调相关企业调运并加工再利用。

7. 由村集体经济组织负责清收"两借两还"本金。

第十六条 县木耳产业发展中心根据各镇办年度发展计划和菌袋厂位置，按照就近原则，统筹协调菌袋调运。

第十七条 县农业农村局负责全县木耳产业发展的技术指导和培训工作。各镇办负责督促指导耳农严格按照《柞水木耳代料栽培技术规程》进行标准化栽培，负责木耳专岗日常管理工作，组织木耳专岗的培训。县职教中心负责开设木耳专业课程，利用职中教育平台培养懂技术、善经营、会管理的复合型木耳生产专业人才。

第十八条 县财政局牵头，整合各类资金，根据各镇办、村（社区）产业发展实际，下达一定量的产业资金，作为菌袋订购流动资金。各镇办负责产业资金的监管使用，确保资金安全。

第十九条 县交通局负责生产基地、产业园主干道建设，保障生产物资和产品运输畅通；县水利局负责木耳基地水源建设，建设拦水坝、蓄水池，保障木耳生产用水；县电力局负责木耳基地生产用电保障工作。

五、木耳销售

第二十条 各镇办对本辖区内木耳销售负总责，指导帮助村集体经济组织采取多种形式销售木耳，各村集体经济组织必须确保国家投入资金的保值增值。

第二十一条 县供销社负责搭建销售平台，引进木耳收购企业，帮助指导木耳市场化收购。

第二十二条 县经贸局负责开通柞水木耳电子商务微信公众号，定期发布柞水木耳产品销售信息，建设集线上销售、品牌营销、线下生产、原料供应、质量监控为一体的电商综合体。

第二十三条 县扶贫局加快对柞水木耳进行扶贫产品认定，各包扶单位要通过消费扶贫帮助村集体经济和耳农销售木耳产品。

第二十四条 县文旅局负责开发木耳旅游商品，挖掘木耳文化，打造木耳文化作品，并在各景区景点设立木耳产品销售网点。

六、研发加工

第二十五条 县科技局负责与科研院所开展深度合作，围绕木耳全产业链，开展标准化生产关键技术研究和木耳系列新产品研发。

第二十六条　县农业农村局、经贸局负责推进新产品生产加工，将科研成果转化为现实生产力。培育一批具备市场竞争能力的木耳生产、分级包装、精深加工龙头企业。支持企业引进新设备、集成新技术、探索新工艺、开发新品种，不断提升和完善木耳代餐粉。木耳益生菌、木耳菌草茶、木耳挂面等已开发的木耳深加工产品品质，积极促进木耳由食品向特医、保健品、化妆品等精深加工领域和高端产品发展，不断深化拓展木耳产业加工链条。

第二十七条　县农业农村局牵头，县经贸局、招商服务中心、林业局和科技局等单位配合，围绕木耳产品研发、基地建设、分级包装、精深加工、废袋循环利用、附加产品开发等环节，精心策划包装一批吸引力强的木耳全产业链招商项目，加大引进力度，积极招引一批木耳全产业链深加工企业。

第二十八条　县发改局负责木耳产业立项工作，策划包装项目，争取中省支持和苏陕协作支持；县资源局负责木耳产业用地保障。

七、质量监管

第二十九条　县市监局牵头，县农业农村局配合，负责木耳菌袋生产质量监管，按照《柞水木耳代料栽培技术规程》标准，对生产的每批次菌袋不少于一次执法检查检测，合格菌袋标注菌种名称、批次、出厂时间，出具检测合格报告，确保木耳菌袋质量。

第三十条　县市监局负责对全县木耳市场进行专项整治，严厉打击市场违法行为；加大抽检力度，保护柞水木耳知识产权和市场秩序，维护柞水木耳品牌形象。

第三十一条　县农业农村局负责对全县木耳基地采收的木耳按批次实施质量检测，出具检验报告，严把源头关口，杜绝不合格产品流入加工（包装）环节和市场。

第三十二条　县农业农村局负责建立覆盖育种、种植、生产、检验、包装、物流各环节完整的木耳产业质量追溯体系，全面推行包装上市产品质量追溯"二维码"制度，赋予木耳"电子生产履历"，实现木耳产品"数字化""身份证"管理。

八、品牌打造

第三十三条　县农业农村局负责打造"柞水木耳"区域公共品牌，策划设计柞水木耳整体品牌形象标识，并进行国内外集体商标注册和版权登记，依法取得产权保护。鼓励各类新型经营主体开展"两品一标"认证、注册商标和创建名牌产品，构建"柞水木耳"公共品牌和企业产品品牌融合共生的"母子品牌"，形成相互提升，协同推进、共享发展的良性品牌创建工作机制。

第三十四条　县农业农村局负责"国家地理标志证明商标""农产品地理标志产品""名特优新农产品目录"等标识的管理，制定使用管理办法，实行动态管理，切实维护品牌形象。

第三十五条　县农业农村局、经贸局、发改局、扶贫局、科技局、招商服务中心和供销社负责利用节会、展会、推介会及苏陕扶贫协作"三会一平台"，加大品牌宣传和消费对接，培育叫响柞水木耳品牌。

第三十六条　县木耳产业发展中心负责做好柞水木耳全产业链诚信体系建设工作，把木耳全产业链诚信体系建设作为加强和提升木耳产品质量安全保障能力的重要手段，通过行政监管、行业自律和社会监督，进一步规范木耳全产业链生产经营者的诚信经营行为，创建诚信经营示范企业和个人，保护柞水木耳品牌和质量安全。

第三十七条　县委宣传部牵头，相关部门配合，负责利用融媒体中心、省内外新闻媒体及网络自媒体等平台载体，开展高密度、高频率宣传推介柞水木耳产品和木耳品牌，并对产业发展中的典型案例和工作亮点加大宣传。

第三十八条　由县委网信办负责舆情动态监测，及时回应消费者关切，发现敏感信息、负面舆情及时指导处置，维护好柞水木耳品牌声誉。

第三十九条　县公安局负责依法打击破坏木耳产业发展的违法犯罪行为。

第四十条　县气象局负责实施以木耳产业为主的农产品气候品质认证，打造"中国气候好产品"，在产业园建立气象智能监测点。

九、风险防控

第四十一条　县农业农村局负责组织产业技术服务"110专家团"开展木耳技术服务，降低技术风险。

第四十二条　各镇办负责组织各村集体经济组织自主购买木耳自然灾害保险和价格保险，降低自然风险和市场风险。

第四十三条　各村集体经济组织负责督促指导种植户将废弃菌袋运送至指定地点堆放，由县木耳产业发展中心负责组织协调相关企业回收木耳废弃菌袋循环利用，降低环境风险。

第四十四条　县林业局负责，加强对木材采伐的管理，降低生态风险。

十、政策支持

第四十五条　县财政局每年整合各类涉农专项资金1 000万元设立木耳产业发展专项基金，重点用于木耳产业化基地、龙头企业、专业合作社、科技创新、品牌创建、产品销售及产业发展以奖代补等项目。当年未使用完的木耳产业发展专项基金，结转下年继续使用。

第四十六条　菌袋补贴，种植户种植木耳5 000袋以上，每袋给予0.5元补贴，最高补贴限额为3万元。各镇办根据辖区实际发展木耳菌袋的补贴总额，按照木耳产量、品质、销售及菌袋成本和租赁木耳大棚费用结算等方面制定本辖区菌袋考核补贴办法，全过程监管和考核，实行差异化补贴，达到以奖代补的效果，但所有种植户享受补贴金额不能超过本镇办补贴总额。

第四十七条　菌袋运费补贴，按照每袋0.1元给予村集体经济组织菌袋运输及废旧菌袋清运装车费用补贴，种植户自行到菌袋生产企业购买调运菌袋且全额支付菌袋款的，菌袋运输补贴由村集体经济组织补贴给种植户。

第四十八条　镇村工作经费及管理费补贴，按照每袋0.05元分别给予镇办及村集体经济组织补贴，用于开展木耳产业相关工作支出和产业发展奖励。

第四十九条　产业保险补助，按照每袋0.1元给予村集体经济组织补贴，作为木耳自然灾害及价格保险费用。

第五十条　生产设施补助，企业、集体经济组织或个人自筹资金新建钢混结构木耳吊袋大棚且用地等手续齐全的，根据大棚建设质量标准，一次性给予每平方米补助30~50元，金属材质晾晒架每平方补助5元。

第五十一条　对木耳企业开发出的国家认定新产品、新工艺且获得国家专利证书或科技成果发明奖的，在省市奖励的基础上，县政府再一次性给予5万元奖励。

第五十二条　鼓励支持龙头企业、新型经营主体带头示范发展木耳产业。

1. 开发 1 个木耳新产品并通过相关认证和许可的一次性奖励 5 万元。

2. 新建 1 条年处理 100t 及以上木耳包装生产线的奖励 10 万元。

3. 新建一个年加工 50t 产值达到 2 000 万元以上的木耳深加工企业奖励补助 50 万元。

4. 自建木耳基地种植木耳 20 万袋以上的每袋奖补 0.2 元。

5. 收购柞水木耳的网店、实体店，年收购额达到 100 万元的，一次性奖补 1 万元；达到 200 万元的，一次性奖补 2 万元；达到 300 万元的，一次性奖补 3 万元；达到 400 万元的，一次性奖补 4 万元；达到 500 万元以上的，一次性奖补 5 万元。

6. 县外种植能手来柞水县种植木耳，并结清购买菌袋款及租赁大棚费用的，参照柞水县农户奖补标准予以补贴。

第五十三条　企业或个人利用县内木耳废弃菌袋生产生物质颗粒、有机肥等可循环利用产品的，按照 30 元/t 的标准补贴运输费用。

第五十四条　在柞水从事木耳生产、运输、销售的企业、合作社和种植大户，税费按照国家涉农税收优惠政策执行，对符合物价部门规定范围内的用电，按照农业用电价格执行。

第五十五条　春秋两季木耳奖补项目由各经营主体于每年 5 月底和 9 月底前向所在镇办申报备案；奖补资金由经营主体申报、村两委会初核公示、镇办审核公示、向县农业农村局提出验收申请，县农业农村局会同县财政局、扶贫局按程序进行验收，验收公示无异议且已向村集体经济组织结清菌袋款的种植户和经营主体，报县政府审批后，由县财政局、扶贫局拨付奖补资金。

十一、考核奖励

第五十六条　县委（县政府）督查办牵头负责对县委、县政府及木耳产业高质量发展领导小组部署安排的重点任务，定期开展督导检查和跟踪督办，并将督查情况作为考核的重要依据。

第五十七条　由县木耳产业发展领导小组办公室负责制定木耳产业考核奖惩办法并组织实施。

第五十八条　由县考核办负责将木耳产业发展纳入各镇办和相关部门年度综合考核，同时列入各镇办和相关部门主要负责同志和分管同志实绩考核重要内容。

十二、责任追究

第五十九条 对贯彻落实木耳产业高质量发展决策决定不力，未完成木耳产业生产计划的，依据纪律规定，追究相关人员责任。

第六十条 因管理等原因，造成木耳产业资金损失或无法收回，将依据纪律法律规定追究相关人员责任。

第六十一条 对因工作失误造成资产损失流失，产生严重后果，造成不良影响的，从严追究责任。

第六十二条 对不按技术规程操作，发生农产品质量安全事故，依照《中华人民共和国农产品质量安全法》追究相关人员法律责任。

十三、附　则

第六十三条 本办法从 2021 年 3 月 9 日起施行，有效期至 2023 年 3 月 9 日，原《柞水县人民政府办公室关于印发〈柞水县木耳产业管理办法（试行）〉的通知》（柞政办字〔2020〕1 号）同时废止。

参考文献

高景秋，李建华，刘静，2018. 食用菌栽培与病虫害防治技术［M］. 北京：中国农业科学技术出版社.

霍国琴，王周平，张伟平，等，2017. 陕西食用菌产业发展调查［J］. 西北园艺（1）：6-8.

李鑫，张俊飚，张亚如，2016. 中国食用菌产业发展困境的对策研究［J］. 食药用菌，24（4）：207-210.

廖旭芳，2010. 浅论食用菌资源可持续利用的对策［J］. 福建农业科技（1）：93-94.

龙玲，2018. 浅析贺州市八步区黑木耳产业发展现状存在问题及对策［J］. 广西农学报（6）：59-61.

王琛，陈志英，2016. 黑龙江尚志市黑木耳产业发展现状问题对策［J］. 安徽农业科学（4）：57-59.

王玲，2013. 食用菌［M］. 西安：陕西三秦出版社.

王玲，2014. 商洛食用菌产业可持续发展的思考［J］. 陕西农业科学（2）：95-96.

薛李琪，2016. 陕西省食用菌的开发现状及发展策略研究［J］. 生物技术世界（1）：36-41.

杨光丽，2016. 浅谈我国食用菌产业发展存在的问题及对策［J］. 南方农业，10（22）：126-127.

叶岗，2012. 安康市食用菌产业化可持续发展现状及对策［J］. 中国食用菌，31（2）：61-62.

于海茹，王鑫，周丽洁，2016. 对延边州特色产业黑木耳产业发展的思考［J］. 现代农业科技（3）：35-38.

张俊飚，李波，2012. 对我国食用菌产业发展的现状与政策思考［J］. 华中农业大学学报（自然科学版）（5）：13-21.

张俊飚，李鹏，2014. 我国食用菌新兴产业发展的战略思考与对策建议 [J]. 华中农业大学学报，33（5）：1-7.

张雪，2014. 蛟河市黑木耳产业发展问题研究 [J]. 吉林农业科学（5）：57-59.

中央农业广播电视学校，2017. 食用菌生产经营 [M]. 北京：中国农业出版社.